彩图 1　罗斯 308 肉鸡

彩图 2　爱拔益加（AA）肉鸡

彩图 3　艾维茵肉鸡

彩图 4　哈巴德肉鸡

彩图 5　康达尔黄鸡

彩图 6　苏禽黄鸡

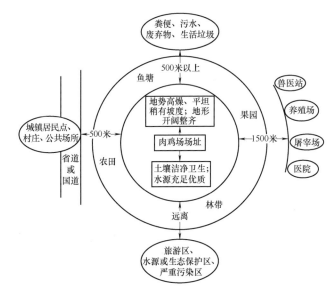

粪便、污水、废弃物、生活垃圾

500米以上

鱼塘

地势高燥、平坦稍有坡度；地形开阔整齐

肉鸡场场址

土壤洁净卫生；水源充足优质

果园

兽医站
养殖场
屠宰场
医院

城镇居民点、村庄、公共场所

500米

1500米

省道或国道

农田

林带

远离

旅游区、水源或生态保护区、严重污染区

彩图 7　肉鸡场的位置

彩图 8　肉鸡场的规划布局

彩图 9　厚垫料地面平养肉鸡

彩图 10　网上平养肉鸡

彩图 11　肉鸡笼养

彩图 12　养殖场大门口的
车辆消毒设施

彩图 13　养殖场大门口的
人员消毒设施

彩图 14　新城疫病鸡精神沉郁

彩图 15　新城疫病鸡排出的黄绿色稀粪

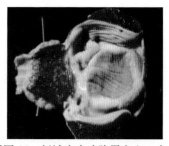

彩图 16　新城疫病鸡腺胃充血、出血

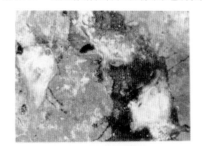

彩图 17　传染性法氏囊炎病鸡
排出的白色水样稀粪

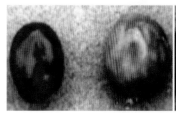
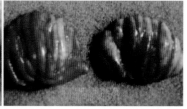

彩图 18　传染性法氏囊炎病鸡法氏囊肿大、出血，切面皱褶增宽

彩图 19 传染性法氏囊炎病鸡腿
内侧肌有条纹或出血斑

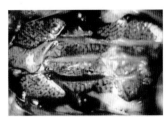

彩图 20 传染性法氏囊炎病鸡
肾脏肿大，呈灰白色花纹状

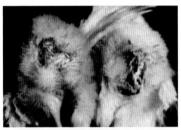

彩图 21 鸡白痢病雏肛门周围
绒毛被粪便污染，糊肛

彩图 22 鸡白痢病雏眼盲

彩图 23 鸡白痢病鸡肝脏肿大，
有灰白色细小坏死点

彩图 24 大肠杆菌病病鸡心包
腔内集聚大量的灰白色炎性
渗出物，与心肌相粘连

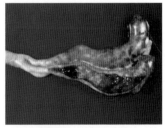

彩图 25 鸡球虫病
病鸡肠壁中充满血液

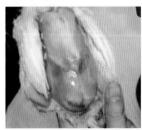

彩图 26 肉鸡腹水症（腹部
膨大下垂，皮肤发亮变薄）

# 怎样提高
## 肉鸡养殖效益

主　编　魏刚才　牛可可　刘卫彩
副主编　王　丹　王　鋆　郑丽敏　王岩保
编　者　牛可可（河南省新乡市新乡县农牧局）
　　　　王　丹（河南省焦作市畜产品质量安全监测中心）
　　　　王　鋆（河南省平顶山市叶县农业农村局）
　　　　王岩保（河南省鹤壁市动物疫病预防控制中心）
　　　　王永彬（河南省开封市畜产品质量监测检验中心）
　　　　杜新府（河南省平顶山市叶县农业农村局）
　　　　刘卫彩（河南省新乡市牧野区农业农村局）
　　　　宋　涛（河南省扶贫开发办公室社会扶贫处）
　　　　郑丽敏（河南省鹤壁市农产品检验检测中心）
　　　　姜正英（河南科技学院）
　　　　魏刚才（河南科技学院）

机械工业出版社

本书从剖析肉鸡养殖场、养殖户的认识误区和生产中存在的问题入手，就如何提高肉鸡养殖效益进行了全面阐述。主要内容包括科学选种引种、科学使用饲料、环境调控、鸡群饲养管理、疾病防治，并介绍了一些养殖典型实例等。本书语言通俗易懂，技术先进实用，针对性和可操作性强。另外，本书设有"提示""注意""小经验"等小栏目，并附有大量的图片，可以帮助读者更好地掌握肉鸡养殖技术。

本书可供广大肉鸡养殖户、相关技术人员以及农林类职业院校有关专业的师生使用和参考。

**图书在版编目（CIP）数据**

怎样提高肉鸡养殖效益/魏刚才，牛可可，刘卫彩主编. —北京：机械工业出版社，2022.1
（专家帮你提高效益）
ISBN 978-7-111-69369-7

Ⅰ.①怎…　Ⅱ.①魏…②牛…③刘…　Ⅲ.①肉鸡–饲养管理　Ⅳ.①S831.4

中国版本图书馆 CIP 数据核字（2021）第 206128 号

机械工业出版社（北京市百万庄大街22号　邮政编码100037）
策划编辑：周晓伟　高　伟　责任编辑：周晓伟　高　伟
责任校对：炊小云　　　　　责任印制：张　博
中教科（保定）印刷股份有限公司印刷
2022 年 1 月第 1 版第 1 次印刷
145mm×210mm · 6.75 印张 · 2 插页 · 219 千字
0001—1900 册
标准书号：ISBN 978-7-111-69369-7
定价：35.00 元

电话服务　　　　　　　　　网络服务
客服电话：010-88361066　　机　工　官　网：www.cmpbook.com
　　　　　010-88379833　　机　工　官　博：weibo.com/cmp1952
　　　　　010-68326294　　金　书　网：www.golden-book.com
**封底无防伪标均为盗版**　机工教育服务网：www.cmpedu.com

# 前　言 / PREFACE

　　我国是肉鸡养殖和消费大国，肉鸡存栏量和出栏量连续多年处于世界首位，肉鸡业以周转快、投资少、效益好等特点深受养殖者青睐，成为人们创业致富的一个好途径。但随着肉鸡养殖业的规模化、集约化发展，加之养殖者观念、技术和资金等方面的滞后，我国肉鸡养殖业中的问题也愈加凸现，如养殖环境差、生产水平低、技术不配套等，直接影响到肉鸡的养殖效益。为了提高肉鸡养殖效益，促进肉鸡养殖业稳定持续发展，我们组织了长期从事肉鸡养殖教学、科研和生产的有关专家编写了本书。

　　本书从品种、饲料、环境、管理和防病五个方面，全面系统地介绍了提高肉鸡养殖效益的关键技术，具有较强的实用性、针对性和可操作性，可为提高肉鸡养殖效益提供技术保证。本书不仅可以供广大肉鸡养殖户和相关技术人员阅读，也可以供农林类职业院校相关专业的师生使用和参考。

　　需要特别说明的是，本书所用药物及其使用剂量仅供读者参考，不可照搬。在生产实际中，所用药物学名、常用名与实际商品名称有差异，药物浓度也有所不同，建议读者在使用每一种药物之前，参阅厂家提供的产品说明以确认药物用量、用药方法、用药时间及禁忌等。购买兽药时，执业兽医有责任根据经验和对患病动物的了解决定用药量及选择最佳治疗方案。

　　由于编者水平有限，本书在内容、结构、叙述等方面可能存在不足之处，恳请广大读者和养殖业同行提出宝贵意见。

编　者

# 目 录 / CONTENTS

前言

第一章 科学选种引种，向良种要效益 ……………… 1
  第一节 肉鸡选种引种的误区 ……………………… 1
    一、盲目地选择肉鸡品种 …………………………… 1
    二、购买雏鸡贪图方便和便宜 ……………………… 1
    三、购买雏鸡时不签订合同或不注意保存
       合同和发票 …………………………………… 2
  第二节 提高良种效益的主要途径 ………………… 2
    一、了解肉鸡的品种特征 …………………………… 2
    二、选好肉鸡的品种 ………………………………… 8
    三、做好雏鸡的引进 ………………………………… 8

第二章 科学使用饲料，向成本要效益 …………… 11
  第一节 饲料使用中的误区 ………………………… 11
    一、选择饲料原料时的误区 ……………………… 11
    二、添加维生素的误区 …………………………… 11
    三、选用饲料添加剂时的误区 …………………… 12
    四、预混料选用的误区 …………………………… 12
    五、饲料配制的误区 ……………………………… 13

第二节　提高饲料利用率的主要途径…………………… **14**
一、科学地选择饲料原料 …………………………… 14
二、合理配制、加工肉鸡日粮 ……………………… 26
三、注意肉鸡饲料的选购、运输贮藏与使用………… 34

第三章　搞好环境调控，向环境要效益 ……………… **39**
第一节　环境控制中的误区………………………… **39**
一、不注重肉鸡场的场址选择和规划布局………… 39
二、鸡舍建设存在的误区 …………………………… 40
三、废弃物处理的误区 ……………………………… 41
第二节　提高环境效益的主要途径………………… **41**
一、科学地选择场址和规划布局 ………………… 41
二、合理建设肉鸡舍 ………………………………… 46
三、配备完善的设备用具 …………………………… 49
四、保护好肉鸡场的场区环境 …………………… 54
五、控制好肉鸡舍内的环境 …………………… 62

第四章　搞好鸡群饲养管理，向管理要效益 ……… **72**
第一节　肉鸡饲养管理中的误区………………… **72**
一、肉用种鸡饲养管理中的误区 ………………… 72
二、肉仔鸡饲养管理中的误区 …………………… 75
第二节　提高肉用种鸡饲养管理效益的主要途径………… **77**
一、加强育雏期的饲养管理 ……………………… 78
二、做好育成期的饲养管理 ……………………… 83
三、重视种鸡产蛋期的饲养管理 ………………… 86
四、加强种公鸡的饲养管理 ……………………… 91
第三节　提高商品肉鸡饲养管理效益的主要途径………… **94**
一、加强快大型肉仔鸡的饲养管理 ……………… 94
二、加强优质黄羽肉鸡的饲养管理 ……………… 105
第四节　提高肉鸡养殖场经营管理的主要途径………… **108**
一、做好经营预测和经营决策 …………………… 109
二、做好计划管理 ………………………………… 111
三、做好各种制度管理……………………………… 115

四、做好经济核算 ·················································· 121

第五章 搞好疾病防治，向健康要效益 ·················· 126
第一节 疾病防治中的误区 ································· 126
一、卫生消毒方面的误区 ····························· 126
二、免疫接种的误区 ································· 127
三、用药的误区 ····································· 128
四、传染病发生的处理误区 ·························· 130
第二节 提高疾病防治效益的主要途径 ············· 130
一、加强肉鸡场疾病综合防控 ······················ 130
二、做好肉鸡常见病的诊治 ························· 158
三、合理地使用药物·································· 189

附录 ···························································· 194
附录A 养殖典型实例 ································· 194
附录B 肉鸡营养需要（饲养标准）············· 197

参考文献 ······················································ 210

# 第一章
# 科学选种引种，向良种要效益

【提示】

　　品种是决定肉鸡生产性能的内因，只有优良的品种，才能保证肉鸡的增重速度、饲料转化率和养殖效益。

## 第一节　肉鸡选种引种的误区

### 一、盲目地选择肉鸡品种

**1. 盲目地引进父母代鸡种**

　　肉鸡父母代种鸡是用来生产商品雏鸡（鸡苗）的，有的饲养者不考虑生产雏鸡的类型（如快大型、优质型、土鸡等）、市场需求以及鸡种的适应性而盲目引进，或引种渠道不正规等，导致生产的产品不能适销对路和产品质量差，严重影响生产效益，甚至亏本倒闭。

**2. 盲目地引进商品肉仔鸡**

　　商品代肉鸡的饲养直接关系到养殖效益，如果类型、品种选择不当，就可能导致饲养失败。有的饲养者不了解肉鸡的类型，肉鸡的品种特点和适应性，盲目引进商品肉仔鸡，结果引进的不是优良品种，或适应性不好，或不是自己想饲养的品种，或引进的品种与自己的饲养条件不符合，影响饲养效果。

### 二、购买雏鸡贪图方便和便宜

　　目前，我国种鸡场和孵化场较多，有的规模较大，也有的规模较小；有的是经过有关部门检查、验收合格，审批并颁发有"种禽种蛋经营许可证"，有的是无证经营；有的孵化场孵化自己种鸡场的种蛋，有的孵化场没有种鸡场，需要外购种蛋。这些情况会导致孵化出的商品肉仔鸡

品种鱼目混珠，质量参差不齐。即使是同一鸡种，有多种因素会影响初生雏鸡的质量。例如：有的种鸡场引种渠道正规，设备设施完善，饲养管理严格，孵化技术水平高，生产的雏鸡内在质量高；有的种鸡场引种渠道不正规，环境条件差，管理不严格，种鸡不进行净化，孵化场卫生条件差，生产的雏鸡质量差。

有些养殖户（场）缺乏科技专业知识和技术指导，观念和认识有偏差，不注重经济核算，考虑眼前利益多，而考虑长远利益少，或贪图方便（就近订购）和便宜，到不符合要求、环境条件极差、管理水平极低，甚至没有登记注册，没有"种禽种蛋经营许可证"（即使有也是含有"水分"）的中小型种鸡场和孵化场订购肉用雏鸡，雏鸡内在质量差，结果是"捡了粒芝麻，丢了个西瓜"，直接影响其生产性能的发挥。

### 三、购买雏鸡时不签订合同或不注意保存合同和发票

现在是市场经济，雏鸡也是商品，在订购雏鸡时必须要签订订购合同，以规定交易双方的责任和权利。但生产中，有的养殖户在购买雏鸡时不注意签订合同，或虽然签订了合同，但购回雏鸡后不注意保存合同而遗失，购买雏鸡的交款发票也不注意索要和保存，结果等到有问题或争议时没有证据，不利于问题的解决和处理，给自己造成一定的损失。

## 第二节　提高良种效益的主要途径

### 一、了解肉鸡的品种特征

#### 1. 快大型肉鸡

（1）罗斯308肉鸡（Ross-308）　现有的隐性白品系，基本上都是在白洛克品种的基础上选育出来的。其外貌特征与许多快大型肉鸡配套系的母本甚为相似。该鸡全身的羽毛均为白色，体形呈丰满的元宝形；单冠，冠叶较小，冠、脸、肉垂与耳叶均为鲜红色；皮肤与胫部为黄色。眼睛虹膜为褐（黑）色，这一点是区别隐性白羽和白化变异的重要特征（彩图1）。

目前，罗斯308肉鸡的饲养范围和数量较多，父母代和商品代的生产性能见表1-1、表1-2。

表1-1　罗斯308肉鸡父母代的生产性能

| 生产周期 | 25周入舍 | 23周入舍 |
|---|---|---|
| 饲养期 | 64周龄 | 62周龄 |
| 入舍母鸡累计产蛋数（枚） | 180 | 180 |
| 入舍母鸡累计产合格蛋数（枚） | 175 | 173 |
| 入舍母鸡生产的健雏数（只） | 148 | 147 |
| 5%产蛋率的周龄/周 | 25 | 23 |
| 高峰期日平均产蛋率（%） | 85.3 | 85.3 |
| 入舍体重/千克 | 2.975 | 2.76 |
| 母鸡饲养期末体重/千克 | 3.96~4.05 | 3.96~4.05 |
| 育雏育成期累积死淘率（%） | 4~5 | 4~5 |
| 产蛋期累计死淘率（%） | 8 | 8 |

表1-2　罗斯308肉鸡商品代的生长性能

| 公鸡 | | | 母鸡 | | | 混养 | | |
|---|---|---|---|---|---|---|---|---|
| 日龄 | 体重/克 | 料肉比 | 日龄 | 体重/克 | 料肉比 | 日龄 | 体重/克 | 料肉比 |
| 36 | 2272 | 1.59:1 | 36 | 1950 | 1.672:1 | 36 | 2111 | 1.628:1 |
| 42 | 2867 | 1.701:1 | 42 | 2436 | 1.811:1 | 42 | 2652 | 1.751:1 |
| 49 | 3541 | 1.83:1 | 49 | 2986 | 1.937:1 | 49 | 3264 | 1.895:1 |

（2）爱拔益加肉鸡（AA肉鸡）　全身羽毛白色，体形大，胸宽腿粗，肌肉发达，尾羽短。蛋壳的颜色很浅；种鸡为四系配套，4个品系均为白洛克型。其特点是生长快，耗料少，适应性强。商品肉鸡胴体美观，胸脯和腿肉发达，是市场上分割加工、烤炸或整吃的重要鸡肉来源，畅销全世界。我国从1981年起先后引进了祖代种鸡，父母代种鸡与商品代种鸡的饲养已遍布全国，深受生产者和消费者欢迎，成为我国白羽肉鸡市场的重要品种（彩图2）。

祖代父本分为常规型和多肉型（胸肉率高），均为快羽，生产的父母代雏鸡通过翻肛鉴别雌雄。祖代母本分为常规型和羽毛鉴别型，其中常规型父系为快羽，母系为慢羽，生产的父母代雏鸡可用快慢羽鉴别雌雄；羽毛鉴别型父系为慢羽，母系为快羽，生产的父母代雏鸡需翻肛鉴别雌雄，其母本与父本快羽公鸡配套杂交后，商品代雏鸡可用快慢羽鉴

别雌雄。

爱拔益加肉鸡父母代和商品代的生产性能见表1-3、表1-4。

**表1-3 爱拔益加肉鸡父母代的主要性能**

| 项目 | 常规系 | 羽速自别系 |
|---|---|---|
| 全期平均日产蛋率（％） | 66 | 65 |
| 高峰期平均日产蛋率（％） | 87 | 86 |
| 5％～10％产蛋率的周龄/周 | 25 | 25 |
| 全期平均存活率（％） | 91 | 90 |
| 入舍母鸡每只产种蛋数（枚） | 185 | 182 |
| 入舍母鸡每只产雏鸡数（只） | 159 | 155 |
| 55％～10％产蛋率时的体重/千克 | 2.83～3.06 | 2.83～3.06 |
| 产蛋结束时的体重/千克 | 3.54～3.85 | 3.54～3.85 |

**表1-4 爱拔益加肉鸡商品代的生产性能**

| 周龄/周 | 活重/千克 | | 料肉比 | |
|---|---|---|---|---|
| | 常规系 | 改进型① | 常规系 | 改进型① |
| 5 | | 1.810 | | 1.56:1 |
| 6 | 2.145 | 2.440 | 1.75:1 | 1.73:1 |
| 7 | 2.675 | 3.040 | 1.92:1 | 1.90:1 |
| 8 | 3.215 | | 2.11:1 | |

① 指羽速自别系2003改进型。

**（3）艾维茵肉鸡** 艾维茵肉鸡是由美国艾维茵国际有限公司培育的三系配套白羽肉鸡品种，也是我国白羽肉鸡中饲养较多的品种之一。艾维茵肉鸡为显性白羽肉鸡，体形饱满、胸宽、腿短、黄皮肤，具有增重快、成活率高和饲料报酬高等特点（彩图3）。

父母代生产性能：入舍母鸡产蛋5％时的成活率不低于95％，产蛋期内的死淘率不高于10％；高峰期的产蛋率为86.9％，41周龄可产蛋187枚，产种蛋数177枚，入舍母鸡产健雏数154只，入孵种蛋的最高孵化率在91％以上。

商品代生产性能：商品代公母混养49日龄体重为2.6千克，耗料4.63千克，料肉比为1.89:1，成活率在97％以上。

（4）哈巴德肉鸡　这是由上海大江股份有限公司从美国引进的高产肉鸡品种。该品种具有生长速度快，抗病能力强，胴体屠宰率高，肉质好，饲料报酬高，饲养周期短以及商品鸡可羽速自别雌雄，有利于分群饲养等特点（彩图4），可在我国大部分地区饲养。

父母代生产性能：开产日龄175天，产蛋总数180枚，合格种蛋数173枚，平均孵化率为86%~88%，平均出雏数135~140只。

商品代生产性能：28天体重为1.25千克，料肉比为1.54∶1；35天体重为1.75千克，料肉比为1.68∶1；42天体重为2.24千克，料肉比为1.82∶1；49天体重为2.71千克，料肉比为1.96∶1。

（5）安卡红肉鸡　安卡红肉鸡为速生型黄羽肉鸡，四系配套，原产于以色列，体形较大、浑圆，生长速度快，与我国地方种鸡杂交有较好的配合力。

父母代生产性能：0~21周龄成活率为94%，22~26周龄成活率为92%~95%，66周龄淘汰。25周龄产蛋率为5%。每只入舍母鸡的产种蛋数为164枚，入孵种蛋孵化率为85%。

商品代生产性能：饲料转化率高，生长快，饲料报酬高，6周龄体重达2001克，累计料肉比为1.75∶1；7周龄体重达2405克，累计料肉比为1.94∶1；8周龄体重达2875克，累计料肉比为2.15∶1。

（6）狄高肉鸡　该品种是由澳大利亚狄高公司培育而成的两系配套杂交肉鸡，父本为黄羽，母本为浅褐色羽，商品代皆黄羽。其特点是商品肉鸡生长速度快，与我国地方优良种鸡杂交，其后代的生产性能好，肉质佳，可在我国大部分地区饲养。

父母代生产性能：开产日龄175天，产蛋总数为191枚，合格的种蛋数为177.5枚，平均孵化率为89%，平均出雏数为175只。

商品代生产性能：42天体重为1.81千克，料肉比为1.88∶1；49天体重为2.12千克，料肉比为1.95∶1；56天体重为2.53千克，料肉比为2.07∶1。

（7）红波罗肉鸡（红宝肉鸡）　该品种体形较大，红羽，生长速度快，具有三黄特征，即黄喙、黄脚、黄皮肤，屠体皮肤光滑，味道较好，备受国内消费者欢迎。

父母代生产性能：20周龄体重为1.9~2.1千克，64周龄体重为3.0~3.2千克，入舍母鸡累计提供种蛋为165~170个，生长期死亡率为2%~4%，产蛋期死亡率（每月）为0.4%~0.7%，平均日耗料量为145克。

商品代生产性能：用全价饲料 60 天体重可达 2.2 千克，料肉比为 (1.2～1.7):1，生命力强，60 日龄存活率达 97% 以上。

**2. 优质肉鸡**

**(1) 康达尔黄鸡（彩图 5）**　康达尔黄鸡是由深圳康达尔（集团）公司家禽育种中心培育的优质黄鸡配套系，利用 A、B、D、R、S 五个基础品系，组成康达尔黄鸡 128 和康达尔黄鸡 132 两个配套系。

1）康达尔黄鸡 128。属于快大型黄鸡配套 8 系，由于父母代母本使用了黄鸡与隐性白鸡的杂交后代，使产蛋率、均匀度、生长速度和蛋形等都有了较大的改善。同时，利用品系配套技术，使各品系的优点在杂交后代中得到了充分的体现。

父母代生产性能：20 周龄体重为 1.66～1.77 千克，64 周龄体重为 2.50～2.55 千克，25 周龄产蛋率为 5%，产蛋高峰为 30～31 周，68 周龄产蛋数为 160 个，平均种蛋合格率为 95%，平均受精率为 92%，平均孵化率为 84.2%，产蛋期死亡率为 8%，平均日耗料量为 49 千克。

商品代生产性能：出栏日龄 70～95 天，平均活重 1.5～1.8 千克，料肉比为 (2.5～3.0):1。

2）康达尔黄鸡 132。这是用矮脚基因，根据不同的市场需求生产的系列配套品种。用矮脚鸡作为母本来生产快大型鸡，可使父母代种鸡较正常型节省 25%～30% 的生产成本；用来生产仿土鸡，可极大地提高种鸡的繁殖性能，降低生产成本。

① 快大型黄鸡。以矮脚鸡 D 系为父本，隐性白母鸡为母本，生产矮脚型的父母代母本，再以快大型黄鸡品系或品系之间的杂交后代为父本，生产快大型黄鸡品种，使商品代的生长速度达到市场上主要快大型黄鸡品种的性能。商品代的生产性能是：肉鸡出栏日龄 70～95 天，平均活重 1.5～1.8 千克，料肉比为 (2.5～3.2):1。

② 仿土鸡。以地方优质鸡（土鸡）为父本、矮脚母鸡为母本杂交，其后代在外观上和肉质上具有地方种鸡的特色，种母鸡的生产性能较地方鸡有较大的提高。配套的商品代公鸡为黄羽快大型，母鸡为黄羽矮脚型，肉质鲜美，胸肌发达，并较一些地方品种（土鸡）的生产速度快。

仿土鸡父母代的生产性能：20 周龄体重为 1.45～1.55 千克，24 周龄体重为 1.70～1.80 千克，64 周龄体重为 2.15～2.25 千克，5% 产蛋周龄为 24 周，68 周龄产蛋数为 164 个，饲养日产蛋数为 170 个，健雏数为 127 只；育成期死亡率为 5%，产蛋期死亡率为 8%，平均日耗料量为 39

千克。

（2）**苏禽黄鸡**　苏禽黄鸡是江苏省家禽科学研究所培育的优质黄鸡配套系列。苏禽黄鸡系列包括快大型、优质型、青脚型 3 个配套系，主要特点和生产性能如下：

1）快大型。快大型的羽毛为黄色，颈、翅、尾之间有黑羽，羽毛的生长速度快。父母代产蛋较多，入舍母鸡 68 周龄所产种蛋可孵出雏鸡 142 只，商品代 60 日龄体重为公鸡 1700 克、母鸡 1400 克，料肉比为 2.5∶1（彩图 6）。

2）优质型。该型的特点是商品鸡的生长速度快，羽毛为麻色，似土鸡，肉质优，适合于要求肉鸡体重在 1 千克左右、40 多天上市的饲养户生产。麻羽鸡三系配套，由地方鸡种的麻鸡和引进的外来品种为第一父本，具备了生长快、产蛋率高、肉质鲜嫩等特点；第二父本系国外引进的快大型黄鸡。因而，配套鸡的各项性能表现均处于国内先进水平。

3）青脚型。青脚型以我国地方鸡种为主要血缘，分别选育、配套而成。其羽毛呈黄麻色、黄色，脚呈青色，生长速度中等，肉质风味特优，是典型的仿土鸡品系。生产的仔鸡 70 日龄左右上市，可用于烧、炒、清蒸、白切等，在河南、安徽、四川、江西等地有较大的市场。

（3）**佳禾黄鸡**　佳禾黄鸡是南京温氏家禽育种有限公司培育的系列黄鸡配套系，分别有快大型和青脚型等配套系。其特点是，体形外貌仿土鸡，肉质优，生长速度适合不同层次的消费，节约饲料。佳禾黄鸡配套系主要为快大型和青脚型。

1）快大型。该型用隐性白和矮脚黄等配套而成，其父母代具有体形小、产蛋率高、羽毛受消费者欢迎等优点。由于配套系中 dw 基因的选用，父母代种鸡的饲养成本降低 25%～30%，产蛋率比其他种鸡提高 12% 以上，因而生产成本降低近 40%，每只种蛋全程消耗饲料仅 186 克。商品代早熟，35 天时冠大面红，羽毛丰满，可上市出售。羽毛呈黄（麻）色，黄脚，黄皮，生长快速，42 天公、母鸡平均体重为 1.9 千克左右，料肉比为 2.04∶1。

2）青脚型。其父母代种鸡青脚、白肤，羽毛以黄麻色为主，68 周龄产蛋量为 181 个，提供商品雏鸡 154 只。商品代的体形紧凑，胸肌丰满，羽毛呈麻黄色，皮下脂肪中等，肉质优，生产量占国内青脚鸡市场的 40% 以上。

（4）**新浦东鸡**　新浦东鸡是由上海畜牧兽医研究所育成的我国第一

个肉鸡品种，是利用原浦东鸡为母本，与红科尼什、白洛克为父本杂交、选育而成的。其羽毛的颜色为棕黄色或深黄色，皮肤微黄，胫呈黄色。

生产性能：产蛋率为5%的日龄为26周龄，500日龄的产蛋量为140~152个，受精蛋孵化率为80%，受精率为90%；仔鸡70日龄的体重为1500~1700克，料肉比为（2.6~3.0）:1，成活率为95%。

## 二、选好肉鸡的品种

只有选择适合市场需求和本地（本场）实际情况，且具有较好生产性能表现的品种，才能取得较好的养殖效益。肉鸡的品种选择必须考虑如下方面。

### 1. 市场需要

市场经济条件下，生产者只有根据市场需要来进行生产，才能获得较好的效益。肉鸡的类型较多，应根据市场需要选择适销对路的品种类型。例如，深圳和沿海经济发达地区喜欢优质黄羽肉鸡，优质鸡肉的消费量大，所以南方饲养较多的是黄羽肉鸡；北方地区和一些肉鸡出口企业，饲养较多的是快大型肉鸡。白羽肉鸡屠宰后皮肤光滑好看，深受消费者喜欢。我国饲养白羽肉鸡的多，饲养有色羽肉鸡的少。

### 2. 品种的体质和生活力

现代的肉鸡品种生长速度都很快，但在体质和生活力方面存在差异，应选用腿病、猝死症、腹水症较少，抗逆性强的肉鸡品种。

### 3. 种鸡场的管理

我国的肉用种鸡场较多，规模大小不一，管理参差不齐，所生产的肉用仔鸡的质量也有较大差异，肉鸡的生产性能表现也就不同。例如，有的种鸡场不进行沙门氏菌的净化，沙门氏菌污染严重，影响肉鸡的成活率和增重速度；有的引种渠道不正规，引进的种鸡质量差，生产的仔鸡质量也差。无论选购什么样的鸡种，必须到规模大、技术力量强、具备"种禽种蛋经营许可证"、管理规范、信誉度高的种鸡场购买。最好能了解种鸡群的状况，要求种鸡群的体质健壮、高产，种鸡场没发生过疫情。

## 三、做好雏鸡的引进

### 1. 雏鸡的订购

由于肉鸡的种蛋从入孵到出雏需要21天（鸡的孵化期为21天），因此要按照生产计划提前安排雏鸡。若自己孵化，可以按照饲养时间提前21天上蛋孵化；对于外购雏鸡，应按照饲养时间提前1个月订购雏鸡，如果是在雏鸡供应紧张的情况下，更应早订购，否则可能因订购不到或供雏时间推迟而影响生产计划。

【注意】

订购雏鸡：一是要咨询了解。咨询有关专家和技术人员，或者其他有经验的肉鸡养殖人员，了解肉鸡的雏鸡价格和生产厂家的具体情况，做到心中有数；二是到大型的、有"种禽种蛋经营许可证"的、饲养管理规范和信誉度高的肉用种鸡场订购雏鸡；三是要签订购销合同，以便以后有问题和争议时有据可查。

**2. 雏鸡的选择**

**（1）质量标准** 雏鸡的质量从两大方面衡量。

1）内在质量。雏鸡的品种优良、纯正，具有高产的潜力；雏鸡要洁净，来源于严格净化的种鸡群。

2）外在质量。雏鸡具有头大、脖短、腿短、大小均匀等肉鸡的品种特点，平均体重符合品种要求（一般在35克以上）；雏鸡适时出壳（孵化时间在20.5~21.5天之间）；雏鸡的羽毛良好，清洁而有光泽，鸡爪光亮如蜡，不呈干燥脆弱状；雏鸡的脐部愈合良好，无感染，无肿胀，无钉脐；雏鸡的眼睛大而明亮，站立姿势正常，行动机敏，活泼好动，握在手中挣扎有力；无畸形。

**（2）选择方法** 选择方法是首先了解，然后通过"看""听""摸"确定雏鸡的健壮程度（应该注重群体的健壮情况）。了解雏鸡的出壳时间和出壳情况，正常应在20.5~21.5天全部出齐，而且有明显的出雏高峰（俗称"出得脆"）；"看"是看雏鸡的行为表现，健康的雏鸡精神活泼，反应灵敏，站立稳健，绒毛长短适中、有光泽；"听"是听声音，用手轻敲雏鸡盒的边缘，发出响动，健雏会发出清脆悦耳的叫声；"摸"是用手触摸雏鸡，健雏挣扎有力，腹部柔软有弹性，脐部平整光滑无钉手感觉。

【小知识】

有的孵化场对出壳雏鸡进行福尔马林熏蒸消毒，可以使雏鸡的绒毛颜色好看，但若熏蒸过度，则易引起雏鸡的眼部损伤，发生结膜炎、角膜炎，严重影响雏鸡的生长发育和育成质量，应该注意。

### 3. 雏鸡的运输

雏鸡的运输是一项技术性强的细致工作，运输要迅速及时、安全到达目的地。

**（1）接雏时间** 应在雏鸡羽毛干燥后开始，至出壳 36 小时结束，如果远距离运输，也不能超过 48 小时，以减少雏鸡路途脱水和死亡的风险。

【注意】

　　雏鸡的入舍时间越早越好，这样有利于早开食，促进消化器官发育。

**（2）装运工具** 运雏时，最好选用专门的运雏箱（如纸质箱、塑料箱、木箱等），规格一般为长 60 厘米、宽 45 厘米、高 20 厘米，内分 2 个或 4 个格，箱壁四周适当设通气孔，箱底要平而且柔软，箱体不得变形。在运雏前，要注意运雏箱的冲洗和消毒，根据季节不同每箱可装 80～100 只雏鸡；运输工具可选用车、船、飞机等。

**（3）装车运输** 运输中，主要防止因缺氧闷热造成窒息死亡或寒冷冻死，防止感冒拉稀。装车时，箱与箱之间要留有空隙，保持通风。夏季运雏要注意通风防暑，避开中午运输，防止烈日暴晒发生中暑死亡。冬季运输要注意防寒保温，防止感冒及冻死，同时也要注意通风换气，不能包裹过严，防止出汗或窒息死亡；春、秋季节运输气候比较适宜，春、夏、秋季节运雏要备有防雨用具。如果天气不适而又必须运雏，就要加强防护措施，在途中还要勤检查，观察雏鸡的精神状态是否正常，以便及早发现问题，及时采取措施。

【注意】
　　无论采用哪种运雏工具，要做到迅速、平稳，尽量避免剧烈震动，防止急刹车，尽量短途运输，以便及时开食、放水。

**（4）雏鸡的安置** 雏鸡运到目的地后，将其全部装入雏鸡盒并移入育雏舍内，分放在每个育雏器附近，保持盒与盒之间的空气流通，然后把雏鸡取出放入指定的育雏器内，再把所有的雏鸡盒移出舍外，对于一次性的纸盒要烧掉；对于重复使用的塑料盒、木箱等，应清除箱底的垫料并将其烧毁，下次使用前对雏鸡盒进行彻底清洗和消毒。

# 第二章
# 科学使用饲料，向成本要效益

**【提示】**

　　肉鸡生产性能和经济效益的高低，饲料营养是重要决定因素之一。营养物质来源于饲料，必须根据肉鸡的生理特点和营养需要，科学地选择饲料原料，合理进行配制，生产出优质的配合饲料，满足其营养需求。

## 第一节　饲料使用中的误区

### 一、选择饲料原料时的误区

　　饲料原料的质量直接关系到配制的全价饲料质量，同样一种饲料原料的质量可能有很大差异，配制出的全价饲料的饲养效果就不同。有的养殖户在选择饲料原料时，存在注重饲料原料的数量而忽视质量的误区，甚至有的为图便宜或害怕浪费，将发霉变质、污染严重或掺杂使假的饲料原料配制成全价饲料，结果是严重影响到全价饲料的质量和饲养效果，甚至危害肉鸡的健康。

### 二、添加维生素的误区

　　维生素虽然在日粮中所占比例不大，但作用重要。肉鸡饲料添加维生素的误区：一是选购不当。市场上维生素的品种繁多，质量参差不齐，价格也有高有低。饲养者缺乏相关知识，不了解生产厂家的状况和产品的质量，选择了质量差或含量低的多种维生素制品，影响了饲养效果；二是使用不当。①添加剂量不适宜。有的过量添加，增加饲养成本；有的添加剂量不足，影响饲养效果；有的不了解使用对象或不按照维生素生产厂家的添加要求盲目添加等。②饲料混合不均匀。维生素添加量很

少，而且都是比较细的物质，有的饲养者不能按照逐渐混合的方法混合饲料，结果混合不均匀。③不注意配伍禁忌。在肉鸡发病时经常会使用几种药物与维生素混合饮水使用。添加维生素时不注意维生素之间及与其他药物或矿物质间的拮抗作用，如维生素 B 与氨丙啉不能混用，链霉素与维生素 C 不能混用等，影响使用效果。④不能按照不同阶段肉鸡的特点和不同维生素的特性正确合理添加。

**【小知识】**

　　维生素是一组化学结构不同、营养作用和生理功能各异的低分子有机化合物，是维持机体生命活动过程中不可缺少的一类有机物质，包括脂溶性维生素（如维生素 A、维生素 D、维生素 E 及维生素 K 等）和水溶性维生素（如 B 族维生素和维生素 C 等）。它的主要生理功能是调节机体的物质和能量代谢，参与氧化还原反应。另外，许多维生素是酶和辅酶的主要成分。青饲料中含有大量维生素，在散放饲养的条件下，鸡可以自由采食青菜、树叶、青草等青饲料，一般不会缺乏；规模化舍内饲养，青饲料供应少，必须添加人工合成的多种维生素来满足肉鸡需要。

### 三、选用饲料添加剂时的误区

　　饲料添加剂具有完善日粮的全价性，提高饲料的利用率，促进肉鸡生长发育，防治某些疾病，减少饲料贮藏期间营养物质的损失或改进产品的品质等作用。使用饲料添加剂时，存在的误区有：一是不了解饲料添加剂的性质特点而盲目选择和使用；二是不按照使用规范使用；三是搅拌不匀；四是不注意配伍禁忌，影响使用效果。

### 四、预混料选用的误区

　　预混料是肉鸡饲料的核心，用量小，作用大，直接影响到饲料的全价性和饲养效果。选择和使用预混料存在的误区有：一是缺乏相关知识，盲目选择。目前，市场上的预混料生产厂家多，品牌多，品种繁多，质量参差不齐，由于缺乏相关知识，盲目选择，结果选择的预混料质量差，影响饲养效果。二是过分贪图便宜，购买质量不符合要求的产品。俗话说"一分价钱一分货"，这是有一定道理的，产品质量好的饲料，由于货真价实，往往价钱高，价钱低的产品也往往质量低。三是过分注重外在质量而忽视内在品质。产品质量是产品内在质量和外在质量的综合反映。产品的内在质量是指产品的营养指标，如产品的可靠性、经济性等；产品的外在质量是指产品的外形、颜色、气味等。有部分养殖户在选择饲料产品时，往往偏重于看饲料的外观、包装如何，色、香、味怎样。由于饲料市场竞争激烈，部分商家想方设法在外包装和产品的色、香、味上下功夫，但产品的内在质量却未能提高，养殖户不了解，往往上当。四是不能按照预混料的配方要求来配制饲料，随意改变配方。各类预混料都有各自经过测算的推荐配方，这些配方一般都是科学合理的，不能随意改变。例如，豆粕不能换成菜籽粕或者棉粕，玉米也不能换成小麦，更不能随意地增减豆粕的用量，造成蛋白质含量过高或不足，影响生长发育，降低经济效益。五是混合均匀度差。目前，农村大部分养殖户在配制饲料时都采用人工搅拌。人工搅拌，均匀度达不到要求，严重影响了预混料的使用效果。六是使用方式和方法欠妥，如不按照生产厂家的要求添加，要么添加多，要么添加少，有的不看适用对象，随意使用，或其他饲料原料的粒度过大等，影响使用效果。

## 五、饲料配制的误区

饲养营养是保证肉鸡快速生长的基础，配方设计合理与否直接关系到日粮的质量。肉鸡配合饲料的配制中存在的误区有：一是注重蛋白质水平而忽视能量水平。由于蛋白质是肉鸡营养中的重要组成部分，蛋白质不足影响肉鸡的生产性能，一些饲养者只求满足粗蛋白的要求，而忽视能量水平。另外，蛋白质是国家饲料质量检测的重要指标，出售饲料的企业都不敢在蛋白质上做文章，蛋白质基本能达到国家要求。但出于降低成本的需要，能量往往不足。结果导致肉鸡的采食量增大，摄入蛋白质过多。由于蛋白质的代谢增加鸡的负担，并产生热增耗，夏天加剧热应激，因而低能高蛋白饲料对肉鸡反而不利。二是注重蛋白质含量，忽视蛋白质质量。现代动物营养技术表明，蛋白质的营养就是氨基酸营养，因而添加蛋白质饲料要满足氨基酸需要，而不是仅仅满足粗蛋白需要。有些地区，由于受到饲料原料来源限制的影响，往往过多地使用单一原料，造成氨基酸不平衡，影响肉鸡的生产水平。忽视蛋白质的质量问题表现在不注重氨基酸平衡性和不考虑氨基酸消化率两个方面。很多饲料原料的蛋白质含量很高，如羽毛粉、皮革粉、血粉等，但氨基酸的消化率低，影响家禽消化吸收。三是忽视配合饲料原料的消化率。由于鱼粉、豆粕、花生粕等优质蛋白质饲料的价格过高。为了降低饲料的价

格，大量使用一些非常规饲料原料，影响饲料的消化吸收率。四是饲料配方计算不准确，各种饲料原料的比例随意性大。

## 第二节　提高饲料利用率的主要途径

### 一、科学地选择饲料原料

饲料原料又称"单一饲料"，是指以一种动物、植物、微生物或矿物质为来源的饲料。

#### 1. 能量饲料

能量饲料是指干物质中粗纤维含量在18%以下、粗蛋白质在20%以下的饲料原料。这类饲料主要包括禾本科的谷实饲料和它们加工后的副产品、动植物油脂和糖蜜等，是肉鸡饲料的主要成分，占日粮的50%~80%，其功能主要是供给肉鸡所需要的能量。

（1）玉米　玉米能量高（消化能含量为16.386兆焦/千克），粗纤维含量很低（1.3%），无氮浸出物高，主要是易消化的淀粉，其消化率高达90%，适口性好，价格适中；玉米中蛋白质的含量较低，一般为8.6%，蛋白质中的几种必需氨基酸含量少，特别是赖氨酸和色氨酸；玉米中的脂肪含量高（3.5%~4.5%），是小麦、大麦的2倍，主要是不饱和脂肪酸，因此玉米经粉碎后易酸败变质。玉米中含有较多的黄色或橙色的色素，一般含5毫克/千克叶黄素和0.5毫克/千克胡萝卜素，有益于蛋黄和鸡的皮肤着色。

【小知识】

如果生长季节和贮藏条件不适当，可能产生霉菌和霉菌毒素。如果怀疑存在黄曲霉毒素，就应在搅拌和混合之前对玉米样本进行检查。"玉米赤霉醇"是玉米中时常出现的另一种霉菌毒素。由于此毒素可与维生素相结合，因此可能引起骨骼和蛋壳质量问题。当此毒素中度污染时，通过饮水给家禽以水溶性维生素D已被证明是有效的。经过运输的玉米，不论运输时间多长，霉菌生长都可能是严重问题。玉米在运输过程中，如果湿度≥16%、温度≥25℃，经常发生霉菌生长现象。一个解决办法是，在装运时往玉米中加入有机酸。但需注意，有机酸可以杀死霉菌并预防重新感染，但对已产生的霉菌毒素是没有作用的。

玉米是肉鸡的主要能量饲料，其品质受水分、杂质含量影响较大，易发霉、虫蛀，需检测黄曲霉毒素 $B_1$ 含量，且含抗烟酸因子。饲粮中一般用量在 50% ~ 70%。

【注意】

配制饲料时，注意补充赖氨酸、色氨酸等必需氨基酸；培育的高蛋白质、高赖氨酸等饲用玉米，营养价值更高，饲喂效果更好。饲料要现配现用，可使用防霉剂。

（2）小麦　其能量与玉米相近，粗蛋白质的含量高（13%），且氨基酸比其他谷实类完全，但赖氨酸和苏氨酸不足；B 族维生素丰富，不含胡萝卜素。用量过大，会引起消化障碍，影响鸡的生产性能，因为小麦内含有较多的非淀粉多糖。

【小知识】

虽然小麦的蛋白质含量比玉米高，能量略为少些，但是在日粮中的用量超过 30% 就可能出现问题，特别是对于幼龄家禽。小麦含有 5% ~ 8% 的戊糖（成分是阿拉伯木聚糖，它与其他的细胞壁成分相结合，能吸收比自身重量高达 10 倍的水分），而家禽不能产生足够数量的木糖酶，结果引起消化物黏稠，导致日粮的消化率下降和粪便湿度增大。随着小麦贮藏时间的延长，其对消化物黏稠度的负面影响会下降。通过限制小麦用量（特别是对于幼龄家禽）或使用外源的木聚糖酶，可以在一定程度上控制消化物黏稠问题。小麦还含有 α- 淀粉酶抑制因子，制粒时应用的较高温度可以破坏这些抑制因子。另外，肉鸡日粮中使用小麦可以改进颗粒的牢固性，在日粮中添加 25% 以上小麦可以起到在难制粒日粮中添加黏结剂的作用。10 ~ 14 日龄以后的肉鸡可以饲喂整粒小麦。

一般在配合饲料中小麦的用量可占 10% ~ 20%；添加 β- 葡聚糖酶和木聚糖酶的情况下，可占 30% ~ 40%。添加酶制剂时，要选用针对性较强的专一酶制剂，使小麦型日粮的利用高效经济。

（3）高粱　高粱的主要成分是淀粉，其代谢能低于玉米；粗蛋白质的含量与玉米相近，但质量差；脂肪的含量比玉米低；钙少磷多，多为植酸磷；胡萝卜素及维生素 D 的含量较少，B 族维生素的含量与玉米相

似，烟酸的含量高。高粱的营养价值约为玉米的95%。

【注意】

高粱可代替部分玉米，若使用高单宁酸高粱，可添加蛋氨酸、赖氨酸及胆碱等，以缓和单宁酸的不良影响。肉鸡饲料中高粱的用量较多时，应注意维生素A的补充及氨基酸、热能的平衡，并考虑色素的来源及必需脂肪酸是否足够。在日粮中使用高粱过多时易引起便秘，所以一般雏鸡料中不使用，育成鸡和种鸡的日粮中高粱的量控制在20%以下。

**(4) 大麦**　大麦的粗蛋白质平均含量为11%，国产裸大麦的粗蛋白质含量较高，可高达20.0%，蛋白质中的赖氨酸、色氨酸和异亮氨酸等的含量高于玉米，有的品种含赖氨酸量高达0.6%；粗脂肪的含量为2%左右，其脂肪酸中一半以上是亚油酸；在裸大麦中粗纤维的含量小于2%，与玉米相当，皮大麦的粗纤维含量高达5.9%，二者的无氮浸出物含量均在67%以上，且主要成分为淀粉及其他糖类；裸大麦的有效能值高于皮大麦，仅次于玉米，B族维生素的含量丰富。但由于大麦籽实种皮的粗纤维含量较高（整粒大麦为5.6%），在一定程度上影响了大麦的营养价值。大麦一般不宜整粒饲喂动物，因为整粒饲喂会导致动物的消化率下降。

【注意】

抗营养因子主要是单宁和β-葡聚糖，其中单宁可影响大麦的适口性和蛋白质的消化利用率，β-葡聚糖是影响大麦营养价值的主要因素，特别是对家禽的影响较大。因其皮壳粗硬，需破碎或发芽后少量搭配饲喂；若其能值较低、使用量过大，则易引起鸡的粪便黏稠。

**(5) 小米与碎米**　所含能量与玉米相近，粗蛋白质的含量高于玉米（10%左右），核黄素（维生素$B_2$）的含量为1.8毫克/千克，且适口性好，一般在配合饲料中用量占15%~20%。碎米用于鸡料需添加色素。

**(6) 稻谷和糙大米**　稻谷种子的外壳粗硬，其粗纤维的含量高达10%，粗蛋白质的含量为8.3%左右。稻谷的适口性较差，饲用价值不高，鸡日粮中一般应控制在20%以内。同时要注意优质蛋白饲料的配合，补充蛋白质的不足；稻谷去壳后为糙大米，其营养价值比稻谷高，与玉米相似。在家禽日粮中可以完全替代玉米，但由于价格较高，在鸡饲料中应用较少。

（7）燕麦　燕麦的外壳坚硬，粗纤维的含量约为10%，可消化总养分比其他麦类低。代谢能比玉米低26%，粗蛋白的含量约为12%，氨基酸的组成不理想，但优于玉米。饲用燕麦的主要成分为淀粉，粗脂肪的含量在6.6%左右。燕麦钙少磷多，但含镁丰富，有助于防治鸡胫骨短粗症。维生素中胡萝卜素、维生素D的含量很少，尤其缺乏烟酸，但富含胆碱和B族维生素。

【注意】

燕麦喂鸡可以防止由于玉米用量过大而造成的排软粪及肛门周围羽毛黏结现象，有利于雏鸡的生长发育。在家禽日粮中用量不宜过高，一般占10%～20%。

（8）麦麸　麦麸包括小麦麸和大麦麸。麦麸的粗纤维含量为8%～9%，能量价值较低，B族维生素的含量较高，但缺乏维生素A、维生素D等。维生素中硫胺素、烟酸和胆碱的含量丰富；麸皮的含磷量大，约为1.09%。小麦麸的容积大，含镁盐较多，有致泻作用；脂肪的含量可达4%，易酸败、生虫。麦麸是良好的能量饲料原料。肉仔鸡饲料中燕麦不超过日粮的5%，种鸡中不超过日粮的10%。

【注意】

麸皮变质严重影响鸡的消化机能，易造成拉稀等；麦麸的吸水性较强，饲料中麸皮太多会限制鸡的采食量；麸皮为高磷低钙饲料，在治疗因缺钙引起的软骨病或佝偻病时，应提高钙用量。另外，磷过多会影响铁的吸收，治疗缺铁性贫血时应注意加大铁的补充量。

（9）次粉　面粉与麸皮之间的部分，是以小麦籽实为原料磨制各种面粉后获得的副产品之一。粗纤维的含量对次粉能值的影响较大，需检测粗纤维的含量。

（10）米糠　米糠又称"米皮糠""细米糠"。米糠经过脱脂后成为脱脂米糠，其中经过压榨法脱脂的产物称为"米糠饼"，而经过有机溶剂脱脂的产物称为"米糠粕"。雏鸡料中使用米糠会引起雏鸡肝脏肥大，

肉鸡料中也不宜使用，成鸡料中用量限制在 25% 以内，颗粒料中可用到35% 。当米糠的用量超过 30% 时，饲用价值降低，并易产生软肉脂；喂米糠过多还会引起拉稀。

【注意】

　　米糠是比较好的饲料原料，但由于米糠中不但含有较高的不饱和脂肪酸，还含有较高的脂肪水解酶类，容易发生脂肪的氧化酸败和水解酸败，导致米糠霉变，进而引起动物严重的腹泻，甚至引起死亡。所以米糠一定要保存在阴凉干燥处，必要时可制成米糠饼、粕后再进行保存。

　　**(11) 根块茎类**　主要有马铃薯、甘薯、木薯、胡萝卜、南瓜等。种类不同，营养成分的差异很大，其共同的饲用价值为：新鲜的含水量高，多为 75%~90%，干物质相对较低，能值低，粗蛋白质的含量仅1%~2%，且一半为非蛋白质含氮物，蛋白的品质较差。干物质中粗纤维的含量较低（2%~4%）。粗蛋白质含量为 7%~15%，粗脂肪含量低于 9%，无氮浸出物含量高达 67.5%~88.15%，且主要是易消化的淀粉和戊聚糖。经晾晒和烘干后代谢能为 9.2~11.29 兆焦/千克，近似于谷物类籽实饲料。有机物消化率高达 85%~90%。钙、磷含量少，钾、氯含量丰富。

【注意】

　　根块茎类含水量高，能值低，除了少数散养鸡外，使用较少。在饲料中适量添加，有利于降低饲料成本，提高生产性能和维护鸡体健康。甘薯中蛋白质的含量较低，生甘薯含生长抑制因子，通过加热可改善其消化性，消除不良影响。

　　**(12) 油脂饲料**　油脂饲料是指油脂和脂肪含量较高的原料，其发热量为碳水化合物或蛋白质的 2.25 倍，包括动物油脂（牛油、家禽脂肪、鱼油）、植物油脂（植物油、椰仁油、棕榈油）、饭店油脂和脂肪含量高的原料（如膨化大豆、大豆磷脂等）。脂肪饲料可作为脂溶性维生素的载体，还能提高日粮中的能量浓度，减少料末飞扬和饲料浪费。添加大豆磷脂，除了能保护肝脏，提高肝脏的解毒功能，还能保护黏膜的完整性，提高鸡体免疫系统活力和抵抗力。日粮中添加 3%~5% 的脂肪，可以提高雏鸡日增重，保证肉鸡夏季能量的摄入量和减少体增热，降低饲料消耗。

【注意】

　　添加脂肪的同时要相应提高其他营养素的水平。脂肪易氧化、
酸败和变质。

### 2. 蛋白质饲料

蛋白质饲料是指饲料干物质中粗蛋白质的含量在 20% 以上（含 20%），粗纤维的含量在 18% 以下（不含 18%），可分为植物性、动物性和单细胞蛋白质饲料三大类。

（1）豆科籽实　绝大多数豆科籽实（大豆、黑豆、豌豆、蚕豆）中蛋白质的含量丰富（20%～40%），而无氮浸出物的含量较谷实类低（28%～62%）。由于豆科籽实有机物中蛋白质的含量较谷实类高，特别是大豆中还含有很多油分，因此其能量值甚至超过谷实中能量最高的玉米。豆科籽实中蛋白质的品质优良，特别是赖氨酸的含量较高，但蛋氨酸的含量相对较少，这正是豆科籽实中蛋白质的品质不足之处。豆科籽实中的矿物质与维生素含量与谷实类大致相似，不过核黄素与硫胺素的含量较某些种类低。钙含量略高一些，但钙、磷比例仍不平衡，通常磷多于钙。

【注意】

　　豆类饲料在生的状态下常含有一些抗营养因子和影响畜禽健康的不良成分，如抗胰蛋白酶、产生甲状腺肿大的物质、皂素与血凝集素等，均对豆类饲料的适口性、消化率产生不良影响。这些不良因子在高温下可被破坏，如经 110℃、3 分钟的热处理后便失去作用。

发达国家已广泛应用膨化全脂大豆粉作为禽类饲料。膨化全脂大豆粉中蛋白质的含量高达 38%，且含油脂多、能量高，可减少为提高日粮能量而添加油脂的生产环节，使生产成本降低，并能克服日粮添加油脂后的不稳定性。

（2）大豆粕（饼）　营养价值高，含粗蛋白质 40%～45%，赖氨酸的含量高，适口性好，是动物的优质饲料。在配合饲料中用量为 15%～25%。由于豆粕（饼）的蛋氨酸含量低，故与其他饼粕类或鱼粉等配合使用效果更好。

**【注意】**

大豆粕（饼）的蛋白质和氨基酸的利用率受到加工温度和加工工艺的影响，加热不足的饼、粕或生豆粕含有抗胰蛋白酶、皂角素、尿素酶等有害物质，可降低禽类的生产性能，导致雏禽脾脏肿大。经过158℃加热的大豆粕可使禽的增重和饲料转化率下降。

（3）花生饼 粗蛋白质含量为42%~48%，精氨酸和组氨酸含量高，赖氨酸含量低，适口性好于豆饼。一般在配合饲料中用量可占15%~20%。

**【注意】**

花生饼脂肪含量高，不耐贮藏，易染上黄曲霉而产生黄曲霉毒素。赖氨酸、蛋氨酸含量及利用率低，需配合菜粕及鱼粉使用。由于所含精氨酸含量较高，而赖氨酸含量较低，所以与豆饼配合使用效果较好。生长黄曲霉的花生饼不能使用。

（4）棉籽粕（饼） 带壳榨油的称为"棉籽饼"，脱壳榨油的称为"棉仁饼"，前者含粗蛋白质17%~28%；后者含粗蛋白质39%~40%。棉籽内含有棉酚和环丙烯脂肪酸，对家禽有害，喂前应采用"脱毒"措施，未经脱毒的棉籽粕（饼）喂量不能超过配合饲料的3%~5%。棉酚含量低的棉籽粕可多量取代大豆粕用于肉鸡日粮，但需要加适量的赖氨酸。

（5）菜籽粕（饼） 菜籽粕（饼）含粗蛋白质35%~40%，赖氨酸比豆粕低50%，含硫氨基酸高于豆粕14%，粗纤维的含量为12%，有机质消化率为70%，可代替部分豆饼喂鸡。菜籽粕在肉鸡前期的使用价值较低，后期可以添加10%，而低含硫配糖体的油菜籽粕可增加到15%。

**【注意】**

菜籽粕（饼）含芥子酸和葡萄糖式，若长期多量饲喂，鸡会发生甲状腺肿大，因而应限量投喂。与棉籽粕搭配使用效果较好。

（6）芝麻饼 芝麻饼含粗蛋白质40%左右，蛋氨酸的含量高，赖氨酸的含量低，适当与豆饼搭配喂鸡，能提高蛋白质的利用率。配合饲料中其用量为 5%～10%。

【注意】

芝麻饼因含草酸、肌醇六磷酸抗营养因子而影响钙、磷吸收，会造成禽类脚软症，日粮中需添加植酸酶。幼雏不宜使用。优质芝麻饼与豆饼搭配使用有氨基酸互补作用。

（7）葵花饼　优质的脱壳葵花饼含粗蛋白质 40% 以上、粗脂肪 5% 以下、粗纤维 10% 以下，B 族维生素的含量比豆饼高。一般在配合饲料中其用量可占 10%～20%。

【注意】

葵花饼成分的变化与含壳量的高低相关，若加热过度会严重影响氨基酸品质，尤以赖氨酸的影响最大。含壳少的葵花饼的成分和价值与棉粕相似，硫氨基酸的含量较高，B 族维生素特别是烟酸的含量丰富。

（8）玉米蛋白粉　玉米蛋白粉是玉米经过脱胚芽、粉碎及水选制取淀粉后的脱水副产品，其有效能值较高，蛋白质的含量高达 50%～60%，氨基酸的利用率可达到豆饼的水平。

【注意】

玉米蛋白粉的赖氨酸、色氨酸含量较低，氨基酸欠平衡，黄曲霉毒素含量高，蛋白含量高，叶黄素含量也高。叶黄素有利于禽蛋及皮肤着色。

（9）DDGS（酒糟蛋白饲料）　玉米酒糟蛋白饲料产品有两种：一种为 DDG（Distillers Dried Grains），是将玉米酒糟经过简单过滤，排放掉滤清液，只对滤渣单独干燥而获得的饲料；另一种为 DDGS（Distillers Dried Grains with Solubles），是将滤清液干燥浓缩后再与滤渣混合干燥而获得的饲料。后者的能量和营养物质总量均明显高于前者。蛋白质的含量较高（DDGS 的蛋白质含量在 26% 以上），富含 B 族维生素、矿物质和未知生长因子。DDGS 可以促进肉鸡的食欲和生长，但因其热能值不高，用量以 5% 以下为宜。

【注意】

DDGS水分含量高，谷物已破损，霉菌容易生长，因此霉菌毒素的含量很高，可能存在多种霉菌毒素，会引起家禽的霉菌毒素中毒症。所以，贮存和使用时必须用防霉剂和广谱霉菌毒素吸附剂和抗氧化剂。

**（10）啤酒糟（麦芽根）** 啤酒糟是啤酒工业的主要副产品，是以大麦为原料，经过发酵提取籽实中可溶性碳水化合物后的残渣。啤酒糟的营养物质比较全面，蛋白含量中等，亚油酸含量高。啤酒糟含有多种消化酶，少量使用有助于消化。

【注意】

啤酒糟以戊聚糖为主，对幼禽营养价值低。麦芽根虽然具有芳香味，但含生物碱，其适口性较差。

**（11）啤酒酵母** 啤酒酵母为高级蛋白来源，富含B族维生素、氨基酸、矿物质、未知生长因子，其来源少、价格贵，不宜大量使用。

**（12）饲料酵母** 饲料酵母用作畜禽饲料的酵母菌体，包括所有用单细胞微生物生产的单细胞蛋白。饲料酵母是呈浅黄色或褐色的粉末或颗粒，蛋白质的含量高，维生素丰富，用于饲养鸡，可以增强体质、减少疾病、加快增重。

【注意】

酵母品质以反应底物不同而变异，可通过显微镜检测酵母细胞的总数判断酵母的质量。因饲料酵母缺乏蛋氨酸，饲喂鸡时要与鱼粉搭配。酵母的价格较高，无法普遍使用。

**（13）鱼粉** 鱼粉是最理想的动物性蛋白质饲料，其蛋白质含量高达45%～60%，而且在氨基酸的组成方面，赖氨酸、蛋氨酸、胱氨酸和色氨酸的含量较高。鱼粉含有丰富的维生素A和B族维生素，特别是维生素$B_{12}$。另外，鱼粉中还含有钙、磷、铁等，用来补充植物性饲料中限制性氨基酸的不足，效果很好，一般在配合饲料中用量可占5%～15%。

【注意】

一般地，进口鱼粉的含盐量在 1% ~ 2%，国产鱼粉的含盐量变化较大，高的可达 30%，使用时应避免食盐中毒。鱼粉易感染沙门氏杆菌，若脂肪的含量过高会造成氧化及自燃，加工、贮存不当会使鱼粉中的组胺与赖氨酸结合产生肌胃糜烂素，使肉鸡发生肌胃糜烂症。要防治掺假，可通过化学测定和显微镜镜检判断是否掺假。

（14）饲料用血制品　饲料用血制品主要有全血粉（血粉）、血浆粉（血浆蛋白粉）与血细胞粉（血细胞蛋白粉）3 种。

1）血粉。血粉是将家畜或家禽的血液凝成块后经高温蒸煮、压除汁液、晾晒、烘干后粉碎形成，根据加工工艺可分为喷雾干燥血粉、滚筒干燥血粉、蒸煮干燥血粉、发酵血粉和膨化血粉 5 种。血粉中蛋白的含量较高，赖氨酸、亮氨酸的含量高，缬氨酸、组氨酸、苯丙氨酸、色氨酸的含量丰富。喷雾干燥血粉是良好的蛋白源，含粗蛋白 80% 以上，赖氨酸的含量为 6% ~ 7%，但蛋氨酸和异亮氨酸含量较少。

【注意】

血粉氨基酸的组成不平衡，蛋氨酸、胱氨酸的含量较低，异亮氨酸严重缺乏，利用率低，适口性差。日粮中用量过多的血粉时，易引起腹泻，因此一般占日粮 2% 以下。

2）血浆蛋白粉。血浆蛋白粉是将健康动物新鲜血液的温度在 2 小时内降至 4℃，并保持在 4 ~ 6℃，经抗凝处理，从中分离出的血浆经喷雾干燥后得到的粉末，故又称为"喷雾干燥血清粉"。血浆蛋白粉的种类按血液的来源主要有猪血浆蛋白粉（SDPP）、低灰分猪血浆蛋白粉（LAPP）、母猪血浆蛋白粉（SDSPP）和牛血浆蛋白粉（SD-BP）等。一般情况下，喷雾干燥血浆蛋白粉主要是指猪血浆蛋白粉。

3）血细胞蛋白粉。血细胞蛋白粉是指动物屠宰后血液在低温处理条件下，经过一定工艺分离出的血浆经喷雾干燥后得到的粉末。血细胞蛋白粉又称为喷雾干燥血细胞粉。

（15）肉骨粉　赖氨酸、脯氨酸、甘氨酸的含量高，维生素 $B_{12}$、烟酸、胆碱的含量丰富，钙、磷的含量高且比例合适（2∶1），是良好的钙、磷供源。粗蛋白质含量达 40% 以上，蛋白质消化率高达 80%，水分

含量为 5%~10%，粗脂肪含量为 3%~10%，B 族维生素含量丰富。配合饲料中用量为 5% 左右。

【注意】

　　肉骨粉中氨基酸欠平衡，蛋氨酸、色氨酸的含量较低，品质差异较大，蛋白质主要是"胶原蛋白"，其利用率较差。要防止沙门氏杆菌和大肠杆菌污染。

**(16) 蚕蛹粉**　蚕蛹中含有 50% 以上的粗蛋白质和 25% 的粗脂肪，且粗脂肪中含有较高的不饱和脂肪酸，特别是亚油酸和亚麻酸，还含有一定量的几丁质，矿物质中钙、磷的比例为 1:(4~5)，是较好的钙、磷源饲料。同时，蚕蛹中富含各种必需氨基酸，如赖氨酸、含硫氨基酸及色氨酸，且含量都较高。全脂蚕蛹粉中含有的能量较高，是一种高能、高蛋白质类饲料，脱脂后的蚕蛹粉中蛋白质含量较高，易保存。配合饲料中用量为 5%~10%。

【注意】

　　蚕蛹粉具有异臭味，使用时要注意其添加量，以免影响饲料的适口性。脂肪的含量较高，易酸败，喂肉禽会产生腥臭味，影响肉的品质。

**(17) 水解羽毛粉**　水解羽毛粉中粗蛋白质含量近 80%，胱氨酸的含量丰富，适量添加可补充胱氨酸不足。羽毛粉为"角蛋白"，其中氨基酸的组成极不平衡，赖氨酸、蛋氨酸、色氨酸的含量较低，利用率低。一般在配合饲料中用量为 2%~3%。肉鸡日粮中羽毛粉可取代部分豆粕，添加含硫氨基酸使饲料中氨基酸平衡后，其用量可至 5% 而不影响生长。

【注意】

　　使用时，要注意氨基酸的平衡问题，应该与其他动物性饲料配合使用。在蛋鸡饲料中添加羽毛粉可以预防和减少啄癖。

**3. 矿物质饲料**
　　矿物质饲料是为了补充植物性和动物性饲料中某种矿物质元素的不足而利用的一类饲料。矿物质饲料的种类、特性及使用说明见表 2-1。

表 2-1　矿物质饲料的种类、特性及使用说明

| 种类 | 特性 | 使用说明 |
|---|---|---|
| 骨粉或磷酸氢钙 | 含大量的钙和磷，比例合适，主要用于磷不足的饲料 | 在配合饲料中用量可占1.5%～2.5% |
| 贝壳粉、石粉、蛋壳粉 | 属于钙质饲料。贝壳粉是最好的钙质饲料，含钙量高，又容易吸收；石粉的价格便宜，含钙量高，但鸡吸收能力差；蛋壳粉可以自制，将各种蛋壳经过水洗、煮沸和晒干后粉碎即成，吸收率较好 | 在配合饲料中，育雏及育成阶段的用量占1%～2%，产蛋阶段的用量占6%～7%。蛋壳粉容易携带病原微生物，使用时应注意防止传播疾病 |
| 食盐 | 主要用于补充鸡体内的钠和氯，以保证鸡体正常新陈代谢，还可以增进鸡的食欲 | 用量可占3%～3.5% |
| 沙砾 | 有助于肌胃中饲料的研磨，起到"牙齿"的作用，沙砾要不溶于盐酸 | 舍饲鸡或笼养鸡要注意补给。鸡吃不到沙砾，饲料消化率将降低20%～30% |
| 沸石 | 一种含水的硅酸盐矿物，在自然界中多达40多种。沸石中含有磷、铁、铜、钠、钾、镁、钙、银、钡等20多种元素，是一种质优价廉的矿物质饲料 | 在配合饲料中用量可占1%～3%。可以降低鸡舍内有害气体的含量，保持舍内干燥 |

## 4. 维生素饲料

在日粮中主要提供各种维生素的饲料叫维生素饲料，包括青菜类、块茎类、青绿多汁饲料和草粉等，常用的有白菜、胡萝卜、野菜类和干草粉（苜蓿草粉、槐叶粉和松针粉）等。在规模化饲养的条件下，使用维生素饲料不方便，多利用人工合成的维生素添加剂来代替。

## 5. 饲料添加剂

为了满足鸡的营养需要，完善日粮的全价性，需要在饲料中添加原来含量不足或不含有的营养物质和非营养物质，以提高饲料的利用率，促进鸡的生长发育，防治某些疾病，减少饲料贮藏期间营养物质的损失或改进产品的品质等，这类物质称为饲料添加剂。饲料添加剂可以强化基础日粮的营养价值，促进动物生长，保证动物健康，提高动物生产性能。

饲料添加剂分为营养性添加剂和非营养性添加剂两大类。营养性添加剂包括微量元素添加剂（分为无机微量元素添加剂、有机微量元素添加剂和生物微量元素添加剂三大类）、维生素添加剂、工业合成的各种

氨基酸添加剂（人工合成的氨基酸有蛋氨酸、赖氨酸、色氨酸、苏氨酸和甘氨酸等，生产中最常用的是蛋氨酸和赖氨酸）等；非营养性添加剂包括生长促进剂（如抗生素和合成抗菌药物、酶制剂、中草药饲料添加剂、微生态制剂、酸化剂、大蒜素等）、驱虫保健剂（如驱虫性抗生素和抗球虫剂）、饲料保存剂（如抗氧化剂乙氧基喹啉、二丁基羟基甲苯、丁基羟基茴香醚和防霉剂丙酸钠、丙酸钙、山梨酸钾和苯甲酸）等。营养性添加剂虽然不是饲料的固有营养成分，本身也没有营养价值，但具有抑菌、抗病，提高适口性，促进生长，避免饲料变质和提高饲料报酬的作用。

【注意】

抗生素饲料添加剂最好选用肉鸡专用的、易吸收、残留少、不产生抗药性的品种；要严格控制使用剂量，防止不良副作用；严格执行休药期。抗生素消失时间一般需 3~5 天，故在屠宰前 7 天停止添加。

## 二、合理配制、加工肉鸡日粮

### 1. 科学设计饲料配方

**（1）肉鸡饲料配方设计要点**

1）选用优质饲料原料。肉用仔鸡的消化道容积小，肠道短，消化机能较为软弱，但生长速度快，所以要求饲料的营养浓度高，各种养分平衡、充足，而且易消化。所以生产上应多用优质饲料原料（如黄玉米、豆粕、优质鱼粉等），不用或少用劣质杂粮（如棉籽饼、菜粕、蓖麻粕等）、粗纤维含量高的稻谷、糠麸以及非常规饲料原料（如药渣、皮毛粉等）。如果原料的价格太高，则可少量使用其他谷物和植物蛋白饲料原料，如次粉、杂粮等。肉用仔鸡的日粮中大豆饼、粕的用量可达到30%以上，玉米用量可达50%，油脂的用量可达5%，鱼粉的用量在3%即可。在鸡配合饲料中使用小麦会增大粉尘，并且易塞满鸡的下喉，所以常常限制小麦在鸡日粮中的使用。实践过程中可采用粗磨或压扁等方法克服这种缺点，并且可以加小麦专用酶。当优质鱼粉（含粗蛋白65%）的价格等于或略高于豆粕（含蛋白质48%）价格的1.5倍时，可把鱼粉的用量增加到上限。肉骨粉和鱼粉单独使用或两者配合使用时，要注意磷过量问题。若磷的用量过大，有害于幼龄肉鸡的生长，并且有可能使鸡产生股骨短粗病。生长鸡可耐受的有效磷最高水平为 0.75%，如果采用这个水平，应当增加钙的水平以保持钙磷比例为 2:1。利用其他动物副产品饲料原料时，也应考虑到有效磷问题。

2）使用油脂。油脂饲料包括动物油和植物油。动物油（如猪油、牛油、鱼油等）的代谢能在 33.5 兆焦/千克以上，植物油（如菜籽油、棉籽油、玉米油等）的代谢能比动物油低，但也有 29.3 兆焦/千克。为了达到饲养标准规定的营养浓度，通常在肉鸡配合饲料中添加动、植物油脂，前期加 0.5%，后期加 5%～6%。动物油脂如牛羊脂的饱和脂肪酸含量较高，雏鸡不能很好地消化吸收，如果同时使用 1% 的大豆油或 5% 的全脂大豆粉，则可有效地提高脂肪的消化率。若不添加油脂，能量指标达不到饲养标准，就需降低饲养标准，以求营养平衡。否则，若只有能量与饲养标准相差很多，而蛋白质等指标满足饲养标准，则蛋白质会作为能源供能，这样不仅造成浪费，而且还会因尿酸盐产生过多，肾脏负担过重，造成肾肿大和尿酸盐沉积。

3）使用添加剂。肉鸡配合饲料中必须使用饲用添加剂才能达到较好效果。使用时，要按照国家有关规定。例如，肉鸡日粮中添加酸化剂可提高生产性能，为了防止球虫病的发生，日粮中添加抗球虫药物添加剂。使用药物添加剂时要注意，在上市前 5～7 天要停止使用，以免药物残留。

4）注意酸碱平衡和胴体质量。通过控制饲料，减少腹水症、猝死症、腿病等发生，关键技术在于日粮的离子平衡，主要是 $Na^+$、$K^+$、$Cl^-$ 等离子平衡，同时降低粗蛋白质的浓度；添加维生素 C 可有效地降低腹水症的发生率。日粮对肉鸡胴体的质量有重要影响，设计肉鸡饲料配方时必须要考虑。

（2）肉鸡配方设计的方法

1）配方设计的步骤。

第一步，弄清楚肉鸡的品种、年龄、生理状态和生产水平，选用相应的饲养标准。

第二步，根据当地饲料资源确定参配的饲料种类。查阅选择的饲料原料营养价值表，记录饲料原料中各种营养素的含量。

第三步，采用适当的方法初拟配方，计算能量、蛋白质的含量。

第四步，调整配方，使能量和蛋白质符合要求。

第五步，添加矿物质饲料、人工合成氨基酸、食盐以及需要的添加剂，并调整钙和磷，使它们符合要求。

第六步，列出配方及营养价值表。

2）配方设计的方法。以试差法（根据经验和饲料营养含量，先大致确定各类饲料在日粮中所占的比例，然后通过计算看看与饲养标准还差多少再进行调整。这种方法简单易学，但计算量大，烦琐，不易筛选出最佳配方）。在此举例说明配方设计的方法。

【例】 用玉米、豆粕、麸皮、棉籽饼、秘鲁鱼粉、油脂、食盐、蛋氨酸、赖氨酸、骨粉、石粉、维生素和微量元素添加剂设计 4~6 周龄艾维茵肉鸡的饲料配方。

第一步，查附录中相关表格得知 4~6 周龄艾维茵肉鸡的营养标准，见表2-2。

表2-2　4~6周龄艾维茵肉鸡的营养标准

| 营养素 | 代谢能/（兆焦/千克） | 粗蛋白（%） | 钙（%） | 有效磷（%） | 蛋氨酸（%） | 赖氨酸（%） | 食盐（%） |
|---|---|---|---|---|---|---|---|
| 含量 | 13.35~14.27 | 18.00~20.00 | 0.80~1.00 | 0.38~0.50 | 0.25 | 0.53 | 0.3~0.5 |

第二步，根据饲料原料成分表查出所用各种饲料的养分含量，见表2-3。

表2-3　各种饲料的养分含量

| 饲料原料 | 代谢能/（兆焦/千克） | 粗蛋白（%） | 钙（%） | 有效磷（%） | 蛋氨酸（%） | 赖氨酸（%） |
|---|---|---|---|---|---|---|
| 玉米 | 13.56 | 8.7 | 0.02 | 0.12 | 0.18 | 0.24 |
| 豆粕 | 9.83 | 46.8 | 0.32 | 0.31 | 0.56 | 2.81 |
| 麸皮 | 6.82 | 15.7 | 0.11 | 0.24 | 0.13 | 0.58 |
| 棉籽饼 | 7.52 | 42.5 | 0.21 | 0.28 | 0.45 | 1.59 |
| 鱼粉 | 11.67 | 62.8 | 7.0 | 3.50 | 1.84 | 4.9 |
| 油脂 | 37.6 | | | | | |
| 骨粉 | | | 36.4 | 16.4 | | |
| 石粉 | | | 35.0 | | | |

第三步，初拟配方。根据饲养经验初步拟定一个配合比例，然后计算能量、蛋白质的含量。肉鸡饲料中，能量饲料占60%～70%，蛋白质饲料占25%～35%，矿物质饲料占2%～3%，添加剂饲料占0～3%。根据各类饲料的占用比例和饲料价格，初拟的配方和计算结果见表2-4。

表2-4　初拟配方及配方中能量、蛋白质含量

| 饲料原料 | 占用比例（%） | 代谢能/（兆焦/千克） | 粗蛋白质（%） |
|---|---|---|---|
| 玉米 | 61 | 8.272 | 5.307 |
| 豆粕 | 20 | 1.966 | 9.36 |
| 棉籽饼 | 4 | 0.301 | 1.7 |
| 鱼粉 | 3 | 0.350 | 1.884 |
| 麸皮 | 4 | 0.273 | 0.628 |
| 油脂 | 6 | 2.256 | |
| 合计 | | 13.418 | 18.879 |
| 标准 | | 13.35～14.27 | 18.00～20.00 |

第四步，调整配方使能量和蛋白质符合营养标准。由表2-4可以看出，能量和蛋白质都在需要范围内。可直接计算矿物质和氨基酸的含量，见表2-5。

表2-5　矿物质和氨基酸的含量

| 饲料原料 | 占用比例（%） | 钙（%） | 有效磷（%） | 蛋氨酸（%） | 赖氨酸（%） |
|---|---|---|---|---|---|
| 玉米 | 61 | 0.0122 | 0.0732 | 0.1098 | 0.1464 |
| 豆粕 | 20 | 0.064 | 0.062 | 0.112 | 0.562 |
| 棉籽饼 | 4 | 0.0084 | 0.0112 | 0.018 | 0.0636 |
| 鱼粉 | 3 | 0.21 | 0.105 | 0.0552 | 0.147 |
| 麸皮 | 4 | 0.0044 | 0.0096 | 0.0052 | 0.0232 |
| 合计 | | 0.299 | 0.261 | 0.295 | 0.9422 |
| 标准 | | 0.80～1.00 | 0.38～0.50 | 0.25 | 0.53 |

根据上述配方计算得知，饲粮中钙比标准低0.6%，磷比标准低

0.15%，可用骨粉和石粉来补充。先用骨粉补充磷，骨粉的用量为：$(0.15 \div 16.4) \times 100\% = 0.91\%$。增加0.91%骨粉可以增加钙$36.4 \times 0.91\% = 0.33\%$，则钙仍缺少$0.6\% - 0.33\% = 0.27\%$，添加石粉$(0.27 \div 35) \times 100\% = 0.77\%$。蛋氨酸和赖氨酸已满足需要，无须添加。食盐添加0.37%，维生素和微量元素添加剂合计添加0.5%，则合计100.55%，超0.55%，可以从玉米中减去。

第五步，列出配方和主要营养指标。

饲料配方：玉米60.45%、油脂6%、豆粕20%、棉籽饼4%、鱼粉3%、麸皮4%、石粉0.77%、骨粉0.91%、食盐0.37%、维生素和微量元素添加剂0.5%，合计100%。营养水平：代谢能13.42兆焦/千克、粗蛋白18.88%、钙0.9%、有效磷0.41%、蛋氨酸0.30%、赖氨酸0.942%。

### 2. 实用配方精选

（1）快大型肉鸡的配方　见表2-6~表2-10。

表2-6　肉仔鸡二段制饲料配方1

| 原　　料 | | 0~4周龄 | | 5~8周龄 | |
| --- | --- | --- | --- | --- | --- |
| | | 玉米豆粕型 | 玉米豆粕鱼粉型 | 玉米豆粕型 | 玉米豆粕鱼粉型 |
| 玉米（%） | | 61.6 | 63.1 | 66.0 | 67.0 |
| 大豆粕（%） | | 34.0 | 30.0 | 29.0 | 26.0 |
| 鱼粉（%） | | 0 | 3.0 | 0 | 2.0 |
| 动、植物油（%） | | 0 | 0 | 1.0 | 1.0 |
| 骨粉（%） | | 2.8 | 2.2 | 2.5 | 2.3 |
| 石粉（%） | | 0.3 | 0.4 | 0.2 | 0.4 |
| 食盐（%） | | 0.3 | 0.3 | 0.3 | 0.3 |
| 预混料（%） | | 1.0 | 1.0 | 1.0 | 1.0 |
| 合计（%） | | 100 | 100 | 100 | 100 |
| 每10千克预混料中氨基酸/克 | 赖氨酸 | 300 | 0 | 0 | 0 |
| | 蛋氨酸 | 1200 | 900 | 550 | 400 |

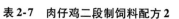

表2-7　肉仔鸡二段制饲料配方2

| 原　料 | | 0~4周龄 | | | 5~8周龄 | | |
|---|---|---|---|---|---|---|---|
| | | 配方1 | 配方2 | 配方3 | 配方1 | 配方2 | 配方3 |
| 玉米（%） | | 60.0 | 59.0 | 60.0 | 66.0 | 66.6 | 69.0 |
| 大豆粕（%） | | 24.0 | 22.0 | 21.7 | 20.0 | 19.0 | 18.0 |
| 棉粕（%） | | 0 | 12.0 | 9.0 | 0 | 9.5 | 4.3 |
| 花生粕（%） | | 10.8 | 0 | 0 | 9.2 | 0 | 0 |
| 肉骨粉（%） | | 0 | 0 | 5.0 | 0 | 0 | 6.0 |
| 鱼粉（%） | | 1.0 | 1.4 | 0 | 0.8 | 1.0 | 0 |
| 动、植物油（%） | | 0 | 1.5 | 1.0 | 0 | 0 | 0 |
| 骨粉（%） | | 2.7 | 2.6 | 1.6 | 2.4 | 2.3 | 1.2 |
| 石粉（%） | | 0.2 | 0.2 | 0.4 | 0.3 | 0.3 | 0.2 |
| 食盐（%） | | 0.3 | 0.3 | 0.3 | 0.3 | 0.3 | 0.3 |
| 预混料（%） | | 1.0 | 1.0 | 1.0 | 1.0 | 1.0 | 1.0 |
| 合计 | | 100 | 100 | 100 | 100 | 100 | 100 |
| 每10千克预混料中氨基酸/克 | 赖氨酸 | 1100 | 1200 | 1000 | 800 | 400 | 500 |
| | 蛋氨酸 | 1100 | 1200 | 1000 | 600 | 500 | 500 |

表2-8　肉仔鸡三段制饲料配方1

| 原　料 | | 0~21日龄 | | 22~37日龄 | | 38日龄 | |
|---|---|---|---|---|---|---|---|
| | | 配方1 | 配方2 | 配方1 | 配方2 | 配方1 | 配方2 |
| 玉米（%） | | 59.8 | 56.7 | 65.5 | 63.8 | 68.2 | 66.9 |
| 大豆粕（%） | | 32.0 | 38.0 | 28.0 | 31.0 | 25.5 | 27.0 |
| 鱼粉（%） | | 4.0 | 0 | 2.0 | 0 | 1.0 | 0 |
| 动、植物油（%） | | 0.5 | 1.0 | 0.6 | 1.0 | 1.4 | 2.0 |
| 骨粉（%） | | 2.0 | 2.8 | 2.2 | 2.6 | 2.3 | 2.5 |
| 石粉（%） | | 0.4 | 0.2 | 0.4 | 0.3 | 0.3 | 0.3 |
| 食盐（%） | | 0.3 | 0.3 | 0.3 | 0.3 | 0.3 | 0.3 |
| 预混料（%） | | 1.0 | 1.0 | 1.0 | 1.0 | 1.0 | 1.0 |
| 合计（%） | | 100 | 100 | 100 | 100 | 100 | 100 |
| 每10千克预混料中氨基酸/克 | 赖氨酸 | 0 | 0 | 0 | 0 | 0 | 0 |
| | 蛋氨酸 | 700 | 900 | 850 | 1000 | 550 | 650 |

表 2-9　肉仔鸡三段制饲料配方 2

| 原　　料 | 0～3 周龄 | 4～6 周龄 | 7～8 周龄 |
|---|---|---|---|
| 玉米（%） | 56.7 | 67.24 | 70.23 |
| 大豆粕（%） | 25.29 | 14.80 | 15.30 |
| 鱼粉（%） | 12.00 | 12.0 | 8.00 |
| 植物油（%） | 3.00 | 3.00 | 3.00 |
| DL-蛋氨酸（%） | 0.14 | 0.23 | 0.31 |
| L-赖氨酸（%） | 0.20 | 0.20 | 0.21 |
| 石粉（%） | 0.95 | 1.03 | 1.08 |
| 磷酸氢钙（%） | 0.42 | 0.20 | 0.57 |
| 食盐（%） | 0.30 | 0.30 | 0.30 |
| 微量元素、维生素预混料（%） | 1.00 | 1.00 | 1.00 |
| 合计（%） | 100 | 100 | 100 |

（2）黄羽肉鸡的配方　见表 2-10。

表 2-10　黄羽肉鸡的配方

| 原　　料 | 0～5 周龄 | | 6～12 周龄 | |
|---|---|---|---|---|
| | 配方 1 | 配方 2 | 配方 1 | 配方 2 |
| 玉米（%） | 63.5 | 62.0 | 69.0 | 68.0 |
| 大豆粕（%） | 22.0 | 18.0 | 16.7 | 15.0 |
| 棉粕（%） | 7.0 | 6.8 | 8.0 | 7.0 |
| 花生粕（%） | 0 | 8.0 | 0 | 6.0 |
| 肉骨粉（%） | 4.0 | 0 | 3.0 | 0 |
| 鱼粉（%） | 0 | 1.0 | 0 | 0 |
| 动、植物油（%） | 0 | 0 | 0 | 0 |
| 骨粉（%） | 1.6 | 2.5 | 1.6 | 2.5 |
| 石粉（%） | 0.6 | 0.4 | 0.4 | 0.2 |
| 食盐（%） | 0.3 | 0.3 | 0.3 | 0.3 |
| 预混料（%） | 1.0 | 1.0 | 1.0 | 1.0 |
| 合计（%） | 100 | 100 | 100 | 100 |

### 3. 肉鸡饲料的加工配制

**（1）饲料原料的选择和使用**  饲料原料包括谷物饲料、蛋白质饲料以及浓缩料（或预混料）等，只有选择优质的饲料原料并合理地使用，才能配制出高质量的日粮。

**（2）饲料原料的称量**  饲料原料的称量准确与否直接影响配合饲料的质量，配方设计再科学若称量不准也不可能配出符合要求的全价饲料。准确称量要做到两点：一要有符合要求的称量器具，常用电子秤（规模化饲料加工厂使用）和一般的磅秤（小型饲料加工场和饲养场使用），要求具有足够的准确度和稳定性，满足饲料配方所提出的精确配料要求，不宜出现故障，结构简单，易于掌握和使用；二要准确称量，配料人员要有高度的责任心，一丝不苟，认真称量，以保证各种原料准确无误，并定期检查磅秤的准确度，发现问题及时解决。

**（3）饲料的粉碎搅拌**  使用饲料时，要求鸡采食的各个部分饲料所含的养分都是均衡的、相同的，否则将使鸡群产生营养不良、营养缺乏症或中毒现象，即使日粮配方非常科学，饲养条件非常好，若饲料搅拌不均匀仍然不能获得满意的饲养效果。因此，必须将饲料搅拌均匀，以满足鸡的营养需要。

**【注意】**

手工拌和时，只有通过多层次分级拌和，才能保证配合日粮的品质，那种在原地翻动或搅拌饲料的方法是不可能搅拌均匀的。

**（4）颗粒料的加工**  将配制成的粉状配合料加工成颗粒料，叫"制粒"。一般颗粒料的加工经过的工序有原料粉碎、配料、混合、蒸汽调质、压粒、风冷降温、分级、分装等。肉鸡前期料大部分采用的是"破碎料（或称肉鸡花料）"，即先用2.5~3.0毫米孔径的模板制成颗粒，再用碎机破碎、分级，然后将过细物料返回制粒机，符合粒度要求的颗粒经过冷却分装。肉鸡后期颗粒料一般采用2.0~2.5毫米孔径的模板制粒，不再经过破碎工序。肉鸡采食颗粒饲料比采食粉状料生长速度快，饲料转化率高。而且颗粒料的成分不会分离，肉鸡在采食时不挑食，浪费也较少。但颗粒料也有一定的弊端，如颗粒料比粉状料造价高。

【注意】

　　使用颗粒料时，肉鸡的生长速度过快，心、肺、肝功能与其生长速度不相适应，易引发猝死和腹水。

（5）成品料的管理　定期检查校正称量系统，检查袋装饲料的净重；每批饲料开始装料时，肉眼观察所装饲料是否与标签规定的品种相符，质量有无异常；按规定正确在库房堆垛产品，坚持"先进先出"的原则，产品装车出厂前再次核对提货单与产品标签是否相符；更换饲料品种时，要彻底清扫成品仓以及包装线上的残余饲料；正确取样、分样，并送化验室分析。

## 三、注意肉鸡饲料的选购、运输贮藏与使用

### 1. 肉鸡饲料的选购

（1）预混料的选购　预混料是由一种或多种营养物质补充料（如氨基酸、维生素、微量元素）和添加剂（如促生长剂、驱虫剂、抗氧化剂、防腐剂、着色剂等）与某种载体（或稀释剂），按配方要求比例均匀配制的混合料。添加剂预混料是一种半成品，可供配制全价饲料或浓缩料，在配合饲料中添加量为 0.5%～3%。选择预混料时注意：一是根据不同类型或不同阶段的肉鸡选择不同的预混料品种；二是要选择质量合格的产品。根据国家对饲料产品质量监督管理的要求，凡质量合格产品应有产品标签（标签内容包括产品名称、饲用对象、批准文号、营养成分保证值、用法、用量、净重、生产日期、厂名、厂址）、产品说明书、产品合格证、注册商标；三是选择规模大、信誉度高的厂家生产的质量合格、价格适中的产品，要注重产品品质。如果长期饲喂营养含量不足或质量低劣的预混料，畜禽会出现拉稀、腹泻等症状，这样既阻碍畜禽的正常生长，又要花费医药费，反而增加了养殖成本，得不偿失。

（2）浓缩饲料的选购　浓缩饲料又称"平衡用配合饲料"或"蛋白质补充饲料"，是由蛋白质饲料、矿物质饲料和添加剂预混料，按一定比例配制成的、均匀的混合料，通常含粗蛋白质30%以上，矿物质和维生素的含量也高于肉鸡需要量的2倍以上。浓缩饲料的应用可以减少能量饲料运输及包装方面的耗费，弥补用户的非能量养分短缺问题，使用方便。许多肉鸡养殖户购买浓缩饲料，再与玉米等能量饲料混合成全价饲料。浓缩饲料的质量直接影响配合饲料的质量和饲养效果。浓缩饲料

的质量鉴别方法有以下几种。

一是看色泽。浓缩饲料的色泽可在大体上体现浓缩饲料中主要原料的多少。若肉鸡浓缩饲料的色泽越深，可能大豆粕的比例越小。

二是看各种饲料原料的比例。根据各种饲料原料的比例可判断饲料的质量。好的浓缩饲料，通常含有较多的大豆粕、鱼粉、优质肉粉；而含有较多棉粕、菜粕、胚芽粕的浓缩饲料，通常能量和蛋白的水平较低，且氨基酸的利用率差。可将饲料放在深色纸上，用一个竹片将各种成分分离，分别堆在一起，然后估计各种原料所占的比例。粉状成分的分离有一定的困难，但将部分成分分离后，就比较方便估计其组成了。要检查不溶性矿物质的多少，可将浓缩饲料放入一个玻璃杯中，倒入开水浸泡5分钟左右，轻轻将上层部分倒掉，再加水将上层成分冲洗倒净，剩下部分均为不溶性的矿物质。若矿物量过大，则浓缩饲料的质量较差。

三是闻气味。通常浓缩饲料中具有某种原料或几种原料特有的气味，如加有鱼油的有一定的腥味，没有加鱼油但含有较多的鱼粉则有鱼粉的香味，添加较多某种抗生素菌渣（如土霉素或螺旋霉素渣）有特殊的农药味。

【提示】

许多养殖户认为腥味浓的饲料鱼粉用量大，营养好。其实优质鱼粉都是经过脱脂处理的，有鱼香味，但不是很浓。饲料中很浓的腥味主要来自"鱼油"。所以并不能以腥味浓淡来判断饲料中鱼粉的添加量。

夏季饲料放置时间过长，油脂被氧化，可闻到油脂变质的"哈喇味"。受潮发霉的饲料有霉味。饲喂有这两种气味的饲料，会造成肉鸡腹泻、腹水症，甚至中毒死亡。

四是看油脂含量。在肉鸡后期饲料中添加较多油脂，能提高能量水平和育肥效果。添加不同的油脂，色泽也不同，未精制的鱼油含有较多的杂质及色素，与其他原料混合后，给人的感觉是"油大"；如果添加色素少的油脂（如猪油和牛油），则给人的感觉是"油小"。添加到饲料中的油脂，会逐渐渗入到其他原料中，饲料放置时间越长，饲料表面的油脂越少，饲料生产出来后15天左右，表面的油脂就已经很少，搅动饲料时甚至会扬起粉尘。所以检查饲料中的油脂大小，应在出厂后立即检查。将浓缩饲料放在一张白纸上，用力按压并拧转，对于同一种油脂，纸张上渗透出的油脂越多，说明油脂的含量越大。但使用较多的杂粮配制的饲料，即使添加较多油脂，不仅其蛋白水平低，其能量水平也未必比以豆粕为主添加较少油脂的饲料高。

五是看结块。正常的肉鸡饲料因其粒度较大，即使受压也不会结块，饲料发生结块是因为放置时间过长、受潮或长期受压造成的，凡结块的饲料一律不得饲喂动物。

六是看粒度。粒度的大小与肉鸡的采食量、采食效率和生长速度有关。如果粒度过大，鸡无法吃下，造成浪费，并且影响食入营养的平衡。如果粒度过细，则粉尘大，采食效率降低，影响生长和健康。粒状成分的比例也是值得考虑的问题，肉大鸡料中如果有 50% ~ 70% 粒度合适的粒状成分，则对提高肉鸡的采食效率有益，而且不影响成分的均匀度。而粒状成分比例过大，饲料易发生分级，其中细粉状成分在搬运过程中甚至混合过程中会沉到底部，使成分发生分离，造成成分分布不均。相反地，粒状成分过少则会影响采食效率。

七是化验。通过实验室化验可测定了解浓缩饲料的质量。

**(3) 全价饲料的选购** 目前，生产肉鸡商品饲料的厂家很多，品种也不少，但商品饲料的质量千差万别，因此，选购商品饲料时一定要注意饲料质量，选购优质饲料。选购质量可靠的厂家生产的商品饲料。选购时，可通过以下几个方面的检查来判断饲料的质量：

一是查看包装。饲料产品的包装必须符合保证质量安全卫生的要求，便于贮存、运输和使用。选购时，要注意外包装的新旧程度和包装缝口线路，若外观陈旧、粗糙，字迹图案褪色、模糊不清，表明饲料贮存过久或转运过多，或者是假冒产品，不宜购买。

二是查看标记。根据国家饲料产品质量监督管理的要求，凡质量合格的商品饲料，应有完备的标签、说明书、检验合格证和注册商标。标签的基本内容应包括注册商标、生产许可证号、产品名称及饲用对象、产品成分分析保证值及原料组成、净重、生产日期、产品保质期、厂名厂址、电话号码、产品标准代号等。产品说明书的内容应包括：产品名称、型号、适用对象、使用方法及注意事项。"产品检验合格证"必须加盖检验人员印章和检验日期。注册商标除了标志在标签上外，还应标志在外包装和产品说明书上。

三是查看质量。选购时，可先用手提袋口及包装袋的四角，感觉袋内不松散有成团现象，说明贮存方法不当引起了受潮，或运输途中被水淋湿过，不宜选购。必要时，应打开包装袋检查。检查时，首先将手插入饲料中，感觉是否有潮湿发热现象，如有，可能是干燥不好或受潮。对于颗粒饲料，要检查饲料的破碎料含量。然后再进行闻味、观色、捏试检查，质量好的饲料产品气味芳香，没有异味，用力握捏时，粉状料不成团，颗粒料不易破碎，且表面光滑，当饲料从手中缓缓放出时，流动性好，颗粒状饲料落地有清脆的声音。否则是质量不好，不宜选用。

**2. 肉鸡饲料的运输贮藏**

饲料运输过程中主要应防止雨淋受潮，应注意收听运输途经地的天气预报，尽量避免在雨天运输。对于必须在雨天运输的饲料，应注意防止雨布漏水使饲料受潮。其次，饲料运输过程中应尽量避免日光曝晒，夏天运输应避免饲料袋暴露在日光下，中途休息时应将汽车停在阴凉的地方。

日光、潮湿、高温是造成饲料霉变和维生素被破坏的主要因素，饲料产品所规定的保质期也是在良好保存条件下的保质期。如果贮藏条件不良，饲料可在很短的时间内失去饲用价值。贮藏饲料的库房应地势高燥，尽可能地保持空气凉爽，应避免阳光直射在饲料袋上。饲料袋应垛放在离地面有一定距离的木板或竹排上，以防底部饲料受潮。根据饲料的使用情况，应安排购进饲料或生产饲料计划，以避免饲料放置过久。如果幼鸡前期为0～28天，后期为29～49天，则前期配合饲料占总饲料耗料量的35%，后期占65%；每10000只快大型肉鸡共耗配合饲料50000千克，其中前期饲料约为17500千克（需40%肉鸡前期浓缩饲料7000千克），后期饲料为32500千克（需33%肉鸡后期浓缩饲料10830千克），可根据以上比例和进雏数量安排进料。

**3. 肉鸡饲料的使用**

肉鸡的全价配合饲料根据其形态可分为粉状饲料和颗粒饲料两种。

（1）**粉状饲料**  粉状饲料是按全价料要求设计配方的，将饲料中所有饲料都加工成粉状，然后添加氨基酸、维生素、微量元素补充料及添加剂等混合拌匀而成。肉鸡采食慢，粉状饲料能使所有肉鸡均匀地吃食，摄入的饲料营养全面，易于消化，可延长采食时间，且粉状饲料不易腐烂变质，生产成本低。但粉状饲料磨得过细，适口性差，影响采食量，易飞散损失。生产上常用于2周以内的肉用仔鸡、生长后备鸡和种鸡。

（2）**颗粒饲料**  颗粒饲料是将按全价料要求生产的粉状饲料再制成颗粒的饲料。颗粒饲料易于采食，可降低采食消耗和缩短采食时间，有

防止肉鸡挑食而保证平衡饲粮的作用。制粒时蒸汽处理可以灭菌、消灭虫卵，有利于淀粉的糊化，提高利用率，减少采食与运输时的粉尘损失。但由于在加工过程中的高温易破坏饲料中的某些成分，特别是维生素和酸制剂等。改进的方法是，先制粒，然后再将维生素等均匀地喷洒在颗粒表面，因此颗粒饲料的成本较高。颗粒饲料在生产上适用于各种类别的肉鸡，主要用于肉用仔鸡。

# 第三章
# 搞好环境调控，向环境要效益

【提示】

　　科学合理地选择场址和规划布局，建设满足肉鸡要求的肉鸡舍，并加强场区和鸡舍的环境管理，为肉鸡创设一个舒适的、洁净的环境，才能保障肉鸡的高效高产。

## 第一节　环境控制中的误区

### 一、不注重肉鸡场的场址选择和规划布局

**1. 忽视肉鸡场场址的选择，认为只要有个地方就能饲养肉鸡**

　　场地状况直接关系到肉鸡场隔离、卫生、安全和周边关系。生产中有的养殖场（户）忽视场地的选择，选择的场地不当，导致一系列问题，严重影响生产。例如，有的场地距离居民点过近，甚至有的养殖户在村庄内或在生活区内养鸡，结果产生的粪污和臭气影响居民的生活质量，引起居民的反感，出现纠纷，不仅影响生产，甚至收到环境部门的叫停通知，造成较大的损失；选择场地时不注意水源的选择，场地水源质量差或水量不足，投产后给生产带来不便或增加生产成本；选择的场地低洼积水，常年潮湿污浊；选择的场地靠近噪声大的企业、厂矿，鸡群经常遭受应激；选择的场地靠近污染源，疫病不断发生。

**2. 不重视规划布局，场内各类区域或建筑物混杂在一起**

　　规划布局的合理与否直接影响场区的隔离和疫病控制。有的养殖场（户）不重视或不知道规划布局，不分区规划，或生产区、管理区、隔离区没有隔离设施，人员相互流动，设备不经过处理随意共用；鸡舍之间的间距过小，影响通风、采光和卫生；储粪场靠近鸡舍，甚至设在生产区内；没有隔离卫生设施等。有的养殖小区缺乏科学规划，区内不同

建筑物设置不合理,养殖户各自为政等,使养殖场或小区不能进行有效的隔离,病原相互传播,疫病频繁发生。

**3. 认为绿化是增加投入,没有多大用处**

由于对绿化的重要性缺乏认识,许多养殖场(户)认为绿化只是美化一下环境,没有什么实际意义,还需要增加投入、占用场地等,因此,设计时缺乏绿化设计的内容,或即使有绿化设计但为了减少投入而不进行绿化,或场地小没有绿化的空间等,导致肉鸡场光秃秃,夏季太阳辐射强度大,冬季风沙大,场区气候环境差。

## 二、鸡舍建设存在的误区

**1. 鸡舍过于简陋,不能有效地保温和隔热,舍内环境不易控制**

目前,肉鸡饲养多采用舍内高密度饲养,舍内环境成为制约肉鸡生长发育和健康的最重要因素。由于观念、资金等条件的制约,人们没有充分认识到鸡舍的作用,忽视鸡舍的建设,不舍得在鸡舍建设中多投入,鸡舍过于简陋(如有些鸡场鸡舍的屋顶只有一层石棉瓦),保温隔热性能差,舍内温度不易维持,肉鸡遭受的应激多;冬天舍内热量容易散失,舍内温度低,肉鸡采食量多,饲料转化率差,要维持较高的温度,采暖的成本极大增加;夏天外界太阳辐射热容易通过屋顶进入舍内,舍内温度高,肉鸡采食量少,生长慢,要降低温度,需要较多的能源消耗,也增加了生产成本。

**2. 忽视通风换气系统的设置,舍内通风换气不良**

舍内空气质量直接影响肉鸡的健康和生长,生产中许多肉鸡舍不注重通风换气系统的设计,如没有专门的通风系统,只是依靠门窗通风换气,这样易导致舍内换气不足、空气污浊,或通风过度造成温度下降或出现"贼风",冷风直吹肉鸡引起伤风感冒等。

**3. 忽视鸡舍的防潮设计和管理,舍内湿度过高**

湿度与温度、气流等综合作用对肉鸡产生影响。生产中人们较多地关注温度,而忽视舍内的湿度对肉鸡的影响,不注重肉鸡舍的防潮设计和防潮管理,舍内排水系统不畅通,特别是冬季肉鸡舍封闭严密,导致舍内湿度过高,影响肉鸡的健康和生长。

**4. 忽视肉鸡舍内表面的处理,内表面粗糙不光滑**

肉鸡的生长速度快,饲养密度高,容易发生疫病,肉鸡舍的卫生管理就显得尤为重要。饲养过程中要加强对肉鸡舍的清洁消毒,肉鸡出售后的间歇,更要对肉鸡舍进行清扫、冲洗和消毒,所以,建设肉鸡舍时,舍内表面的结构要简单、平整光滑，具有一定的耐水性，这样容易冲洗和清洁消毒。生产中，有的肉鸡舍，为了减少建设投入，对肉鸡舍不进行必要处理，如砖墙裸露，内墙面粗糙、凸凹不平，屋顶内层使用芦苇或秸秆，地面不进行硬化等，这样一方面影响舍内的清洁消毒，另一方面也影响肉鸡舍的防潮和保温隔热效果。

**5. 为减少投入或增加肉鸡饲养数量，鸡舍的面积过小**

鸡舍建筑费用在肉鸡场建设中占有很高的比例，由于资金受到限制而又想增加养殖数量，获得更多收入，建筑的肉鸡舍面积过小，饲养的肉鸡数量多，饲养密度高，采食空间严重不足，舍内环境质量差，肉鸡生长发育不良。虽然养殖数量增加，但养殖效益不好。

### 三、废弃物处理的误区

**1. 不重视废弃物的贮放和处理，随处堆放和不进行无害化处理**

肉鸡场的废弃物主要有粪便和死鸡。废弃物内含有大量的病原微生物，是鸡场最大的污染源，但生产中许多养殖场不重视废弃物的贮放和处理，如没有合理地规划及设置粪污的存放区和处理区，随意堆放，也不进行无害化处理，结果是场区空气质量差，有害气体含量高，尘埃飞扬，污水横流，蛆爬蝇叮，臭不可闻，土壤、水源严重污染，细菌、病毒、寄生虫卵和媒介虫类大量滋生传播，肉鸡场和周边相互污染。有的养殖场病死鸡随处乱扔，没有集中的堆放区，也不进行无害化处理，导致病死鸡的病原到处散播。

**2. 认为污水不处理无关紧要，随处排放**

有的肉鸡场认为污水不处理无关紧要或因为污水处理投入大，建场时不考虑污水的处理问题。有的肉鸡场只是随便在排水沟的下游挖个大坑，谈不上几级过滤沉淀，有时遇到连续雨天，沟满坑溢，污水四处流淌，或直接排放到肉鸡场周围的小渠、河流或湖泊内，严重污染水源和场区及周边环境，也影响本场肉鸡的健康。

## 第二节 提高环境效益的主要途径

### 一、科学地选择场址和规划布局

**1. 场址的选择**

场址直接影响肉鸡场的隔离卫生和环境保护，选择时既要考虑鸡场生产对周围环境的要求，也要尽量避免鸡场产生的气味、污物对周围环境的影响。因此，应根据肉鸡的经营方式、生产特点、饲养管理方式以及生产集约化程度等特点，进行全面综合考查（彩图7）。

（1）**地形地势**　要求地势高、平坦而稍有坡度，场地干燥。地面坡度以1%~3%为宜，最大不得超过25%；地形开阔、整齐。这种场地阳光充足，通风、排水良好，有利于鸡场内、外环境的控制和减少寄生虫及昆虫的危害。选址时，还应注意当地的气候变化条件，既不能建在昼夜温差过大的山尖，也不应建在通风不良、潮湿的山谷洼低地区，以半山腰区较为理想。场区面积在满足生产、管理和职工生活福利的前提下，尽量少占土地。

（2）**土壤**　从防疫卫生角度出发，肉鸡场的土壤要洁净（不被有机物和细菌、病毒、寄生虫等病原微生物污染）、卫生（透水性、透气性好，容水量及吸湿性小）和抗压性较好，且化学成分符合要求（没有生物地球化学性地方病）。

（3）**水源**　鸡场必须有可靠的水源。水源应水量充足、水质良好（见表3-1）。

表3-1　水的质量标准

| 项目 | | 畜 | 禽 |
|---|---|---|---|
| 感官性状及一般化学指标 | 色/（度） | ≤30 | ≤30 |
| | 浑浊度/（度） | ≤20 | ≤20 |
| | 臭和味 | 不得有异臭、异味 | 不得有异臭、异味 |
| | 肉眼可见物 | 不得含有 | 不得含有 |
| | 总硬度（以 $CaCO_3$ 计）/（毫克/升） | ≤1500 | ≤1500 |
| | pH | 5.5~9.0 | 6.5~8.5 |
| | 溶解性总固体/（毫克/升） | ≤4000 | ≤2000 |
| | 氯化物（以 Cl 计）/（毫克/升） | ≤1000 | ≤250 |
| | 硫酸盐（以 $SO_4^{2-}$ 计）/（毫克/升） | ≤500 | ≤250 |
| 细菌学指标 | 总大肠杆菌群数/（个/100毫升） | 成畜≤10；幼畜≤1 | ≤1 |

（续）

| 项　目 | 畜 | 禽 |
|---|---|---|
| 氟化物/（毫克/升） | ≤2.0 | ≤2.0 |
| 氰化物/（毫克/升） | ≤0.2（0.05） | ≤0.05 |
| 总砷/（毫克/升） | ≤0.2 | ≤0.2 |
| 总汞/（毫克/升） | ≤0.01 | ≤0.001 |
| 铅/（毫克/升） | ≤0.1 | ≤0.1 |
| 铬（六价）/（毫克/升） | ≤0.1（0.05） | ≤0.05 |
| 镉/（毫克/升） | ≤0.05（0.01） | ≤0.01 |
| 硝酸盐/（毫克/升） | ≤30 | ≤30 |

（毒理学指标列于最左侧，跨上述各行）

（4）**地理和交通**　选择场址时，应注意到鸡场与周围环境的关系，既不能使鸡场成为周围环境的污染源，也不能受周围环境的污染，应选在居民区的低处和下风处。鸡场宜建在城郊，离大城市 20～50 千米，离居民点和其他家禽场 500～1000 米。种鸡场应距离商品鸡场 1000 米以上，应避开居民污水排放口，更应远离化工厂、制革厂、屠宰场等易造成环境污染的企业。应远离铁路以及交通要道、车辆来往频繁的地方，一般要求距主要公路 400 米，次要公路 100～200 米，但应交通方便、接近公路，场内有专用道路，以便运入原料和产品，且场地最好靠近消费地和饲料来源地。

（5）**电源**　鸡场中除了孵化室要求电力 24 小时供应外，鸡群的光照也必须有电力供应。因此对于较大型的鸡场，必须具备备用电源，如双线路供电或发电机等。

**2. 肉鸡场的规划布局**

肉鸡场的规划布局要科学适用、因地制宜，根据拟建场地的环境条件科学地确定各区的位置，合理地确定各类房舍、道路、绿化带、供排水和供电管线等的相对位置。科学合理的规划布局可以有效地利用土地面积，减少建场投资，保持良好的环境条件和管理的高效方便（彩图 8）。

（1）**分区规划**　肉鸡场的分区规划如图 3-1 所示。

说明：①各区之间应该能够很好地隔离。②生产区内，育雏育肥一体，中小型肉鸡场采用全场"全进全出"的饲养制度；大型肉鸡场可以分为多个饲养小区，每个小区保持"全进全出"。③隔离区应尽可能与

外界隔绝。四周应有隔离屏障，设单独的道路与出入口。

图3-1　肉鸡场的分区规划

（2）鸡舍距离　鸡舍间距影响鸡舍的通风、采光、卫生、防火。若鸡舍之间的距离过小，通风时，上风向鸡舍的污浊空气容易进入下风向鸡舍内，引起病原在鸡舍之间传播（见图3-2）；采光时，南边的建筑物遮挡北边的建筑物；发生火灾时，很容易殃及全场的鸡舍及鸡群。为了保持场区和鸡舍环境良好，鸡舍之间应保持适宜的距离，开放舍间距为20~30米，密闭舍间距以15~25米较为适宜。

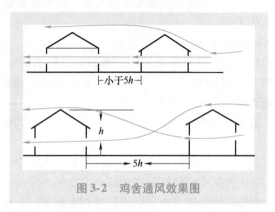

图3-2　鸡舍通风效果图

（3）鸡舍朝向　鸡舍朝向影响鸡舍的采光、通风和太阳辐射。朝向的选择应考虑当地的主导风向、地理位置、鸡舍采光和通风排污等情况。鸡舍朝南，即鸡舍的纵轴方向为东西向，对我国大部分地区的开放舍来说是较为适宜的。这样的朝向，在冬季可以充分利用太阳辐射的温热效应和射入舍内的阳光防寒保温；夏季辐射面积较少，阳光不易直射舍内，有利于鸡舍防暑降温。

鸡舍内的通风效果与气流的均匀性和通风量的大小有关，但主要看进入舍内的风向角多大。若风向与鸡舍纵轴方向垂直，则进入舍内的是穿堂风，有利于夏季的通风换气和防暑降温，不利于冬季的保温；若风向与鸡舍纵轴方向平行，风不能进入舍内，通风效果差。

【注意】

鸡舍纵轴与夏季主导风向的角度在 45~90 度较好。

（4）道路和储粪场　鸡场设置清洁道和污染道（见图3-3），清洁道供饲养管理人员出入，以及运输清洁的设备用具、饲料和新母鸡等使用；污染道供清粪，运输污浊的设备用具、病死鸡和淘汰鸡使用。清洁道和污染道不交叉。鸡场设置粪尿处理区。粪尿处理区距鸡舍 30~50 米，并在鸡舍的下风向。粪场可设置在多列鸡舍的中间，靠近道路，有利于粪便的清理和运输。储粪场和污水池要进行防渗处理，以避免污染水源和土壤。

图3-3　肉鸡场的清洁道（左图）和污染道（右图）

（5）防疫隔离设施　鸡场周围要设置隔离墙，墙体严实，高度为2.5~3 米。鸡场周围设置隔离带。鸡场大门设置消毒池和消毒室，供进入人员、设备和用具消毒使用。

（6）肉鸡场绿化　绿化不仅可以美化环境，而且可以净化空气、增加空气含氧量和改善空气的温湿程度，同时，场区周围的绿化还可以起到隔离卫生的作用。

1）场界林带的设置。在场界周边种植乔木（如杨树、柳树、松树等）和灌木（如刺槐、榆叶梅等）混合林带。场界的西侧和北侧，种植混合林带的宽度应在10m以上，以起到防风阻沙的作用。树种选择应适应北方寒冷特点。

2）场区隔离林带的设置。隔离林带主要用于分隔场区和防火，常用杨树、槐树、柳树等，两侧种植灌木，总宽度为3~5米。

3）场内外道路两旁的绿化。常用树冠整齐的乔木和亚乔木以及某些树冠呈锥形、枝条开阔、整齐的树种，根据道路的宽度选择树种的高矮。在建筑物的采光地段，不应种植枝叶过密、过于高大的树种，以免影响自然采光。

4）遮阴林的设置。在鸡舍的南侧和西侧，应设1~2行遮阴林。多选枝叶开阔、生长势强、冬季落叶后枝条稀疏的树种，如杨树、槐树、枫树等。

## 二、合理建设肉鸡舍

在进行鸡舍建筑设计时，应根据鸡舍类型、饲养对象来考虑鸡舍内地面、墙壁、外形及通风条件等因素，以达到舍内最佳环境，满足生产的需要。

### 1. 鸡舍的类型

**（1）开放式鸡舍（普通鸡舍）**

1）有窗鸡舍。鸡舍两侧安有"玻璃窗"，靠饲养员启闭门窗进行通风换气。这种鸡舍的保温隔热性能差，维修费用高，管理不方便，但因造价低，目前国内农村小型鸡场仍广泛使用。

2）卷帘开放式鸡舍。鸡舍的屋顶吊顶棚，两端山墙砌"三七墙"，鸡舍长轴两侧下部距地面50厘米设地窗，地窗上砌高1~1.2米的墙，顶棚下设透气带，形成上、下两条通风带，用铁网围护。鸡舍高2.7~2.8米，夏天利用穿堂风、扫地风，冬天通过装在舍内外的两层双覆膜塑料编织布卷帘的启闭程度来调节通风量。过去用双覆膜塑料编织布制成卷帘，现在又研制了玻璃钢保温摇窗或平衡窗，用摇窗机启闭，管理方便，保温性能好。若鸡舍设风机，可以根据不同季节做到自然通风与机械通风相结合和横向通风与纵向通风相结合。

【注意】

开放式鸡舍多采用自然通风换气和自然光照与补充人工光照相结合，造价低、投资少，可充分利用空气、自然光照等自然资源，但舍内环境受外界环境变化影响较大、不稳定，鸡的生产性能会受影响。

（2）**封闭式鸡舍**　封闭式鸡舍无窗或留有小的应急窗，舍内小气候环境通过各种设施进行控制和调节。夏季依赖通风和降温系统，冬季通过加热或依靠鸡本身产热使鸡舍内温度适宜。

【注意】

封闭式鸡舍可为鸡群提供最适宜的环境条件，缩小鸡舍之间的距离，保持场区良好环境卫生，但建筑要求高，设施和设备投入大，运行成本高，管理要求高。我国除了一些种鸡场或大型的肉鸡场使用密闭舍外，其余的较少使用。

**2. 鸡舍的建筑设计要求**

（1）**有良好的保温隔热性能**　由于肉用仔鸡育雏期需要较高的温度，育肥期也需要保持在 18～22℃，因此肉用仔鸡舍和育雏舍应该具有良好的保温性能。育肥期的肉用仔鸡和种用育成鸡、产蛋期肉鸡不耐高温，易发生热应激，在建筑上还要考虑隔热。

（2）**有良好的通风**　高温鸡群易发生热应激，加强舍内通风是抗热应激和降温的主要措施之一。所以设计鸡舍时应将通风设计考虑在内，包括电源供给，设备的型号、大小、数量、安装位置等，以便预留安装位。国内通风设备一般采用风扇送风和抽风的方式，风扇安放在能使鸡舍内空气纵向流动的位置，这样通风效果最好。风扇的数量可根据风扇的功率、鸡舍面积、鸡群数量、气温来计算得出。

（3）**便于清洁消毒**　鸡舍的地面要高出自然地面25厘米以上，舍内地面要有2%左右的坡度，地面要用水泥硬化，墙壁、屋顶要平整光滑，有利于鸡舍干燥和清洁消毒。

（4）**鸡舍面积适宜**　鸡舍面积直接影响鸡的饲养密度，合理的饲养密度可使雏鸡获得足够的活动范围、足够的饮水和足够的采食位置，有利于鸡群的生长发育。若饲养密度过高，会限制鸡群活动，造成空气污染、温度增高，会诱发啄肛、啄羽等现象，同时，由于拥挤，有些弱鸡经常吃不到饲料，体重不够，造成鸡群的均匀度过低。当然，若密度过小，会增加设备和人工费用，保温也较困难。一般的饲养密度为：0~3周龄每平方米20~30只，4~9周龄每平方米15~20只，10~20周龄每平方米5~6只。

对于成年产蛋肉种鸡，如果为单笼饲养，一般是每个单笼面积2米$^2$，饲养鸡数约为18只母鸡、2只种公鸡。如果为阶梯笼饲养且采用人工授精方式的优质肉种鸡，根据每个鸡笼面积大小，一般饲养2~3只母鸡，种公鸡单笼饲养。生产中一个方笼或一组阶梯笼占地面积一般为2米$^2$。

在平养产蛋种鸡舍中，根据地面类型（如全垫料、条板＋垫料、全条板、全网面等）不同，鸡体形大小不一样，密度有一定的差异，一般每平方米饲养鸡数为6~9只。

对于商品肉鸡，其饲养密度以每平方米的地面面积生产肉鸡的重量来确定，参考数值是24.5千克/米$^2$。根据此原则，若饲养15000只肉用仔鸡，体重2千克上市，则所需鸡舍总面积为15000只×2千克/只÷24.5千克/米$^2$≈1224.5米$^2$。

鸡舍的跨度一般为9~12米（根据舍内笼具、走道宽度和通风条件而定），高度（屋檐高度）为2.5~3米。

**3. 鸡舍的种类、规格和配套**

**(1) 鸡舍的种类** 根据生产工艺要求确定鸡舍的种类和配套比例，这样既可以保证连续均衡生产，又可以充分利用鸡舍面积，减少基建投资，降低每只鸡的固定成本。综合性肉鸡场既需要肉用种鸡舍，又需要商品肉鸡舍，鸡舍的种类较多；专业化肉鸡场只饲养商品肉鸡，鸡舍的种类比较单一，只有育雏育肥舍即可（过去多将育雏和育肥舍分开，这样不利于管理）。

**(2) 鸡舍的规格** 根据工艺设计要求，在选择好的场地上进行合理的规划布局后，可以进行鸡舍的设计，确定鸡舍的规格（鸡舍的长宽高）。鸡舍规格取决于饲养方式、设备和笼具的摆放形式及尺寸、鸡舍的容鸡数和内部设置。

1）平养肉鸡舍的规格。平养肉鸡舍分为地面平养和网上平养两种。因不受笼具摆放形式和笼具尺寸的影响，只要满足饲养的密度要求即可，因此可以根据容纳肉鸡的数量和场地情况确定鸡舍的大小和长宽。

如网上平养肉鸡舍，饲养密度为 8 只/米$^2$（饲养至出栏），饲养 5000 只肉鸡需要鸡舍面积为 625 米$^2$。肉鸡舍的规格：若跨度（宽度）为 10 米，则长度为 62.5 米；若跨度为 12 米，则长度为 52.1 米；若跨度为 8 米，则长度为 78.1 米。

2）笼养肉鸡舍的规格。笼养肉鸡舍要考虑笼的规格、摆放形式和容鸡的数量，可根据下面公式计算鸡舍的长度和宽度。

鸡舍长度 = 鸡舍容鸡数 ÷（每组笼容鸡数 × 鸡笼列数）× 单笼长度 + 横向通道总宽度 + 操作间长度 + 端墙厚度

例如，一栋肉鸡舍容鸡10000 只，每组笼容鸡 160 只，单笼长 2 米，二列三走道式，鸡舍两端和中间各留一条横向走道。每个走道宽 1.5 米，邻净道一侧设置一个操作间，长度为 3 米，两端墙各厚 24 厘米，则该鸡舍的长度为 10000 ÷（160 × 2）× 2 米 + 3 × 1.5 米 + 3 米 + 0.48 米 = 70.48 米。

鸡舍的宽度 = 每组笼跨度 × 鸡笼列数 + 纵向走道宽度 × 纵向走道条数 + 纵墙厚度

如上例中，每组笼的跨度为 0.8 米，每条纵向走道的宽度为 1.2 米，纵墙的厚度为 0.24 米，则鸡舍的总跨度为 0.8 米 × 2 + 1.2 米 × 3 + 0.48 米 = 5.68 米。

（3）鸡舍的配备　科学的饲养制度是"全进全出制"，根据年出栏肉鸡数量确定鸡舍的配备数量。例如，年出栏 100 万只商品肉鸡时肉鸡舍的配备计算见表 3-2。

表 3-2　商品肉鸡场鸡舍配备计算表

| 饲养天数/天 | 空舍天数/天 | 年周转批数（批） | 每批出栏数（万只/批） | 每栋鸡舍容鸡数（万只/栋） | 需要鸡舍栋数（栋） |
|---|---|---|---|---|---|
| 45 | 15 | 365 ÷ 60 = 6 | 100 ÷ 6 = 17 | 1 | 17 ÷ 1 = 17 |

## 三、配备完善的设备用具

养鸡设备种类繁多，可根据不同的饲养方式和机械化程度选用不同的设备。

### 1. 笼具

（1）种鸡笼具　常用的种鸡笼具有单笼（优质肉用种鸡采用自然交配方式时一般用此种笼具）、单层式笼具、全阶梯式笼具、半阶梯式笼

具和综合阶梯式笼具。

（2）**育雏笼**　常见的是四层重叠育雏笼。该笼四层重叠，层高 333 毫米，每组笼面积为 700 毫米×1400 毫米，层与层之间设置两个粪盘，全笼总高为 1720 毫米。一般采用 6 组配置，其外形尺寸为 4400 毫米×1450 毫米×1720 毫米，总占地面积为 6.38 毫米$^2$。加热组在每层顶部内侧装有 350 瓦远红外加热板 1 块，由乙醚胀缩饼或双金属片调节器自动控温，另设有加湿槽及吸引灯，除了与保温组连接的一侧外，其余三面采用封闭式。保温组的两侧封闭，与雏鸡活动笼相连的一侧挂帆布帘，以便保温和雏鸡进出。雏鸡活动笼的两侧挂有饲喂网格片，笼外挂有饲槽或饮水槽。目前多采用 6～7 组的雏鸡活动笼。

（3）**育雏育成笼**　育雏育成笼每个单笼长 1900 毫米，中间用一隔网隔成两个笼格，笼深 500 毫米，适用 0～20 周龄雏鸡，以 3 层阶梯或半阶梯布置，每小笼养育 12～15 只鸡，每整组 150～180 只。饲槽喂料，乳头饮水器或长流水水槽供水。

（4）**肉仔鸡笼**　肉仔鸡笼由笼架、笼体、料槽、水槽和托粪盘构成。笼架一般长 100 厘米，宽 60～80 厘米，高 150 厘米。从离地 30 厘米起，每 40 厘米为一层，可设三层或四层，笼底与托粪盘相距 10 厘米。饲槽喂料，乳头饮水器或长流水水槽供水。

**2. 条板**

网上平养鸡舍需要条板形成网面。种鸡舍一般是"条板＋垫料"形式，条板占鸡舍面积的 60%，垫料占鸡舍面积的 40%。条板的宽为 2.5～5 厘米，间隙为 2.5 厘米，应沿着鸡舍纵向铺设，不能在鸡舍内横向铺设，否则鸡沿食槽吃料时不能很好地站立来支撑自己的身体。也可用"金属网"来代替条板，但金属网应足够粗，网眼尺寸为 2.5 厘米×5 厘米，同样网眼的长度方向应横向于鸡舍。条板在鸡舍内的安装方法有两种，一种为一半条板靠左墙，另一半条板靠右墙，中央铺设垫料，日常工作在中央垫料区域内进行；另一种方法为鸡舍中央铺设条板，垫料分别铺设在条板的两边。条板离地面 70 厘米以上，条板下留足够的空间积聚一年的粪便。肉用仔鸡舍可以使用全条板。

**3. 喂料设备**

（1）**料桶**　料桶适用于平养和人工喂料。料桶由上小下大的圆形盛料桶和中央锥形的圆盘状料盘及栅格等组成，并可通过"吊索"调节高度。

（2）**自动喂料系统**　自动喂料系统有链环式喂料系统（由料箱、驱动器、链片、饲槽、饲料清洁器和升降装置等组成，适用于平养或笼养）、螺旋式喂料系统（由料箱、驱动器、推送螺旋、输料管、料盘和升降装置等组成）、塞盘式喂料系统（由料箱、驱动器、塑料塞盘及镀锌钢缆、输料管、转角器、料盘和升降装置等组成，适用于平养）和轨道车喂饲机（在鸡笼的顶端装有角钢或工字钢制的轨道，轨道上有一台四轮料车，车的两侧分别挂有与笼层列数相同的料斗，料斗底部的排料管伸入饲槽内，排料管上套有伸缩管，调整伸缩离槽底的距离，可改变喂料量。料车由钢索牵引或自行，沿轨道从鸡笼的一端运行至另一端，即完成一次上料）。

### 4. 饮水设备

（1）**水槽式饮水设备**　国内广泛应用常流水式水槽供水设备。该设备简单，但水量浪费大，水质易受污染，需定期刷洗。安装时，应使整列水槽处于一条水平线，以免出现缺水或溢水。平养模式应用该设备，可用支架固定，其高度高出鸡背2厘米左右，并设防栖钢丝。水线安置在离料线1米左右或靠墙的地方。该设备可采用浮子阀门或弹簧阀门来控制水槽内的水位高度。

（2）**真空饮水器**　真空饮水器（壶式饮水器）由水罐和水盘组成，有大、中、小三种型号，适于不同年龄段的雏鸡使用。真空饮水器常用于平养鸡舍。

（3）**吊塔式饮水器**　吊塔式饮水器通过盘内水的重量来启闭供水阀门，即当盘内无水时，阀门打开；当盘内水达到一定量时，阀门关闭。用绳索吊起离地面一定高度（与雏鸡的背部或成鸡的眼睛等高），并由阀门控制水盘水位和防晃装置，以防饮水溢出。该饮水器的特点是适应性广，不妨碍鸡群的活动，适用于平养鸡舍。

（4）**杯式和乳头式饮水器**

1）杯式饮水器。杯式饮水器由饮水杯、控制系统和水线构成，水线供水，通过控制系统使水杯中的水始终保持在一定水位。每个笼格的前面安装一个杯式饮水器即可。其优点是自动供水，易于观察有无水，不足是需要定时洗刷水杯。

2）乳头式饮水器。乳头式饮水器因其出水处设有乳头状阀门杆而得名，多用于笼养。每个饮水器可供10~20只雏鸡或3~5只成鸡使用。由于该饮水器为全封闭水线供水，可保证饮水清洁，有利于防疫并可大量节水，但要求制造工艺精度高，以防漏水，有的产品配有接水槽或接水杯。

(5) 供水系统　笼养的供水系统包括饮水器、水质过滤器、减压水箱、输水管道。平养的供水系统，在上述设备基础上再增设防栖钢丝、升降钢索、滑轮和减速器及摇把，以便根据需要调节高度。在鸡群淘汰后，还可将水线升至鸡舍高处，以利于鸡舍的清洗。

### 5. 清粪设备

清粪设备主要有刮板式清粪机（适用于网上平养和阶梯式笼养）和输送带式清粪机（只用于叠层式笼养）。

### 6. 通风设备

通风设备主要是风机。鸡舍常用风机的性能参数见表3-3。

**表3-3　鸡舍常用风机的性能参数**

| 性能参数 | HRJ-71 型 | HRJ-90 型 | HRJ-100 型 | HRJ-125 型 | HRJ-140 型 |
|---|---|---|---|---|---|
| 风叶直径/毫米 | 710 | 900 | 1000 | 1250 | 1400 |
| 风叶转速/(转/分钟) | 560 | 560 | 560 | 360 | 360 |
| 风量/(米³/分钟) | 295 | 445 | 540 | 670 | 925 |
| 全压/帕 | 55 | 60 | 62 | 55 | 60 |
| 噪声/分贝 | ≤70 | ≤70 | ≤70 | ≤70 | ≤70 |
| 输入功率/千瓦 | 0.55 | 0.55 | 0.75 | 0.75 | 1.1 |
| 额定电压/伏 | 380 | 380 | 380 | 380 | 380 |
| 电机转速/(转/分钟) | 1350 | 1350 | 1350 | 1350 | 1350 |
| 安装外形尺寸 长×宽×厚/ (毫米×毫米×毫米) | 810× 810×370 | 1000× 1000×370 | 1100× 1100×370 | 1400× 1400×400 | 1550× 1550×400 |

### 7. 照明设备

肉鸡舍必须安装人工光照照明系统。人工照明采用普通灯泡或节能灯泡，并安装灯罩，以防尘和最大限度地利用灯光。根据饲养阶段采用不同功率的灯泡，例如，育雏舍用60~100瓦的灯泡，育成舍用15~25瓦的灯泡，种用肉鸡舍和肉鸡肥育舍用25~45瓦的灯泡。灯距为2~3米，高度为2~2.5米。笼养鸡舍的每个走道上安装一列光源。平养鸡舍的光源布置要均匀。

### 8. 加温和降温设备

（1）**供温设备**  供温设备有烟道供温、煤炉供温、保温伞供温、热水热气供温和热风炉供温等设备。

（2）**降温设备**  降温系统以确保肉鸡舍夏季温度不超过28℃为原则。

1）开放式鸡舍，采用喷雾降温设备。

2）密闭式鸡舍，采用湿帘风机负压通风降温系统。该降温系统是目前最成熟的蒸发降温系统。安装湿帘时应注意：湿帘的厚度一般为10～20厘米，东北、西北及长江以北干燥地区选择较厚的湿帘，长江以南潮湿地区湿帘不宜过厚；湿帘面积为鸡舍排风口面积的2倍；湿帘安装在靠近净道的端墙上（见图3-4），当端墙的面积不够时，可在靠近端墙的附近两侧墙增加湿帘面积；湿帘应便于拆卸，以防止高温高湿天气时阻风。

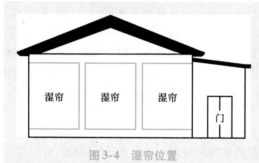

图3-4  湿帘位置

### 9. 畜舍的清洗消毒设施

为了做好鸡场的卫生防疫工作，保证家畜健康，鸡场必须具有完善的清洗消毒设施，包括人员、车辆的清洗消毒和舍内环境的清洗消毒设施。

（1）**人员消毒设施**  对本场人员和外来人员应进行消毒。一般在鸡场入口处设有人员脚踏消毒池，外来人员和本场人员在进入场区前都应经过消毒池对鞋进行消毒。在生产区入口处设有消毒室，消毒室内设有更衣间、消毒池、淋浴间和紫外线消毒灯等，本场工作人员及外来人员在进入生产区时，都应经过淋浴、更换专门的工作服和鞋、通过消毒池、接受紫外线灯照射等消毒过程，方可进入生产区。紫外线灯照射的时间要达到15～20分钟。

（2）**车辆清洗消毒设施**  鸡场的入口处设置车辆消毒设施，主要包括车轮清洗消毒池和车身冲洗喷淋机。

（3）舍内环境清洗消毒设施　舍内环境清洗消毒设施包括高压冲洗机、喷雾器和火焰消毒器。

## 四、保护好肉鸡场的场区环境

### 1. 水源保护

水是保证鸡生存的重要环境因素，也是鸡体的重要组成部分。不仅水量要充足，水质也要良好。生产中，若水源防护不好被污染，会严重危害鸡群的健康。

（1）水的质量要求　肉鸡饮用水水质标准见本章第二节的表3-1。

（2）鸡场水源污染的原因　鸡场水源污染的原因有3种。一是废水和污水污染。被含有有机物质、无机悬浮物质和放射性物质等的工业废水污染，被含有大量的有机物、病原微生物、寄生虫或虫卵等的生活污水以及畜牧业生产污水污染。二是农药和化肥污染。水源靠近农药厂、化肥厂，农药厂、化肥厂排放的大量废水污染水源，或长期滥用农药、不合理地施用化肥引起水源污染。三是水生植物分解物污染。水体中的水生植物（如水草、藻类等）大量死亡，残体分解，会造成对水体的污染。

（3）水源的卫生防护　规模化肉鸡场多采用地下水源，即通过"水井"取水。水井设置要注意两点。一是选择合适的水井位置。水井设在管理区内，地势高燥处，防止雨水、污水倒流引起污染。远离厕所、粪坑、垃圾堆、废渣堆等污染源。二是水井的结构良好。井台要高出地面，使地面水不能从四周流入井内。井壁使用水泥、石块等材料，以防地面水漏入。井底用沙、石、多孔水泥板等材料，以防搅动底部泥沙。

（4）水的净化与消毒　定期检测水的质量，根据情况对饮用水进行净化（沉淀、过滤）和消毒处理，以改善水质的物理性状和杀灭水中的病原体。一般地，浑浊的地面水需要沉淀、过滤和消毒，较清洁的地下水只需消毒处理即可。

1）沉淀。沉淀包括自然沉淀和混凝沉淀。地面水中常含有泥沙等悬浮物和胶体物质，因而使水的浑浊度较大，水中较大的悬浮物质可因重力的作用而逐渐下沉，从而使水得到初步澄清，称为"自然沉淀"。悬浮在水中的微小胶体粒子多带有负电荷，胶体粒子彼此之间互相排斥，不能凝集成较大的颗粒，可长期悬浮而不沉淀。这种水在加入一定的混凝剂后能使水中的悬浮颗粒凝集而形成较大的絮状物而沉淀，称为"混凝沉淀"。这种絮状物的表面积和吸附力均较大，可吸附一些不带电荷的悬浮微粒及病原体而共同沉降，因而使水的物理性状得到较大改善，同时减少病原微生物90%左右。常用的混凝剂有硫酸铝、碱式氯化铝、明矾和硫酸亚铁等。

2）过滤。过滤是使水通过滤料而得到净化。过滤净化水有隔滤作用和沉淀、吸附作用。隔滤作用是指水中悬浮物粒子大于滤料的孔隙者，不能通过滤层而被阻留。沉淀和吸附作用是指水中比砂粒间的空隙还小的微小物质（如细菌、胶体粒子等），不能被滤层隔滤，但当其通过滤层时，即沉淀在滤料表面上。滤料表面因胶体物质和细菌的沉淀而形成胶质的、具有较强吸附力的生物滤膜，它可吸附水中的微小粒子和病原体。通过过滤不仅可除去80%～90%的细菌及99%左右的悬浮物，也可除去异臭、异味及寄生虫等。常用的滤料有沙、矿渣、煤渣、碎石等。滤料要求必须无毒。

3）消毒。鸡场常用的消毒方法还是"化学消毒法"，即在水中加入消毒剂（氯或含有效氯的化合物，如漂白粉、漂白粉精、液态氯、二氧化氯等）杀死水中的病原微生物。

**2. 粪便处理措施**

(1) 生产有机肥料 鸡粪是优质的有机肥，经过堆积腐熟或高温、发酵干燥处理后，体积变小、松软、无臭味，不带病原微生物，常用于果林、蔬菜、瓜类和花卉等经济作物，也用于无土栽培和生产绿色食品。

1）堆粪法。堆粪法是一种简单实用的处理方法。在距鸡场100～200米或以外的地方设一个堆粪场，将粪便堆积起来进行发酵，3周至3个月即可用以肥田，具体操作如图3-5所示。

2）干燥法。新鲜鸡粪的主要成分是水，通过脱水干燥可使含水量达到15%。这样，一方面减少了鸡粪的体积和重量，便于包装、运输和应用；另一方面也可有效地抑制鸡粪中微生物的生长繁殖，从而减少了营养成分（特别是蛋白质）的损失。常用的干燥方法有高温快速干燥（采用以回转圆筒炉为代表的高温快速干燥设备，可在短时间（10分钟左右）内将含水量70%的湿鸡粪迅速干燥成含水量仅为10%～15%的鸡粪加工品）、太阳能自然干燥（即采用塑料大棚中形成的"温室效应"，充分利用太阳能来对鸡粪进行干燥处理）和鸡舍内干燥（在国外最新推出的新型笼养设备中都配置了笼内鸡粪干燥装置，适于多层重叠式笼具。在每层笼下均有一条传送带承接鸡粪，通过定时开动传送带来刮取和收集鸡粪，这种处理的关键是直接将气流引向传送带上的鸡粪，从而使鸡粪产出后得到迅速干燥）。

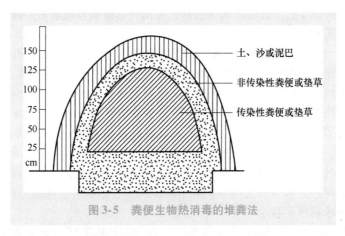

图 3-5　粪便生物热消毒的堆粪法

（2）生产饲料　鸡粪含有丰富的营养成分，开发利用"鸡粪饲料"具有非常广阔的应用前景。国内外试验结果均表明，鸡粪不仅是反刍动物良好的蛋白质补充料，也是单胃动物及鱼类良好的饲料蛋白来源。鸡粪饲料资源化的处理方法有直接饲喂、干燥处理（自然干燥、微波干燥和其他机械干燥）、发酵处理、青贮及膨化制粒等。

1）干燥处理。利用自然干燥或机械干燥设备将新鲜鸡粪干燥处理。烘干鸡粪的营养丰富，饲用价值大，其中非蛋白氮的含量可达 64.18%，可被反刍动物很好地利用，肉牛日粮的添加量可达到 35%，奶牛为 25%，后备牛为 30%～40%，育肥羊为 35%，对健康和生产无不良影响，在猪和鸡的日粮中添加量以 1.2%～2% 为宜。

2）发酵处理。

① 青贮发酵。将含水量为 60%～70% 的鸡粪与一定比例铡碎的玉米秸秆（或利用垫草）、青草等混合，再加入 10%～15% 糠麸或草粉、0.5% 食盐，混匀后装入青贮池或窖内，踏实封严，经 30～50 天即可使用。青贮发酵后的鸡粪中粗蛋白可达 18%，且具有清香气味，适口性增强，是牛羊的理想饲料，可直接饲喂反刍动物。

② 酒糟发酵。在鲜鸡粪中加入适量的糠麸，再加入 10% 酒糟和 10% 的水，搅拌混匀后装入发酵池或缸中发酵 10～12 小时，再经 100℃ 蒸汽灭菌后即可利用。发酵后的鸡粪适口性提高，具有酒香味，而且发酵时间短，处理成本低，但处理后的鸡粪不利于长期贮存，应现用现配。

3）生产动物蛋白。利用粪便生产蝇蛆、蚯蚓等优质高蛋白物质，既减少了污染，又提高了鸡粪的使用价值，但缺点是劳动力投入大，操作不便。

（3）**生产沼气**　鸡粪是沼气发酵的优质原料之一，尤其是高水分的鸡粪。鸡粪和草（或秸秆）以 2∶1～3∶1 的比例，在碳氮比 13∶1～30∶1、pH 为 6.8～7.4 的条件下，利用微生物进行"厌氧"发酵产生可燃性气体。每千克鸡粪产生 0.08～0.09 米$^3$ 的可燃性气体，发热值为 4187～4605 兆焦/米$^3$。发酵后的沼渣可用于养鱼、养殖蚯蚓、栽培食用菌，生产优质的有机肥和土壤改良剂。

### 3. 污水处理

肉鸡场要建立各自独立的雨水和污水排水系统，雨水可以直接排放，污水要进入污水处理系统。一般采用干清粪工艺处理污水。干清粪工艺可以减少污水的排放量，其污水处理设施要远离肉鸡场的水源，进入污水池中的污水经处理达标后才能排放。如果按污水收集沉淀池→多级化粪池或沼气→处理后的污水或沼液→外排或排入鱼塘的途径设计，可以达到既利用变废为宝的资源——沼气、沼液（渣），又能实现立体养殖增效的目的。

### 4. 灭鼠

鼠是人、畜多种传染病的传播媒介，鼠还盗食饲料和禽蛋，咬死雏禽，咬坏物品，污染饲料和饮水，危害极大，鸡场必须加强灭鼠。

（1）**防止鼠类进入建筑物**　鼠类多从墙基、天窗、瓦顶等处窜入室内，在设计施工时注意墙基最好用水泥制成，碎石和砖砌的墙基应用灰浆抹缝。墙面应平直光滑，以防鼠沿粗糙墙面攀登。砌缝不严的空心墙体，易使鼠隐匿营巢，应填补抹平。为了防止鼠类爬上屋顶，可将墙角处做成圆弧形。墙体的上部与天棚衔接处应砌实，不留空隙。瓦顶房屋应缩小瓦缝和瓦、椽之间的空隙并填实。用砖石铺设的地面和畜床，应衔接紧密并用水泥灰浆填缝。各种管道周围要用水泥填来。通气孔、地脚窗、排水沟（粪尿沟）出口处均应安装孔径小于 1 厘米的铁丝网，以防鼠窜入。

（2）**化学灭鼠**　化学灭鼠的优点是效率高、使用方便、成本低、见效快，缺点是能引起人、畜中毒，有些鼠对药剂有选择性、拒食性和耐药性。所以，使用时须选好药剂并注意使用方法，以保证安全有效。鸡场化学灭鼠应当使用慢性长效灭鼠药，见表3-4。

表3-4 鸡场常用的慢性长效灭鼠药

| 名称 | 特性 | 作用特点 | 用法 | 注意事项 |
|---|---|---|---|---|
| 敌鼠钠盐 | 黄色粉末，无臭，无味，溶于沸水、乙醇、丙酮，不溶于水，性质稳定 | 作用较慢，能阻碍凝血酶原在鼠体内的合成，使凝血时间延长，而且能损坏毛细血管，增加血管的通透性，引起内脏和皮下出血，最后死于内脏大量出血。一般在投药1～2天出现死鼠，5～8天死鼠量达到高峰，死鼠可延续10多天 | ①敌鼠钠盐毒饵。取敌鼠钠盐5克，加沸水2升搅匀，再加10千克杂粮，浸泡至毒水全部吸收后，加入适量植物油拌匀，晾干备用 ②混合毒饵。将敌鼠钠盐加入面粉或滑石粉中制成1%母粉，再取毒粉1份，倒入19份切碎的鲜菜中拌匀即可 ③毒水。用1%敌鼠钠盐1份，加水20份即可 | 对猫、犬、兔、猪的毒性较强，可引起二次中毒。在使用过程中要加强管理，以防家畜误食或发生二次中毒。一旦发现中毒，可使用维生素K解救 |
| 氯敌鼠（氯鼠酮） | 黄色结晶性粉末，无臭，无味，溶于油脂等有机溶剂，不溶于水，性质稳定 | 是敌鼠钠盐的同类化合物，但对鼠的毒性比敌鼠钠盐强，为广谱杀鼠剂，而且适口性好，不易产生拒食性。主要用于毒杀家鼠和野栖鼠，尤其是可制成蜡块剂，用于毒杀下水道鼠类。灭鼠时，将毒饵投在鼠洞或鼠活动的地区即可 | 有90%原药粉、0.25%母粉、0.5%油剂3种剂型。使用时可配制成如下毒饵：①0.005%水质毒饵。取90%原药粉3克，溶于适量热水中，待凉后，拌于50千克饵料中，晒干后使用 ②0.005%油质毒饵。取90%原药粉3克，溶于1千克热食油中，冷却至常温，洒于50千克饵料中拌匀即可 ③0.005%粉剂毒饵。取0.25%母粉1千克，加入50千克饵料中，加少许植物油，充分混合拌匀即成 | |

| 名称 | 性状 | 作用特点 | 毒饵配制方法 | 备注 |
| --- | --- | --- | --- | --- |
| 杀鼠灵（华法令） | 白色粉末，无味，难溶于水，其钠盐溶于水，性质稳定 | 属于香豆素类抗凝血灭鼠剂，一次投药灭鼠效果较差，少量多次投放灭鼠效果好。对其毒饵接受性好，甚至出现中毒症状时仍仿采食 | ①0.025%毒米。取2.5%母粉1份、植物油2份、米渣97份，混合均匀即成 ②0.025%面丸。取2.5%母粉1份，与99份面粉拌匀，再加适量水和少许植物油，制成面粒1克重的面丸。以上毒饵使用时，将毒饵投放在鼠类活动的地方，每堆约39克，连投3~4天 | 对人、畜和家禽的毒性很小、中毒时维生素$K_1$为有效解毒剂 |
| 杀鼠迷 | 黄色结晶粉末，无臭，无味，不溶于水，溶于有机溶剂 | 属于香豆素类抗凝血杀鼠剂，适口性好，毒杀力强，二次中毒危险较少，是当前较为理想的杀鼠药物之一，主要用于杀灭家鼠和野栖鼠类 | 市售有0.75%的母粉和3.75%的水剂。使用时，将10千克饵料煮至半熟，加适量植物油，取0.75%杀鼠迷母粉0.5千克，撒于饵料中拌匀即可。毒饵分2次投放，每堆10~20克。水剂可配制成0.0375%饵剂使用 |  |
| 杀它仗 | 白灰色结晶粉末，微溶于乙醇，几乎不溶于水 | 对各种鼠类都有很好的毒杀作用。适口性好，急性毒力大，1个致死剂量被吸收后3~10天就发生死亡，一次投药即可 | 用0.005%杀它仗拌稻谷毒饵，杀黄毛鼠的有效率可达98%，杀室内褐家鼠的有效率可达93.4%，一般一次投饵即可 | 适用于杀灭室内和农田的各种鼠类。对其他动物的毒性较低，大很敏感 |

鸡场化学灭鼠要注意定期和长期结合。定期灭鼠有 3 个时机，一是在鸡群淘汰后，切断水源；清走饲料，投放毒饵的效果最好。二是在春季鼠类繁殖高峰，此时的杀灭效果也较高。三是秋季天气渐冷，外部的老鼠迁入舍内之际。在这 3 种情况下，灭鼠能达到事半功倍的效果。长期灭鼠的方法是在室内外老鼠活动的地方放置一些毒饵盒。毒饵盒要让老鼠容易进入和通过，而其他动物不能接触到毒饵。要经常更换毒饵。

**【注意】**

鸡场的鼠类以孵化室、饲料库、鸡舍最多，是灭鼠的重点场所。饲料库可用熏蒸剂死鼠。投放毒饵时，要防止毒饵混入饲料中；鼠尸应及时清理，以防被人、畜误食而发生二次中毒；要选用鼠长期吃惯了的食物做饵料，突然投放，投放充足，分布广泛，以保证灭鼠效果。

**5. 灭昆虫**

鸡场易滋生蚊、蝇等有害昆虫，骚扰人、畜和传播疾病，给人、畜健康带来危害，应采取综合措施杀灭。

**（1）环境卫生** 搞好鸡场的环境卫生，保持环境清洁、干燥，是杀灭蚊蝇的基本措施。蚊虫需在水中产卵、孵化和发育，蝇蛆也需在潮湿的环境及粪便等废弃物中生长。填平无用的污水池、土坑、水沟和洼地；保持排水系统畅通，对阴沟、沟渠等定期疏通，勿使污水贮积；对贮水池等容器加盖，以防蚊蝇飞入产卵；对不能清除或加盖的防火贮水器，在蚊蝇滋生季节，应定期换水；永久性水体（如鱼塘、池塘等），蚊虫多滋生在水浅而有植被的边缘区域，修整边岸，加大坡度和填充浅湾，能有效地防止蚊虫滋生；畜舍内的粪便应定时清除，并及时处理，贮粪池应加盖并保持四周环境的清洁。

**（2）化学杀灭** 化学杀灭是使用天然或合成的毒物，以不同的剂型（粉剂、乳剂、油剂、水悬剂、颗粒剂、缓释剂等）通过不同途径（胃毒、触杀、熏杀、内吸等），毒杀或驱逐蚊蝇。化学杀虫法具有使用方便、见效快等优点，是当前杀灭蚊蝇的较好方法。

1）马拉硫磷。马拉硫磷为有机磷杀虫剂。它是世界卫生组织推荐使用的室内滞留喷洒杀虫剂，其杀虫作用强而快，具有胃毒、触毒作用，也可做熏杀，杀虫范围广，可杀灭蚊、蝇、蛆、虱等，对人、畜的毒害小，适于畜舍内使用。

2）敌敌畏。敌敌畏为有机磷杀虫剂，具有胃毒、触毒和熏杀作用，杀虫范围广，可杀灭蚊、蝇等多种害虫，杀虫效果好。但对人、畜有较大毒害，易被皮肤吸收而中毒，故在畜舍内使用时，应特别注意安全。

3）合成拟菊醋。合成拟菊醋是一种神经毒药剂，可使蚊蝇等迅速呈现神经麻痹而死亡。其杀虫力强，特别是对蚊的毒效比敌敌畏、马拉硫磷等高10倍以上，因对蝇类不产生抗药性，故可长期使用。

**（3）物理杀灭** 利用机械方法以及光、声、电等物理方法，捕杀、诱杀或驱逐蚊蝇。

**（4）生物杀灭** 利用天敌杀灭害虫，如池塘养鱼即可达到鱼类治蚊的目的。此外，应用细菌制剂（内菌毒素）杀灭吸血蚊的幼虫，效果良好。

### 6. 尸体处理

鸡的尸体能很快分解、腐败，散发恶臭，污染环境。特别是患传染病的病鸡的尸体，其病原微生物会污染大气、水源和土壤，造成疾病的传播与蔓延。因此，必须正确而及时地处理死鸡，坚决不能图一己私利而出售。

**（1）焚烧法** 焚烧是一种较完善的方法，但成本高，故不常用。但对一些危害人、畜健康极为严重的传染病病畜的尸体，仍有必要采用此法。焚烧时，先在地上挖一个"十"字形沟（沟长约2.6米、宽0.6米、深0.5米），在沟的底部放置木柴和干草用于引火，于十字沟交叉处铺上横木，其上放置畜尸，畜尸的四周用木柴围上，然后洒上煤油焚烧或用专门的焚烧炉焚烧。

**（2）高温熬煮法** 此法是将死鸡放入特设的高温锅（150℃）内熬煮，以达到彻底消毒的目的。鸡场也可用普通大锅，经100℃以上的高温熬煮处理。此法可保留一部分有价值的产品，但要注意熬煮的温度和时间，必须达到消毒的要求。

**（3）土埋法** 土埋法是利用土壤的自净作用使其无害化。此法虽简单但不理想，因其无害化过程缓慢，某些病原微生物能长期生存，从而污染土壤和地下水，并会造成二次污染。采用土埋法，必须遵守卫生要求，即埋尸坑应远离畜舍、放牧地、居民点和水源，地势高燥，死鸡的掩埋深度不小于2米，其四周应洒上消毒药剂，埋尸坑的四周最好设栅栏并做上标记。

【注意】

　　在处理畜尸时，不论采用哪种方法，都必须将病畜的排泄物、各种废弃物等一并进行处理，以免造成环境污染。

### 7. 垫料处理

　　采用地面平养的鸡场（特别是育雏育成期）多使用垫料，使用垫料对于改善环境条件具有重要的意义。垫料具有保暖、吸潮和吸收有害气体等作用，可以降低舍内湿度和有害气体浓度，以保证鸡舍有一个舒适、温暖的小气候环境。选择的垫料应具有导热性低、吸水性强、柔软、无毒、对皮肤无刺激性等特性，并要求来源广、成本低、适于做肥料和便于无害化处理。常用的垫料有稻草、麦秸、稻壳、树叶、野干草、植物藤蔓、刨花、锯末、泥炭和干土等。

### 8. 环境消毒

　　环境消毒可以预防和阻止疫病的发生、传播和蔓延。鸡场的环境消毒是卫生防疫工作的重要部分。随着养鸡业集约化经营的发展，消毒对预防疫病的发生和蔓延具有重要的意义。

## 五、控制好肉鸡舍内的环境

　　在科学合理地设计和建筑鸡舍、配备必须设备设施以及保证良好的场区环境的基础上，加强对鸡舍环境管理来保证舍内温度、湿度、气流、光照和空气中有害气体和微粒、微生物、噪声等条件适宜，以保证鸡舍良好的小气候，为鸡群的健康和生产性能提高创造条件。

### 1. 舍内温度控制

　　温度是主要环境因素之一，舍内温度过高或过低都会影响鸡体健康和生产性能的发挥。舍内温度的高低受到舍内热量的多少和散热难易的影响。舍内热量冬季主要来源于鸡体的散热，夏季几乎完全受外界气温的影响，如果鸡舍具有良好的保温隔热性能，则可减少冬季舍内热量的散失而维持较高的舍内温度，可减少夏季太阳辐射热进入鸡舍而避免舍内温度过高。

【小知识】

　　一般鸡舍的热量约有36%～44%是通过天棚和屋顶散失的。因为屋顶的散热面积大，内外温差大。例如，一栋8～10米跨度的鸡舍其天棚的面积几乎比墙的面积大一倍，而 18～20 米跨度时大 2.5 倍，设置天棚可以减少热量的散失和辐射热的进入；有 35%～40% 的热量是通过四周墙壁散失的，散热的多少取决于建筑材料、结构、厚度、施工情况和门窗情况；另外，有 12%～15% 是通过地面散失的，鸡在地面上活动散热。冬季，舍内热量的散失情况取决于外围护结构的保温隔热能力。

（1）**舍内温度对鸡体的影响**　温度对鸡体的影响表现为：一是影响鸡体健康。通过影响鸡体热调节、抵抗力、营养状态和饲养管理以及间接致病等影响鸡体的健康；二是影响生产性能。不同种类、不同性别、不同饲养条件和不同饲养阶段的鸡对环境温度有不同的要求，如果温度不适宜，会影响生长和生产。

（2）**适宜的舍内温度**　肉仔鸡的温度要求见表 3-5；育成鸡和成鸡的适宜温度为 14～16℃。

**表 3-5　肉仔鸡的温度要求**（与鸡背平行高度的温度）

| 日龄/天 | 1～2 | 3～4 | 5～7 | 8～14 | 15～21 | 22～28 | 29 至出栏 |
|---|---|---|---|---|---|---|---|
| 育雏温度/℃ | 33～35 | 31～33 | 29～33 | 27～29 | 24～26 | 21～23 | 18～21 |

（3）**舍内温度的控制措施**

1）育雏舍温度控制。

① 提高育雏舍的保温隔热性能。育雏舍的保温隔热性能不仅影响育雏温度的维持和稳定，而且影响燃料成本费用的高低。屋顶和墙壁是育雏舍最易散热的部位，要达到一定的厚度，并选择隔热材料，结构要合理，屋顶最好设置天棚（天棚可以选用塑料布、彩条布等隔热性能好、廉价、方便的材料）。育雏舍要避开狭长谷地或冬季的风口地带，因为这些地方冬季风多而大，舍内温度不易稳定。

② 供温设施要稳定可靠。大中型鸡场一般选用热气、热水和热风炉供温，小型鸡场和专业养殖户多选用火炉供温。无论选用什么样的供温设备，安装好后一定要试温，通过试温，观察其能不能达到育雏温度，达到育雏温度需要多长时间，温度是否稳定，受外界气候的影响大小等。供温设备应能满足一年四季（特别是冬季）的供温需要。如果不能达到要求的温度，一定采取措施尽早解决。在雏鸡入舍前适宜的时间开始供温，使温度提前上升到育雏温度，然后稳定 1～2 天再让雏鸡入舍。

③ 正确测定温度。育雏温度用普通温度计测定即可，但育雏前应对温度计进行校正，做上记号。温度计的位置直接影响育雏温度的准确性，因位置过高测得的温度比要求的育雏温度低而影响育雏效果的情况生产中常有出现。使用保姆伞育雏，温度计挂在距伞边缘15厘米，高度与鸡背相平（大约距地面5厘米）处。采用暖房式加温，温度计挂在距地面、网面或笼底面5厘米高处。育雏期不仅要保证适宜的育雏温度，还要保证适宜的舍内温度。

④ 增强育雏人员的责任心。育雏是一项专业性较强的工作，所以育雏前应对育雏人员进行培训，提高育雏技能，同时要实行一定的生产责任制，奖勤罚懒，以提高工作积极性，增强责任心。

⑤ 防止育雏温度过高。夏季育雏时，由于外界温度高，如果育雏舍的隔热性能不良，舍内饲养密度过高，会出现温度过高的情况。可以通过通风、喷水蒸发降温等方式降低舍内温度。

2）育肥舍温度控制。育肥舍的温度容易受到季节的影响，如夏季气温高，天气炎热，鸡舍内的温度也高，鸡群容易发生热应激；而冬季，气温低，寒风多，舍内温度也低，影响饲料的转化率；春季和秋季，舍外气温适中，舍内温度也较为适宜和容易控制。我国开放式和半开放式鸡舍较多，受舍外气温影响大，因此要做好冬季和夏季舍内温度的控制工作，即冬季要保温，夏季要降温，以保证鸡舍的温度适宜、稳定。

① 冬季的防寒保温措施。育肥鸡（4周龄以后）对温度（特别是低温）的适应能力大大增强，环境温度在14～30℃的范围内，鸡可通过自身各种途径来调节其体温。但温度较低时会增加饲料消耗，所以冬季要采取措施防寒保暖，使舍内温度维持在18℃以上（最低不能低于15℃）。

a. 减少鸡舍的散热量。冬季鸡舍内外温差大，鸡舍内的热量易散失，加强鸡舍的保温管理有利于减少舍内热量散失，保持舍内温度稳定。冬季开放舍用隔热材料（如塑料布）封闭敞开部分，北墙窗户可用双层塑料布封严；鸡舍的外门挂上棉帘（或草帘）；屋顶可用塑料薄膜制作简易天花板，晚上墙壁（特别是北墙窗户）挂上草帘，可提高舍温3～5℃。密闭舍在保证舍内空气新鲜的前提下应尽量减少通风。

b. 防止冷风吹袭鸡体。舍内冷风可以来自墙、门、窗等缝隙和进出气口、粪沟的出粪口，局部风速可达4～5米/秒，使局部温度下降，影响鸡的生产性能，冷风直吹鸡体，增加鸡体散热，甚至引起鸡感冒。冬季到来前要检修好鸡舍，堵塞缝隙，进出气口加设挡板，出粪口安装插板，以防止冷风对鸡体的侵袭。

c. 防止鸡体淋湿。鸡的羽毛有较好的保温性能，如果淋湿，保温性变差，会极大地增加鸡体散热，降低鸡的抗寒能力。要经常检修饮水系统，以避免因水管、饮水器或水槽漏水而淋湿鸡的羽毛和料槽中的饲料。

d. 采暖保温。对于保温性能差的鸡舍，仅靠鸡群自温难以维持所需舍温时，应采暖保温。有条件的鸡场可利用煤炉、热风机、热水、热气等设备供暖，以保持适宜的舍温，提高产蛋率，减少饲料消耗。

② 夏季的防暑降温措施。鸡体缺乏汗腺，对热较为敏感，特别是肉鸡，体大肥胖，易发生热应激。例如，肉鸡育肥期的最适宜温度范围是18~21℃，高于25℃时生长速度会明显下降，高于32℃就可能由于热应激而引起死亡。

a. 隔热降温。在鸡舍的屋顶铺盖15~20厘米厚的稻草、秸秆等垫草，或设置通风屋顶，可降低舍内温度3~5℃；屋顶涂白可增强屋顶的反射能力，有利于加强屋顶隔热；在鸡舍的周围种植高大的乔木形成阴凉或在鸡舍的南侧、西侧种植爬壁植物，搭建遮阳棚，可减少太阳的辐射热。

b. 通风降温。鸡舍内安装有效的通风设备，提高鸡舍的空气对流速度，有利于缓解热应激。封闭舍或容易封闭的开放舍，可采用负压纵向通风，在进气口安装湿帘降温效果良好（市场出售的湿帘投资大，可自己设计"砖孔湿帘"）。不能封闭的鸡舍，可采用正压通风（即送风），在每列鸡笼下侧的两端设置高效率风机向舍内送风，加大舍内空气的流动，有利于减少死亡率。

c. 喷水降温。在鸡舍内安装喷雾装置定期进行喷雾，水汽的蒸发吸收鸡舍内大量热量，降低舍内温度。当舍温过高时，可向鸡头、鸡冠、鸡身进行喷淋，促进体热散发，减少热应激死亡；也可在鸡舍的屋顶外安装喷淋装置，使水从屋顶流下，形成湿润凉爽的小气候环境。喷水降温时，一定要加大通风换气量，防止舍内湿度过高。

d. 降低饲养密度。饲养密度降低，单位空间产热量减少，有利于舍内温度降低。夏季肉鸡育肥时，饲养密度可降低15%~20%；或及时销售达到标准体重的肉鸡，减少鸡舍中鸡数。

其他季节可以通过保持适宜的通风量和调节鸡舍的门窗面积来维持鸡舍的适宜温度。

**2. 舍内湿度控制**

湿度是指空气的潮湿程度，养鸡生产中常用相对湿度表示。相对湿度是指空气中实际水汽压与饱和水汽压的百分比。

（1）**湿度对鸡体的影响** 湿度常与温度、气流等因素一起对鸡体产生影响。高温高湿影响鸡体的热调节，加剧高温的不良反应，破坏热平衡；低温高湿时机体的散热容易，潮湿的空气使鸡的羽毛潮湿，保温性能下降，鸡体感到更加寒冷，加剧了冷应激；在高温低湿的环境中，鸡体皮肤或外露的黏膜易发生干裂，降低了对微生物的防御能力。

（2）**舍内适宜的湿度** 育雏前期（0～15 日龄）舍内相对湿度应保持在 75% 左右，其他时期鸡舍湿度应保持 60%～65%。

（3）**舍内湿度的调节措施**

1）当舍内相对湿度较低时，可在舍内地面散水或用喷雾器在地面和墙壁上喷水，水的蒸发可以提高舍内湿度。例如，当雏鸡舍或舍内温度过低时可以喷洒热水；育雏期间要提高舍内湿度，可以在加温的火炉上放置水壶或水锅，使水蒸发提高舍内湿度，这样可以避免喷洒凉水引起的舍内温度降低或雏鸡受凉感冒。

2）当舍内相对湿度过高时，可以采取以下措施。一是加大换气量。通过通风换气，驱除舍内多余的水汽，换进较为干燥的新鲜空气。当舍内温度较低时，要适当地提高舍内温度，避免通风换气引起舍内温度下降。二是提高舍内温度。舍内空气中的水汽含量不变，提高舍内温度可以增大饱和水汽压，降低舍内相对湿度。特别是冬季或雏鸡舍，加大通风换气量对舍内温度影响较大时，可提高舍内温度。

3）防潮措施。鸡较喜欢干燥，保证鸡舍干燥需要做好鸡舍防潮，除了选择地势高燥、排水好的场地外，可采取如下措施。一是鸡舍的墙基设置防潮层，新建鸡舍待干燥后再使用，特别是育雏舍。若刚建好育雏舍就立即使用，由于育雏舍密封严密，舍内温度高，没有干燥的外围护结构，存在的大量水分很容易蒸发出来，使舍内相对湿度一直处于较高的水平。在晚上温度低的情况下，大量的水汽变成水在天棚和墙壁上附着，使舍内的热量容易散失。二是舍内排水系统畅通，粪尿、污水及时清理。三是尽量减少舍内用水，防止饮水设备漏水。能够在舍外洗刷的用具尽可能在舍外洗刷，若在舍内洗刷，洗刷后的污水要立即排到舍外，不要在舍内随处抛撒。四是保持舍内较高的温度，使舍内温度经常处于露点以上。五是使用垫草或防潮剂，及时更换污浊潮湿的垫草。

## 3. 舍内气流控制

舍内空气新鲜和适当流通是养好肉用仔鸡的重要条件，洁净新鲜的空气可使肉用仔鸡维持正常的新陈代谢，保持健康，发挥出最佳的生产性能。肉用仔鸡在不同的外界温度、周龄与体重时所需的通风换气量见表 3-6。

表 3-6　肉用仔鸡的通风换气量

[单位：米³/（只·分钟）]

| 外界温度/℃ | 周龄/周 | | | | | | |
|---|---|---|---|---|---|---|---|
| | 2（体重 0.35 千克） | 3（体重 0.7 千克） | 4（体重 1.1 千克） | 5（体重 1.5 千克） | 6（体重 2 千克） | 7（体重 2.45 千克） | 8（体重 2.9 千克） |
| 15 | 0.012 | 0.035 | 0.05 | 0.07 | 0.09 | 0.11 | 0.15 |
| 20 | 0.014 | 0.04 | 0.06 | 0.08 | 0.1 | 0.12 | 0.17 |
| 25 | 0.016 | 0.045 | 0.07 | 0.09 | 0.12 | 0.14 | 0.2 |
| 30 | 0.02 | 0.05 | 0.08 | 0.1 | 0.14 | 0.16 | 0.21 |
| 30 | 0.06 | 0.06 | 0.09 | 0.12 | 0.15 | 0.18 | 0.22 |

保证肉鸡舍适宜的通风量（气流速度）应该科学合理地设计窗户和进排气口，并保证通风系统正常的运转。

## 4. 舍内光照控制

**（1）肉鸡的光照方案**

1）肉用种鸡的光照方案。肉用种鸡多采用渐减的光照方案。密闭舍的光照参考方案见表 3-7。

表 3-7　密闭舍肉用种鸡光照参考方案

| 周龄 | 光照时数/小时 | 光照度/勒克斯 | 周龄 | 光照时数/小时 | 光照度/勒克斯 |
|---|---|---|---|---|---|
| 1~2 天 | 23 | 20~30 | 21 周 | 11 | 35~40 |
| 3~7 天 | 20 | 20~30 | 22 周 | 12 | 35~40 |
| 2 周 | 16 | 10~15 | 23 周 | 13 | 35~40 |
| 3 周 | 12 | 15~20 | 24 周 | 15 | 35~40 |
| 4~20 周 | 8 | 10~15 | 25~68 周 | 16 | 45~60 |

开放舍（或有窗舍）由于受外界自然光照的影响，需要根据外界自

然光照的变化制定光照方案，具体方案见表3-8。

表3-8 育成期、产蛋期采用开放式鸡舍的光照程序

| | 顺季出雏时间 | | | | | | 逆季出雏时间 | | | | | |
|---|---|---|---|---|---|---|---|---|---|---|---|---|
| 北半球 | 9月 | 10月 | 11月 | 12月 | 1月 | 2月 | 3月 | 4月 | 5月 | 6月 | 7月 | 8月 |
| 南半球 | 3月 | 4月 | 5月 | 6月 | 7月 | 8月 | 9月 | 10月 | 11月 | 12月 | 1月 | 2月 |
| 日龄/天 | 育雏育成期的光照时数 | | | | | | | | | | | |
| 1~2 | 辅助自然光 | | 23小时 | | | | 辅助自然光 | | | 23小时 | | |
| 3 | 照补充到 | | 19小时 | | | | 照补充到 | | | 19小时 | | |
| 4~9 | 逐渐减少到自然光照 | | | | | | 逐渐减少到自然光照 | | | | | |
| 10~147 | 自然光照长度 | | | | | | 自然光照 | | 自然光照至83日 | | | |
| 148~154 | 增加2~3小时 | | | | | | 至153日龄 | | 龄，然后保持恒定 | | | |
| 155~161 | 增加1小时 | | | | | | 增加1小时 | | | | | |
| 162~168 | 增加1小时 | | | | | | 增加1小时 | | | | | |
| 169~476 | 保持16~17小时<br>（光照度为45~60勒克斯） | | | | | | 保持16~17小时<br>（光照度45~60勒克斯） | | | | | |

2）肉用仔鸡光照方案。肉用仔鸡有连续光照和间歇光照两种方案。方案1：连续光照，具体方案见表3-9。

表3-9 肉用仔鸡的连续光照方案

| 日龄/天 | 光照时间/小时 | 黑暗时间/小时 | 光照度/勒克斯 |
|---|---|---|---|
| 0~3 | 22~24 | 0~2 | 20 |
| 4~7 | 18 | 6 | 20 |
| 8~14 | 14 | 10 | 5 |
| 15~21 | 16~18 | 6~8 | 5 |
| 22~28 | 18 | 6 | 5 |
| 29~上市 | 23 | 1 | 5 |

注：在生产中光照度的掌握原则是，若灯头高2米左右，则1~7日龄为4~5瓦/米$^2$，8~21日龄为2~3瓦/米$^2$，22日龄以后为1瓦/米$^2$左右

方案2：间歇光照。间歇光照是指光照和黑暗交替进行，即全天进行1小时光照、3小时黑暗交替或1小时光照、2小时黑暗交替。国外或

我国一些大型的密闭鸡舍采用这种方式较多。大量的试验研究表明，施行间歇光照的饲养效果好于连续光照，但采用间歇光照方式，鸡舍必须能够完全保持黑暗，同时必须具备足够的吃料和饮水槽位。

（2）光照控制注意事项

1）保持舍内光照均匀。采光窗要均匀布置；安装人工光源时，光源数量要适当多一些，功率低一些，并布置均匀。

2）保证光照系统正常使用。光源要安装碟形灯罩；经常检查更换灯泡，经常用干抹布把灯泡或灯管擦干净，以保持清洁，提高照明效率。

**5. 舍内有害气体控制**

（1）种类和分布　舍内主要有害气体的种类和分布见表3-10。

表3-10　舍内主要有害气体的种类和分布

| 种类 | 理化特性 | 来源与分布 | 标准（毫克/米³） |
|---|---|---|---|
| 氨 | 无色、具有刺激性臭味，比空气轻，易溶于水，在0℃时，1升水可溶解907克氨 | 舍内空气中的氨来源于鸡的粪尿、饲料残渣和垫草等有机物分解的产物。舍内含量多少取决于鸡的密集程度、地面的结构、舍内通风换气情况和舍内管理水平。舍内氨上下含量高，中间含量低 | 雏禽舍10；成禽舍15 |
| 硫化氢 | 无色、易挥发的恶臭气体，密度比空气大，易溶于水，1体积水可溶解4.65体积的硫化氢 | 舍内空气中的氨来源于含硫有机物的分解。当鸡采食富含蛋白质饲料而又消化不良时，排出大量的硫化氢。粪便厌氧分解或破损蛋腐败发酵也可产生硫化氢。硫化氢密度大，故越接近地面浓度越大 | 雏禽舍2；成禽舍10 |
| 二氧化碳 | 无色、无臭、无毒、略带酸味气体，密度比空气大 | 舍中的二氧化碳主要来源于鸡的呼吸。二氧化碳的密度大于空气，聚集在地面上 | 1500 |
| 一氧化碳 | 无色、无味、无臭气体 | 舍内的一氧化碳来源于火炉取暖的煤炭不完全燃烧，特别是冬季夜间舍内封闭严密，通风不良，可达到中毒程度 | |

（2）危害　舍内有害气体可以引起慢性中毒，鸡体质变弱，精神萎

靡，抗病力下降，对结核病、大肠杆菌、肺炎球菌等的感染过程显著加快，采食量、生产性能下降，局部黏膜系统被破坏。

**（3）消除措施**

1）加强场址选择和合理布局，以避免工业废气的污染。合理地设计鸡场和鸡舍的排水系统、粪尿和污水处理设施。

2）加强防潮管理，保持舍内干燥。有害气体易溶于水，湿度大时易被吸附于材料中，舍内温度升高时便会挥发出来。

3）加强鸡舍管理。地面平养时，在鸡舍地面铺上垫料，并保持垫料清洁卫生；保证适量的通风，特别是注意冬季的通风换气，处理好保温和空气新鲜的关系；做好卫生工作，及时清理污物和杂物，排出舍内的污水，加强环境的消毒等。

4）加强环境绿化。绿化不仅美化环境，而且可以净化环境。绿色植物进行光合作用可以吸收二氧化碳，生产出氧气。例如，每公顷阔叶林在生长季节每天可吸收 1000 千克二氧化碳，产出 730 千克氧气；绿色植物可大量地吸附氨，如玉米、大豆、棉花、向日葵以及一些花草都可从大气中吸收氨而生长；绿色林带可以过滤阻隔有害气体，有害气体通过绿色林带至少有 25% 被阻留，煤烟中的二氧化硫被阻留 60%。

5）采用化学物质消除。舍内撒布过磷酸钙，饲料中添加丝兰属植物提取物、沸石（配合饲料中用量可占 1%~3%），垫料中混入硫黄（每平方米地面 0.5 千克）或者用 2% 的苯甲酸（或 2% 乙酸）喷洒垫料，利用木炭、活性炭、煤渣、生石灰等具有吸附作用的物质吸附空气中的臭气等；使用有益微生物制剂（EM），具体使用方法可根据产品说明拌料饲喂或拌水饮喂，也可喷洒鸡舍；将艾叶、苍术、大青叶、大蒜、秸秆等植物等份适量地放在鸡舍内燃烧，既可抑制细菌，又能除臭，在空舍时使用效果最好；另外，利用过氧化氢、高锰酸钾、硫酸亚铁、硫酸铜、乙酸等化学物质也可降低鸡舍空气中的臭味。

6）提高饲料的消化吸收率。科学地选择饲料原料，按可利用氨基酸需要合理地配制日粮，科学饲喂，利用酶制剂、酸制剂、微生态制剂、寡聚糖、中草药添加剂等方法均可以提高饲料的利用率，减少有害气体的排出量。

**6. 舍内微粒控制**

微粒是以固体或液体微小颗粒形式存在于空气中的分散胶体。鸡舍中的微粒较多，主要来源于鸡的活动（咳嗽、鸣叫）、饲养管理过程

（如清扫地面、分发饲料、饲喂及通风除臭等）和机械设备运行。

（1）微粒对鸡体健康的影响

1）影响散热和引起炎症。微粒落在皮肤上，可与皮脂腺、皮屑、微生物混合在一起，引起皮肤发痒、发炎，堵塞皮脂腺和汗腺，皮脂分泌受阻，使皮肤干燥，易干裂感染，影响蒸发散热。微粒落在眼结膜上可引起尘埃性结膜炎。

2）损坏黏膜和感染疾病。微粒可以吸附空气中的水汽、氨、硫化氢、细菌和病毒等有毒有害物质造成黏膜损伤，引起血液中毒及各种疾病的发生。

（2）消除措施　一是改善畜舍和牧场周围的地面状况，实行全面的绿化，种树、种草和种植农作物等。植物表面粗糙不平，多绒毛，有些植物还能分泌油脂或黏液，能阻留和吸附空气中的大量微粒。含微粒的大气流通过林带，风速降低、大径微粒下沉，小径微粒被吸附。夏季可吸附35.2%~66.5%微粒。二是鸡舍远离饲料加工场，分发饲料和饲喂动作要轻。三是保持鸡舍地面干净，禁止干扫；更换和翻动垫草动作要轻。四是保持适宜的湿度，适宜的湿度有利于尘埃沉降。五是保持通风换气，必要时安装过滤器。

**7. 舍内噪声控制**

物体呈不规则、无周期性震动所发出的声音叫作噪声。鸡舍内的噪声来源主要有：外界传入；场内机械产生和鸡自身产生。鸡对噪声比较敏感，容易受到噪声的危害。

（1）危害　比较强的噪声作用于鸡体，会引起严重的应激反应，不仅影响生产，而且使正常的生理功能失调，免疫力和抵抗力下降，危害健康，甚至导致死亡。生活中有鞭炮声、飞机声致鸡死亡的报道。

（2）改善措施　一是注意选择场地。鸡场选在安静、远离噪声的地方，如交通干道、工矿企业和村庄等。二是注意选择设备。选择噪声小的设备。三是搞好绿化，场区周围种植林带，可以有效隔音。

# 第四章
# 搞好鸡群饲养管理，向管理要效益

【提示】

　　饲养管理的好坏直接关系到肉鸡养殖效益的高低。加强肉用种鸡的饲养管理，生产更多的优质肉用仔鸡；精心饲养管理肉用仔鸡，让肉用仔鸡快速生长，获得更多的产品；注意肉鸡场的经营管理，最大限度地降低生产成本。

## 第一节　肉鸡饲养管理中的误区

### 一、肉用种鸡饲养管理中的误区

#### 1. 育雏期存在的误区

　　育雏期是肉用种鸡一生中的关键时期，饲养管理不善会带来严重后果。人们虽然都很重视育雏期的饲养管理，但有的肉用种鸡场也存在一些误区，影响育雏的效果。

　　（1）认为雏鸡到达后先饮水后开食　习惯认识，雏鸡到达后应先喝水再吃料，结果使雏鸡开食推迟，体内营养供给不足（只有卵黄供给），不利于早期发育，同时卵黄中的抗体作为营养被消耗，也影响肉鸡体内的抗体水平。

　　（2）认为第一周的"自由采食"就是随便喂、随便吃　许多养殖户对现代肉用种鸡的生理特点不了解，认为雏鸡可以随便喂、随便吃，结果雏鸡体重大小分化明显，严重影响了早期发育。

　　（3）认为早期公鸡的体重不重要　由于对育雏早期小公鸡的体重发育不重视，对早期状况不好的公鸡没有给予特别的照顾，结果早期饲料摄入不足，第一周（尤其前三天）体重不理想，导致育成后骨架小、发育不理想，严重影响育成后的种用价值。

（4）早期忽视均匀度管理　由于管理工作不完善、不系统，早期全部精力只够确保成活率和体重发育，忽视四周前对鸡群均匀度的控制，结果导致四周末时鸡群均匀度很差，体重大和体重小的鸡只差别很大，影响后面的育成计划。

（5）认为法氏囊疫苗免疫滴口比饮水效果好　由于担心鸡群免疫不均匀，认为法氏囊疫苗免疫滴口比饮水效果好，结果既增加了人的工作量，又增加鸡群的应激。

**2. 育成期存在的误区**

（1）认为公母鸡可以使用同样的饲料设备　公鸡与母鸡在混群前共用料线或者使用相同颜色的料桶（或使用母鸡的饲喂设备），使得混群后的相当一段时间内部分公鸡习惯性地去吃母鸡料，造成过肥、钙摄入过多，在45周后衰弱很快。

（2）不注重育成期的管理　一是只注重平均体重而忽视均匀度。想当然地认为，平均体重代表了大群情况，而不进行均匀度的测定，虽然平均体重符合要求，但种鸡群的均匀整齐度大打折扣，影响种鸡的生产性能。二是对均匀饲喂的认识不够，过分依赖"挑鸡"甚至"全群称重"。由于缺乏对均匀度控制的认识，或设备不理想、管理不到位等，导致均匀度差。勤挑鸡虽然改善了均匀度，但挑鸡频繁导致增重不均衡，生产成绩不理想。三是光照度过低。若鸡背高度平均光照度低于3勒克斯，则使鸡群活动过少，甚至鸡只找到饮水位置都困难，影响发育。

（3）忽视育成期的体重管理问题　育成期体重对肉用种鸡以后的产蛋和种用性能影响巨大，生产中因忽视育成期的体重管理，易导致种鸡发育过快或过慢、体重过大或过小等问题。

**3. 产蛋期存在的误区**

（1）担心减料会影响产蛋而不敢减料　肉用种鸡在产蛋期减料过迟、减料幅度过小，易造成母鸡超重，甚至严重超重，结果高峰期后母鸡过肥，死淘率高，产蛋也受到影响。

（2）在产蛋上升期接种疫苗　各种原因（疫苗不及时、重新选择疫苗以及抗体不理想等）造成开产前疫苗接种安排得不理想，在产蛋高峰期担心鸡群免疫力不够而接种疫苗，导致鸡群的应激，严重影响产蛋率的上升和种蛋质量。

（3）为了提高种蛋受精率，重视公母鸡比例而忽视对公鸡的管理　许多养殖户想当然地认为，饲喂方面没有问题，只要能够均匀地分配饲料，

每只公鸡的状况都是一样的。实际在公鸡的体重增加上，由于饲喂设备等原因易造成公鸡饲料摄入不均匀，久而久之体况发生分化。部分公鸡的体重过轻、营养不良，失去种用价值；部分公鸡的体重过大，甚至爪子变形，交配成功率明显降低，且容易过早衰弱。

### 4. 种公鸡饲养管理存在的误区

**（1）忽视肉用种公鸡培育期的培育和严格选择**　要想使种鸡群有较好的受精率，首先必须要培育出品种优良的种用公鸡。生产中有的肉鸡场认为，开始时公鸡的比例较大（通常公母比例为15∶100），以后总能选出一定数量合格的公鸡，从而忽视对公鸡的培育和严格选育，致使育出的种公鸡质量较差，生产后种蛋的受精率不稳定。

**（2）忽视肉用种公鸡生产期的管理**　生产中有的肉鸡场认为，培育出好公鸡就可以一劳永逸，从而忽视生产期种公鸡的管理，如种公鸡与种母鸡不分槽饲喂，饲喂相同的饲料，不定期进行称重，不注意淘汰无种用价值的公鸡和补充后备青年公鸡等。

### 5. 种蛋孵化过程中的误区

**（1）忽视种蛋的选择**　种蛋是影响孵化的内因，种蛋的质量直接影响孵化效果。种鸡产的蛋不都是符合要求的合格种蛋，因此应该加强种蛋的选择。但有的孵化场（户）忽视对种蛋的选择，不管种蛋的大小、洁净与否、蛋壳质量好坏以及种蛋的来源、新鲜程度等，均进行孵化，结果入孵后影响孵化成绩。

**（2）忽视"看胎施温"**　温度是种蛋孵化的首要条件，直接影响孵化成绩。影响孵化温度的因素较多，如季节、孵化器类型、种蛋大小、室内温度等，有时候进行微小的调整就可能进一步提高孵化率。但生产中，有些孵化场（户）只是按照一般参考的适宜温度标准来控制温度，不"看胎施温（即根据胚胎发育情况合理地确定和调整温度以达到最适的孵化温度）"，结果孵化成绩不能达到最好。

**（3）忽视通风换气**　胚胎发育不仅需要温度，也需要新鲜的空气。孵化10天后，胚胎代谢旺盛，需氧量多，排出的二氧化碳也多，必须加大通风量，但有些孵化场（户）为了控制温度，通风换气量达不到要求，影响孵化率。

【示例】　某孵化场采用"上面孵化、下面出雏"的孵化器，由于孵化器紧靠孵化室的一侧墙，且墙没有窗户，结果出雏时靠墙一侧的出雏率低，而另一侧由于靠近门，出雏率高，差异极大。

（4）忽视孵化过程中的卫生管理　孵化场的卫生也是孵化的条件之一，特别是规模化孵化场，卫生尤为重要。生产中有这样的奇怪现象，开始孵化技术不行但孵化成绩不差，但随着孵化时间延长，孵化技术水平不断提高反而孵化成绩变差，其原因就是卫生条件越来越差。一些孵化场（户）不重视卫生管理，如孵化场的隔离不好，没有合理地规划孵化场的各个区间，闲杂人员和其他动物随意进入，孵化场和孵化器不清洁，消毒不严格等，使孵化的雏鸡质量差。

## 二、肉仔鸡饲养管理中的误区

### 1. 忽视鸡舍清洁后的管理

一是用火碱刷网后不用清水清洗。如果网上还残留着火碱，由于湿度大，雏鸡入舍后很容易烧伤雏鸡的爪子。二是进鸡前对鸡舍烟熏后没有及时通风换气，烟熏对雏鸡的呼吸道黏膜刺激较大，易继发慢性呼吸道疾病。

### 2. 忽视入舍后饮水的管理

一是饮水不及时。有些饲养户在雏鸡到场后控水 3～5 小时才给雏鸡饮水，并且以为给水早了会影响雏鸡卵黄吸收。实际上，雏鸡到场后应立刻给水，因为雏鸡从出壳到运送至育雏舍可能长达 48～72 小时，这期间并没有给雏鸡饮水，而育雏舍内温度一般为 32～35℃，如果到场后再控水 3～5 小时，会使雏鸡在高温条件下脱水，从而影响雏鸡的成活率和正常生长。二是饮水水位不足。有的饲养户在雏鸡开口时使用的水罐数量不足，每个水罐供应 100 只雏鸡（尽量提供给雏鸡足够的饮水水位，每个水罐供应不多于 60 只雏鸡）。这样会有一部分雏鸡因不能及时抢到水而脱水，从而影响雏鸡的成活率和正常生长。三是饮水器使用不当。有些饲养户在给雏鸡开口时使用中号或大号的水罐给雏鸡饮水，由于雏鸡较多、过于拥挤，会有部分雏鸡被挤到水罐内，造成雏鸡应激反应。在雏鸡入舍 3 天以后就可以给雏鸡使用乳头饮水器供水了，有的饲养户怕雏鸡喝不到水就将水线的高度调得很低（一般水线高度以鸡嘴呈 45 度能接触到乳头为准），使雏鸡歪头啄乳头，造成部分水落到地面而增加鸡舍的湿度，使湿度过大，如果用药或做苗会造成药物的浪费，影响药物疗效或免疫效果。

### 3. 忽视肉鸡采食量达标管理

由于肉鸡的生长速度较快，需要的营养物质多，因此采食量较高。

如果采食量达不到标准，摄取的营养物质不足，必然会影响肉鸡的生长速度，延长出栏时间，降低生产效益，所以保证肉鸡的采食量符合标准要求至关重要。但生产中有的养殖场（户）忽视肉鸡的采食量，甚至认为吃料少降低饲料成本，结果肉鸡采食量不达标而影响生长。肉鸡采食量不达标的可能原因有以下几点。一是料桶不足，采食不方便。在饲养前期，应让肉鸡在1米之内能找到饮水和饲料。二是饮水不足。饮水器缺水或不足、饮水不便或水质不良影响饮水量。三是饲料更换不当，饲料适口性不强，或有霉变等质量问题。四是肉鸡误食过多的垫料，在育雏的第一周需要特别注意。五是喂料不足或料桶吊得过高。六是饲养密度过大，鸡舍混乱。七是鸡舍环境恶劣、环境温度过高、光照时间不足等，影响鸡的正常生理活动。八是鸡群感染疾病，处于亚临床症状。

 【小知识】

增强肉鸡的食欲。每千克饲料中添加维生素C 100毫克、维生素$B_2$ 100毫克、土霉素1250毫克和酵母粉2000毫克，连续饲喂5~7天，可以起到健胃促进消化的作用，增强肉鸡的食欲，提高采食量。

### 4. 肉鸡开食过晚

肉鸡出壳后，其腹腔内存有7~8克卵黄可以满足前几天的营养供给，所以雏鸡可以不吃不喝维持3天之久。但如果开食过晚，营养供给不足，会严重影响肉鸡的早期生长。另外，卵黄中大部分物质是免疫球蛋白，作为能量供给会影响雏鸡早期的抗体生成，影响雏鸡的抗病力。但生产中，人们往往忽视这一点。从第一只雏鸡破壳到全部出壳，大约需要36小时，甚至更长，加之分级、免疫、运输，到达育雏舍开食饮水，雏鸡的出壳时间超过36小时，有的甚至超过48小时，开食时间过晚。

 【注意】

开食过晚不仅影响生长发育和抗体生成，还影响肠道发育、采食量、增重和饲料转化率。

### 5. 育肥期的温度不适宜

生产中，一些养殖户重视育雏期的温度而忽视育肥期的温度，认为育肥期肉鸡的体温调节机能健全，适应外界能力增强，温度高些或低些对肉鸡影响不大。殊不知，育肥期的温度虽然没有育雏期重要，温度高些和低些也不至于引起肉鸡的死亡，但会严重影响肉鸡的生长发育和饲料转化率。

【小知识】

育肥期（4周龄以后）的适宜温度范围为18～22℃。如果4周龄以后的环境温度在肉鸡的适应范围内，肉鸡的生长速度和饲料转化率都可以达到最佳，可以获得最好的经济效益。如果温度低于适宜温度，肉鸡的采食量大，用以维持体温的营养需要增加，因此饲料的转化率降低；反之，肉鸡采食减少，肉鸡的生长速度和饲料转化率也会降低。

### 6. 保温与通风关系处理不善

肉鸡养殖中许多饲养场（户）存在只重视温度而忽视通风换气的误区，如育雏期为了保温不敢通风，育肥期通风量不足等，严重危害肉鸡生产。

育雏期通风不良，鸡舍内的有害气体严重超标，大量的氨气、硫化氢等有害气体刺激鸡的呼吸道上皮黏膜细胞，使黏膜细胞受损，呼吸防御系统被破坏，细菌、病毒会大量复制，通过血液的流通传染给各个器官，使鸡群发生传染病；疫苗在产生抗体效价时产生免疫抑制，没有好的抗体效价的保护，鸡体对病毒病的抵抗能力下降。2周龄、3周龄、4周龄时，如果通风换气不良，有可能增加鸡群慢性呼吸道病和大肠杆菌病的发病率。

育肥期通风不良，由于肉鸡后期体重增大、采食量大、排泄量也增大，肉鸡呼出的二氧化碳、散出的体热、排泄出的水分、舍内累积的鸡粪产生的氨气及舍内空气中浮游的尘埃等，如果不能及时排到舍外，舍内的生存环境就会越来越恶劣，不但会严重影响肉鸡的生长速度，还会增加腹水症、猝死症及病毒性疾病的发生率。

## 第二节 提高肉用种鸡饲养管理效益的主要途径

肉用种鸡的饲养过程一般分为三个时期，即育雏期（0～4周龄）、育成期（5～23周龄）和种鸡期（24～68周龄）。不同阶段的生物学特

点不同，饲养管理的要求就不同。

【注意】

　　育雏阶段提供适宜条件保证成活率；育成阶段合理饲养、科学管理培育出优质肉用新母鸡；种鸡阶段通过营养手段控制体重，减少应激，多生产合格种蛋。

## 一、加强育雏期的饲养管理

### 1. 接雏

引进种鸡时，要求雏鸡来自相同日龄的种鸡群，并要求种鸡群健康，不携带垂直传播的支原体、白痢、副伤寒、伤寒、白血病等疾病。引进的雏鸡群要有较高而均匀的母源抗体。出雏后 6 ~ 12 小时将雏鸡放于鸡舍育雏伞下。冬季接雏时，应尽量缩短低温环境下的搬运时间。雏鸡进入育雏舍后，检点鸡数，随机抽两盒鸡称重，掌握 1 日龄平均体重。公雏出壳后在孵化厅还要进行剪冠、断趾处理，受到的应激较大。因此，运到鸡场后要细心护理。

### 2. 育雏的适宜环境条件

（1）**温度**　温度是育雏成败的关键条件。开始育雏时，保温伞边缘离地面 5 厘米处（鸡背高度）的温度以 32 ~ 35℃ 为宜。育雏温度每周降低 2 ~ 3℃，直至保持在 20 ~ 22℃ 为止。为了防止雏鸡远离食槽和饮水器，可使用围栏。围栏应有 30 厘米高，与保温伞外缘的距离为 60 ~ 150 厘米。每天向外逐渐扩展围栏，当鸡群达到 7 ~ 10 日龄时可移走围栏。

过冷的环境会引起雏鸡腹泻及导致卵黄吸收不良，过热的环境会使雏鸡脱水，因此育雏温度应保持相对平稳，并随雏龄的增长适时降温。细心观察雏鸡的行为表现（见图 4-1、图 4-2），可判断保温伞或鸡舍温度是否适宜。雏鸡应均匀地分布在适温区域，如果扎堆或拥挤，说明育雏温度不适合或者有贼风存在。育雏人员每天必须认真检查和记录育雏温度，根据季节和雏鸡的表现灵活地调整育雏条件及温度。

（2）**湿度**　湿度过高或过低都会给雏鸡带来不利影响。1 ~ 7 天保持 70% 左右的相对湿度；8 ~ 20 天，相对湿度降到 65% 左右；20 天以后，注意加强通风，更换潮湿的垫料和清理粪便，相对湿度在 50% ~ 60% 为宜。

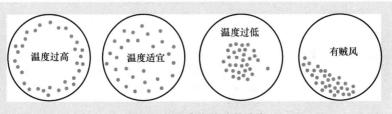

图 4-1　保温伞下雏鸡的分布

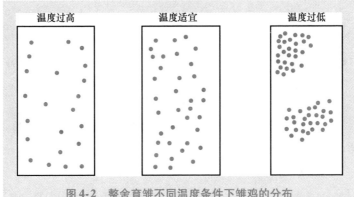

图 4-2　整舍育雏不同温度条件下雏鸡的分布

（3）通风　通风换气不仅提供鸡生长所需的氧气，调节鸡舍内的温度、湿度，更重要的是排除舍内的有害气体、羽毛屑、微生物、灰尘，改善舍内环境。育雏期通风不足造成较差的空气质量会破坏雏鸡的肺表层细胞，使雏鸡较易感染呼吸道疾病。通风换气量，除了考虑雏鸡的日龄、体重外，还应随季节、温度的变化而调整。

（4）饲养密度　雏鸡入舍时，饲养密度大约为 20 只/米$^2$，以后饲养面积应逐渐扩大，28 ~ 140 日龄的饲养密度为：母鸡 6 ~ 7 只/米$^2$，公鸡 3 ~ 4 只/米$^2$，同时保证充足的采食和饮水空间，见表 4-1、表 4-2。

（5）光照　在育雏前的 24 ~ 48 小时连续照明。此后，光照时间和光照度应进行控制。育雏初期，育雏区的光照度达到 80 ~ 100 勒克斯，其他区域的光线可以较暗或昏暗。鸡舍给予光照的范围应根据鸡群扩栏的面积而相应改变。

表 4-1　肉用种鸡的采食位置

| 日龄/天 | 种母鸡 | | | 种公鸡 | | |
|---|---|---|---|---|---|---|
| | 雏鸡喂料盘/(只/个) | 槽式饲喂器/(厘米/只) | 盘式饲喂器/(厘米/只) | 雏鸡喂料盘/(只/个) | 槽式饲喂器/(厘米/只) | 盘式饲喂器/(厘米/只) |
| 0 ~ 10 | 80 ~ 100 | 5 | 5 | 80 ~ 100 | 5 | 5 |
| 11 ~ 49 | | 5 | 5 | | 5 | 5 |
| 50 ~ 70 | | 10 | 10 | | 10 | 10 |
| >70 | | 15 | 10 | | 15 | 10 |
| >140 | | | | | 18 | 18 |

表 4-2　肉用种鸡的饮水位置

| | 育雏育成期 | 产蛋期 |
|---|---|---|
| 自动循环和槽式饮水器/(厘米/只) | 1.5 | 2.5 |
| 乳头饮水器/(只/个) | 8 ~ 12 | 6 ~ 10 |
| 杯式饮水器/(只/个) | 20 ~ 30 | 15 ~ 20 |

### 3. 育雏期饲喂和饮水

雏鸡到达之前，把水、料都摆放好，入舍后雏鸡自己选择，尽快让雏鸡学会饮水和采食。有条件的雏鸡要提前进入育雏舍或早出雏、早入舍、早开食。雏鸡料应放在雏鸡料盘内或撒在垫纸上。为了确保雏鸡能够达到目标体重，前 3 周应为雏鸡提供破碎颗粒育雏料，颗粒大小适宜、均匀、适口性好。料盘里的饲料不宜过多，原则上少添勤添，并及时清除剩余废料。母鸡前两周自由采食，采食量越多越好，这样能保证达到标准体重。难以达到标准体重的鸡群较易发生均匀度的问题。这样的鸡群未来也很难达到标准体重而且均匀度更差。使鸡群达到标准体重不仅需要良好的饲养管理，而且需要高质量的饲料，每日的采食量都应记录在案，从而确保自由采食向限制饲喂平稳过渡。第 3 周开始限量饲喂，要求第 4 周末的体重达到 420 ~ 450 克。公鸡前 4 周自由采食，采食量越多越好，让其骨骼充分发育。对种公鸡来说，前 4 周的饲养相当关键，其好坏直接关系到公鸡成熟后的体形和繁殖性能。

入舍 24 小时后，80% 以上雏鸡的嗉囊应充满饲料，入舍 48 小时后 95% 以上雏鸡的嗉囊应充满饲料。良好的嗉囊充满度可以保持鸡群的体重均匀度并达到或超过 7 日龄的标准体重。如果达不到上述嗉囊充满度的水平，说明某些因素妨碍了雏鸡采食，应采取必要的措施。

【注意】

传统的饲喂方式是先让雏鸡饮水 2 小时再饲喂饲料，这样会影响雏鸡生长。现在一般是开食和饮水同时进行。

在饮水中加葡萄糖和一些多维、电解质以及预防量的抗生素，保证饮水用具的清洁卫生。

**4. 育雏期垫料管理**

肉用种鸡地面育雏要注意垫料管理，选择吸水性能好、稀释粪便性能好、松软的垫料，如麦秸、稻壳、木刨花，其中软木刨花为优质垫料。麦秸和稻壳比例为 1:3 的垫料效果也不错。垫料可根据当地资源灵活选用。育雏期因为鸡舍温度较高，所以垫料比较干燥，可以适当喷水提高鸡舍湿度，有利于预防呼吸道疾病。

**5. 断喙**

(1) 断喙时间　建议断喙在种鸡 6~8 日龄时进行，因为这个时间断喙可以做得较为精确。理想的断喙就是要一步到位将鸡只上下喙部一次烧灼，尽可能去除较少量的喙部，减轻雏鸡当时以及以后的应激。第一次断喙后有少数不理想的，可在 10~12 周补充断喙。

(2) 断喙标准　切除部位在上、下喙的 1/2 或自喙端至鼻孔的 2/3 处，在切口与雏鸡的鼻孔之间至少留 0.2 厘米（见图 4-3）。一定要把上、下喙闭合齐整一起切断。上喙比下喙稍多切除些有助于防止啄癖，这可以在断喙时通过对鸡喉的轻轻阻塞动作而使舌尖和下喙后缩而实现。断喙过少，喙会重新生长；而断喙过多，则造成无法弥补的终生残疾，不能留做种用。断喙时有必要实施垂直断喙，避免后期喙部生长不协调或产生畸形。断喙器上的断喙孔径有 0.4 厘米及 0.44 厘米两种，一般以 0.44 厘米较适宜，具体要视日龄大小和个体大小而定。

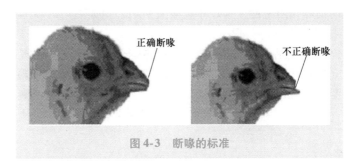

图4-3　断喙的标准

（3）断喙操作　当刀片温度达到600~800℃时（在光线柔和或避光情况下，刀片呈深红色时温度为650~750℃；刀片呈亮红色时温度为850~950℃；刀片呈黄红色时温度为1050~1150℃），就可开始断喙。用手团握雏鸡，拇指放在雏鸡头的顶部，食指放在下颌部，两指用力将雏鸡上下喙合拢，插入断喙孔内。保持鸡头直立，鸡头部与刀片垂直，切除时将鸡头略向刀片方向倾斜，使上喙比下喙稍多切除一些，但应注意下喙不能留得过长。刀片下切时，用食指轻压下颌咽喉，使舌头缩回，避免切掉舌头。切后烧烙时间严格控制在3秒以内（一般要求2秒）。

（4）注意事项

1）减少应激。断喙前2天在饮水和饲料中加入电解质及维生素。刚断喙头2~3天，鸡喙部疼痛不适，采食和饮水都发生困难，应把料槽和水槽中的料及水的深度增加至少1.5厘米，大鸡增加2厘米。如果遇上其他方面的应激，如疾病、连续接种疫苗等，则不应进行断喙。

2）公雏的断喙和大鸡的修喙。在实际生产中，只需切除公雏的喙尖，以防止其啄羽毛。若切得太多，则会影响以后的配种能力。此外，在10~12周龄对首次断喙不良的鸡在离鼻孔0.6厘米处进行修整，下喙较上喙伸出0.3厘米为宜。大鸡修喙时，必须用手指压住喉部使舌头后缩以免被烧伤，上、下喙要分开切。

3）断喙器的清洁卫生。使用断喙器前要进行熏蒸消毒，以免传播疫病。

**6. 强弱分群**

要求饲养员每天观察鸡群，按强弱、大小分群饲养。对弱小雏加强护理，这对减少死亡和提高雏鸡的均匀度大有好处。

**7. 日常管理**

注意观察环境温度、湿度、通风、光照等条件是否适宜；观察鸡群的精神状态、采食饮水情况、粪便和行为表现，掌握鸡群的健康状况；严格按照饲养管理程序进行饲喂、饮水和其他管理；搞好卫生管理，每天清理鸡舍，保持鸡舍清洁卫生；按照消毒程序严格消毒；做好生产记录。

## 二、做好育成期的饲养管理

### 1. 饲喂和饮水

安装饲喂器时，要考虑种鸡的采食位置，确保所有鸡只能够同时采食。要求饲喂系统能尽快将饲料传送到整个鸡舍（可用高速料线和辅助料斗），这样所有鸡可以同时得到等量的饲料，从而保证鸡群生长均匀。在炎热的季节，应将开始喂料的时间改为每日清晨最凉爽的时间。

育成期要添喂沙砾，沙砾的规格以直径为 2~3 毫米为宜，可将沙砾拌入饲料饲喂，也可以单独放入砂槽内饲喂。沙砾要求清洁卫生，最好用清水冲洗干净，再用 0.1% 的高锰酸钾水溶液消毒后使用。

限制饲喂的鸡群要保证有足够的饮水面积，同时需适当地控制供水时间以防垫料潮湿。在喂料日，喂料前和整个采食过程中，保证充足饮水，而后每隔 2~3 小时供水 20~30 分钟。在停料日，每 2~3 小时供水 20~30 分钟。限制饮水需谨慎进行，在高温炎热天气或鸡群处于应激情况下，不可限水。限饲日供水时间不宜过长，以防止垫料潮湿。天气炎热时，可适当延长供水时间。肉用种鸡的饮水量见表 4-3。

表 4-3　肉用种鸡的参考饮水量

| 周龄/周 | 1 | 2 | 3 | 4 | 5 | 6 | 7 | 8 | 9 | 10 | 11 |
|---|---|---|---|---|---|---|---|---|---|---|---|
| 饮水量/[毫升/(天·只)] | 19 | 38 | 57 | 83 | 114 | 121 | 132 | 151 | 159 | 170 | 178 |
| 周龄/周 | 12 | 13 | 14 | 15 | 16 | 17 | 18 | 19 | 20 | 21 至产蛋结束 | |
| 饮水量/[毫升/(天·只)] | 185 | 201 | 212 | 223 | 231 | 242 | 250 | 257 | 265 | 272 | |

### 2. 限制饲喂

限制饲喂不仅能控制肉用种鸡在最适宜的周龄有一个最适宜的体重而开产，而且可以使鸡体内腹部脂肪减少 20%~30%，节约饲料 10%~15%。

（1）**限制饲养的方法** 肉鸡的限饲方法有每日限饲、隔日限饲（两天的料量一天喂给，另一天不喂）、"五·二"限饲（即把1周的喂料量平均分为5份，除周三和周日不喂料外，其他时间每天喂1份）、"六·一"限饲（即把1周的喂料量平均分为6份，除周日不喂料外，其他时间每天喂1份）等。种鸡最理想的饲喂方法是每日饲喂。但肉用型种鸡必须对其饲料量进行适宜的限制，不能任其自由采食。因此有时每日的料量太少，难以由整个饲喂系统供应。但饲料又必须均匀分配，尽可能减少鸡只彼此之间的竞争，维持体重和鸡群均匀度，因此只有选择合理的限饲程序，累积足够的饲料在"饲喂日"为种鸡提供均匀的料量。

限制由3周龄开始，喂料量由每周实际抽测的体重与表4-4中标准体重相比较确定。若鸡群超重不多，可暂时保持喂料量不变，使鸡群逐渐接近标准体重；相反地鸡群稍轻，也不要过多地增加喂料量，只要稍微增加喂料量即可使鸡群逐渐达到标准体重。

**表4-4 育成期母鸡的体重和限饲量**（0~24周龄）

| 周龄/周 | 停喂日体重/克 | | 每周增重/克 | | 建议料量/ |
| --- | --- | --- | --- | --- | --- |
| | 封闭鸡舍 | 常规鸡舍 | 封闭鸡舍 | 常规鸡舍 | [克/（天·只）] |
| 2 | 182~272 | 182~318 | 91 | | |
| 3 | 273~363 | 295~431 | 91 | 113 | 40 |
| 4 | 364~464 | 431~567 | 91 | 136 | 44 |
| 5 | 455~545 | 567~703 | 91 | 136 | 48 |
| 6 | 546~636 | 6587~94 | 91 | 91 | 52 |
| 7 | 637~727 | 749~885 | 91 | 91 | 56 |
| 8 | 728~818 | 840~976 | 91 | 91 | 59 |
| 9 | 819~909 | 931~1067 | 91 | 91 | 62 |
| 10 | 910~1000 | 1022~1158 | 91 | 91 | 65 |
| 11 | 1001~1091 | 1113~1240 | 91 | 91 | 68 |
| 12 | 1092~1182 | 1204~1340 | 91 | 91 | 71 |
| 13 | 1183~1273 | 1295~1431 | 91 | 91 | 74 |
| 14 | 1274~1364 | 1408~1544 | 91 | 91 | 77 |
| 15 | 1365~1455 | 1521~1657 | 91 | 91 | 81 |
| 16 | 1456~1546 | 1634~1770 | 91 | 113 | 85 |

（续）

| 周龄/周 | 停喂日体重/克 | | 每周增重/克 | | 建议料量/ [克/（天·只）] |
|---|---|---|---|---|---|
| | 封闭鸡舍 | 常规鸡舍 | 封闭鸡舍 | 常规鸡舍 | |
| 17 | 1547～1637 | 1748～1884 | 91 | 113 | 90 |
| 18 | 1638～1728 | 1862～1998 | 91 | 114 | 95 |
| 19 | 1774～1864 | 1976～2112 | 136 | 114 | 100 |
| 20 | 1910～2000 | 2135～2271 | 136 | 114 | 105 |
| 21 | 2046～2136 | 2294～2430 | 136 | 159 | 110 |
| 22 | 2182～2272 | 2408～2544 | 136 | 159 | 115～126 |
| 23 | 2316～2408 | 2522～2658 | 136 | 114 | 120～131 |
| 24 | 2477～2567 | 2636～2772 | 136 | 114 | 125～136 |

注：1～2周龄喂雏鸡饲料（蛋白质为18%～19%），自由采食；3周龄喂雏鸡饲料，
每日限食；4～21周龄喂生长饲料（蛋白质为15%～16%），采用"五·二"限饲
方法；22～24周龄喂产蛋前期料（蛋白质为15.5%～16.5%，钙2%），采用
"五·二"限饲方法。

（2）体重和均匀度的控制

1）称重。肉用种鸡在育成期每周的喂料量是参考品系标准体重和
实际体重的差异来决定的，所以掌握鸡群每周的实际体重就非常重要。

在育成期每周称重一次，最好每周同天、同时、空腹称重；在使用
"隔日限饲"方式时，应在"禁食日"称重。

2）体重控制。如果鸡群的平均体重与标准体重一致，按照正常饲
养管理的方法进行管理。如果体重相差90克以上，应重新抽样称重。如
果情况属实，应注意纠正。一是6周龄进行分群。对于体重过轻的鸡，
不要过分加料使其快速地恢复标准体重，可画出15周龄前与标准曲线平
行的修正曲线，15周龄后逐渐趋向20周龄的指标体重，之后按标准指
标进行饲喂。二是15周龄前的体重低于标准体重。15周龄前的体重不
足将会导致体重均匀度较差，鸡只的体形较小，16～22周龄饲料效率降
低。要纠正这一问题，可以延长育雏料的饲喂时间和立即开始原计划的
增加料量，提前增加料量直至体重逐渐恢复到标准体重为止。种鸡的体
重每低50克，在恢复到常加料水平之前，每只鸡每天需要额外增加
54.34焦耳的能量，才能在一周内恢复到标准体重。三是15周龄前的体
重超过标准。15周龄前的鸡群体重超过标准将会导致均匀度较差，鸡只

体形较大，产蛋期饲料效率降低。纠正这一问题，可以不降低目前饲喂料量，而是减少下一步所要增加的料量，或推延下一步增加料量的时间。

3）体重均匀度控制。体重均匀度是衡量鸡群限饲的效果，预测开产整齐性、蛋重均匀程度和产蛋量的指标。1~8周龄鸡群的体重均匀度要求达到80%，最低75%。9~15周龄鸡群的体重均匀度要求在80%~85%。16~24周龄鸡群的体重均匀度求在85%以上。肉用种鸡的体重均匀度较难控制，管理上稍有差错，就会造成鸡之间的采食量不均匀，导致鸡群的体重均匀度差。因此，在管理上要保证足够的采食和饮水位置，饲养密度要合适，注意大小分群和强弱分群。另外，饲料要混合均匀（中小鸡场自己配料时特别注意），注意预防疾病，尽量减少应激因素。

4）限制饲喂时应注意的问题。限饲前应实行断喙，以防相互啄伤；要设置足够的饲槽，饲槽摆放合理，保证每只鸡都有一定的采食位置，防止采食不均，发育不整齐；一般每天投料一次；对于每群中的弱小鸡，可挑出特殊饲喂，不能留种的做商品鸡饲养后上市；限饲应与控制光照相配合，效果更好。

### 3. 垫料管理

良好的垫料是获得高成活率和高质量肉用新母鸡不可缺少的条件。要选择吸水性能好、柔软有弹性的优质垫料，还要保持垫料干燥，及时更换潮湿和污浊的垫料；垫料的厚度十分重要，不能低于3厘米。

### 4. 光照管理

12周龄以后的光照时数对育成鸡性成熟的影响比较明显，10周龄以前可保持较长的光照时数，使鸡体采食较多饲料，获得充足的营养，12周龄以后光照时数要恒定或渐减。

### 5. 通风管理

育成阶段，鸡群的密度大，采食量和排泄量也大，必须加强通风，减少舍内的有害气体和水汽。最好安装机械通风系统，夏季可以安装湿帘以降低进入舍内的空气温度。

### 6. 卫生管理

加强隔离、卫生和消毒工作，保持鸡舍和环境清洁；做好沙门氏菌和支原体的净化工作，维持鸡群洁净。

## 三、重视种鸡产蛋期的饲养管理

### 1. 饲养方式

饲养方式有地面平养（更换垫料和厚垫料平养）、网面—地面结合饲养（舍内面积1/3左右为地面，2/3左右为栅栏或平网，见图4-4）和笼养（多采用二层阶梯式笼）。

图4-4　网面-地面结合饲养方式

## 2. 环境要求

肉用种鸡产蛋期的环境要求见表4-5。

表4-5　肉用种鸡产蛋期的环境要求

| 项目 | 温度/℃ | 湿度 (%) | 光照强度/ (瓦/米²) (地面面积) | 氨气/ (毫克/米³) | 硫化氢/ (毫克/米³) | 二氧化碳 (%) | 饲养密度/ (只/米²) | |
|---|---|---|---|---|---|---|---|---|
| | | | | | | | 地面平养 | 地面—网面平养 |
| 指标 | 10~25 | 60~65 | 2~3 | 15 | 10 | 0.15 | 3.6 | 4.8 |

## 3. 开产前的饲养管理

（1）鸡舍和设备的准备　按照饲养方式和要求准备鸡舍，并准备好足够的食槽、水槽、产蛋箱等。对产蛋鸡舍和设备要进行严格的消毒。

（2）种母鸡的选择　在18~19周龄对种母鸡要进行严格选择，淘汰不合格的母鸡。可经过称重，将体重在规定标准15%范围内的母鸡予以选留，淘汰过肥的或发育不良、体重过轻、羽毛松散的弱鸡；淘汰有病态表现的鸡；按规定进行鸡白痢、支原体病等检疫，淘汰呈阳性反应的鸡。

（3）转群　如果育成鸡和产蛋鸡在一个鸡舍内，应让鸡群在整个鸡舍内活动，并配备产蛋用的饲喂和饮水设备；如果育成鸡和产蛋鸡在不同鸡舍内，应在22周龄前将鸡转入产蛋鸡舍。转群前3天，在饮水或饲料中加入0.04%土霉素（四环素、金霉素均可），适当地增加多种维生素的给量，以提高抗病力，减少应激的影响。转群最好在晚上进行。

（4）驱虫免疫　产蛋前应做好驱虫工作，并按时接种鸡新城疫Ⅰ

系、传染性法氏囊病、减蛋综合征等疫苗。切不可在产蛋期驱虫和接种疫苗。

（5）**产蛋箱的设置** 产蛋箱的规格为30厘米（宽）×35厘米（深）×25厘米（高），每个产蛋窝最多容纳5只母鸡。产蛋箱不能放置在太高、太亮、太暗、太冷的地方。

（6）**开产前的饲养** 在22周龄前，育成鸡转群移入产蛋舍，23周龄更换成种鸡料。种鸡料一般含粗蛋白质16%，代谢能11.51兆焦/千克。为了满足母鸡的产蛋需要，饲料中含钙量应达3%，磷、钙的比例为1:6，并适当地增添多种维生素与微量元素。饲喂方式由每日或隔日1次改为每日饲喂2次。

### 4. 产蛋时的饲养管理

（1）**饲养** 肉用种鸡在产蛋期必须限量饲喂，如果在整个产蛋期自由采食，则易造成母鸡增重过快，体内脂肪大量积聚，不但增加了饲养成本，还会影响产蛋率、成活率和种蛋的利用率。产蛋期也需要每周称重并详细记录，以完善饲喂程序。产蛋期母鸡的体重和限饲量见表4-6。

表4-6　产蛋期母鸡的体重和限饲量（25~66周龄）

| 周龄/周 | 日产蛋率（%） | 停喂日体重/克 | | 每周增重/克 | | 建议喂料量[克/(天·只)] |
|---|---|---|---|---|---|---|
| | | 封闭鸡舍 | 常规鸡舍 | 封闭鸡舍 | 常规鸡舍 | |
| 25 | 5 | 2558~2748 | 2727~2863 | 181 | 91 | 130~140 |
| 26 | 25 | 2839~2929 | 2818~2954 | 181 | 91 | 141~160 |
| 27 | 48 | 3020~3110 | 2909~3045 | 181 | 91 | 161~180 |
| 28 | 70 | 3088~3178 | 3000~3136 | 68 | 91 | 161~180 |
| 29 | 82 | 3115~3205 | 3091~3227 | 27 | 91 | 161~180 |
| 30 | 86 | 3142~3232 | 3182~3318 | 27 | 91 | 161~180 |
| 31 | 85 | 3169~3259 | 3250~3386 | 27 | 68 | 161~180 |
| 32 | 85 | 3196~3286 | 3277~3413 | 27 | 27 | 161~180 |
| 33 | 84 | 3214~3304 | 3304~3440 | 18 | 27 | 161~180 |
| 34 | 83 | 3232~3322 | 3331~3467 | 18 | 27 | 161~180 |
| 35 | 82 | 3250~3340 | 3358~3494 | 18 | 27 | 161~180 |
| 37 | 81 | 3268~3358 | 3376~3512 | 18 | 18 | 161~180 |
| 39 | 80 | 3286~3376 | 3394~3530 | 18 | 18 | 161~180 |

（续）

| 周龄/周 | 日产蛋率（%） | 停喂日体重/克 | | 每周增重/克 | | 建议喂料量/[克/(天·只)] |
|---|---|---|---|---|---|---|
| | | 封闭鸡舍 | 常规鸡舍 | 封闭鸡舍 | 常规鸡舍 | |
| 41 | 78 | 3304~3394 | 3412~3548 | 18 | 18 | 161~180 |
| 43 | 76 | 3322~3412 | 3430~3566 | 18 | 18 | 151~170 |
| 45 | 74 | 3340~3430 | 3448~3584 | 18 | 18 | 151~170 |
| 47 | 73 | 3358~3448 | 3466~3602 | 18 | 18 | 151~170 |
| 49 | 71 | 3376~3466 | 3484~3620 | 18 | 18 | 151~170 |
| 51 | 69 | 3394~3484 | 3502~3538 | 18 | 18 | 151~170 |
| 53 | 67 | 3412~3502 | 3520~3656 | 18 | 18 | 151~170 |
| 55 | 65 | 3430~3520 | 3538~3674 | 18 | 18 | 151~170 |
| 57 | 64 | 3448~3538 | 3556~3592 | 18 | 18 | 141~160 |
| 59 | 62 | 3460~3556 | 3574~3710 | 18 | 18 | 141~160 |
| 61 | 60 | 3484~3574 | 3592~3728 | 18 | 18 | 141~160 |
| 63 | 59 | 3502~3592 | 3610~3746 | 16 | 18 | 141~160 |
| 65 | 57 | 3538~3628 | 3628~3764 | 16 | 18 | 136~150 |
| 66 | 55 | 3547~3637 | 3632~3768 | 9 | 4 | 141~160 |

注：25周龄喂产蛋前期料（蛋白质15.5%~16.5%，钙2%）；饲喂计划是1周喂5天，周三和周日不喂（即把7天的料分为5份，喂料日每天1份）；26~66周龄喂种鸡饲料（蛋白质15.5%~16.5%，钙3%），每日限量饲喂。

产蛋高峰前，种鸡的体重和产蛋量都增加，需要较多的营养，如果营养不足，会影响产蛋；产蛋高峰后，种鸡增重速度下降，同时产蛋量也减少，供给的营养应减少，以免母鸡过肥导致产蛋量、种蛋受精率和孵化率下降。要准确地调节喂料量，可采用探索性增料和减料技术。

1）探索性增料。如果鸡群的产蛋率达到80%以上，观察鸡群有无饥饿感。若鸡群有饥饿感，产蛋率已有3~5天停止上升，则可尝试增加5克饲料量。如果5天内产蛋率仍不见上升，重新减去增加的5克饲料量；若5天内产蛋率增加，则保持增加后的饲料量。这样直至增加到母鸡自由采食或产蛋率不再上升为止。在母鸡产蛋高峰期喂料量应保持不变。

2）探索性减料。产蛋高峰后（38~40周龄）进行减料。例如，鸡群喂料量为170克/（天·只），减料后的第1周喂料量应为168~169克/

（天·只），第 2 周则为 167～168 克/（天·只）。减料后 3～4 天内必须认真关注鸡群产蛋率，如果产蛋率下降幅度正常（一般每周 1% 左右），则第 2 周可以再一次减料。当产蛋率下降幅度大于正常值，同时又无其他方面的因素影响（如气候、缺水等）时，则需恢复原来的喂料量，并且一周内不要再尝试减料。当母鸡的产蛋率下降，正常时，60～66 周龄每日每只喂料量应保持在 150～155 克。

（2）种蛋管理

1）减小破蛋率和脏蛋率。母鸡开产前 1～2 周，在产蛋箱内放入 0.5 厘米长的麦秸和稻草，勤补充，并每月更换一次。制作假蛋（将孵化后的死精蛋用注射器刺个洞，把空气注入蛋内，迫出内容物，再抽干净，将完整的蛋壳浸泡在消毒液中，消毒干燥后装入砂子，用胶布将洞口封好）放入蛋箱内，让鸡熟悉产蛋环境，到大部分鸡已开产后，把假蛋捡出。有产蛋现象的鸡可抱入产蛋箱内。鸡开产后，每天捡蛋不少于 5 次，夏天不少于 6 次。对产在地面的蛋要及时捡起，以免其他鸡效仿也将蛋产在地面。采集和搬运种蛋动作要轻，减少种蛋的人为破损。

2）种蛋的消毒。在种鸡场设立种蛋消毒室或在种鸡舍设立种蛋消毒柜，种蛋收集后立即进行熏蒸消毒。每立方米使用 14 毫升福尔马林、7 克高锰酸钾熏蒸 15 分钟。

（3）日常管理 日常管理是保证鸡群高产、稳产的关键。

1）稳定饲养管理程序。按照饲养管理程序做好光照、饲喂、饮水、清粪、卫生等工作。

2）细心观察。注意细心观察鸡群的状态，及时发现异常。

3）做好环境管理。管理上要求通风良好，饮水器必须安置适当（自动饮水器的底部宜高于鸡背 2～3 厘米，饮水器内的水位以鸡能喝到为宜），要经常除鸡粪，保持垫料干燥、疏松、无污染，及时清除潮湿或结块的垫草，并维持适宜的垫料厚度（最低限度为 7.5 厘米）。

4）做好生产记录。要做好连续的生产记录，并对记录进行分析，以便能及时发现问题。每天记录鸡群变化，包括鸡群死亡数、淘汰数、出售数和实际存栏数；每天记录实际的喂料数量，每周一小结，每月一大结，每批鸡一总结，核算生产成本；按规定定期抽样 5% 个体的称重，以了解鸡群的体态状况，以便于调整饲喂程序；做好鸡群的产蛋记录，如产蛋日龄、产蛋数量以及产蛋质量等；记录环境条件及变化情况；记录鸡群的发病日龄、数量，及诊断、用药、康复情况；记录生产支出与收入，搞好盈亏核算。

（4）减少应激　饲养员实行定时饲喂、清粪、捡蛋、光照、给水等日常管理工作。饲养员操作要轻缓，保持程序稳定，避免灯泡晃动，以防鸡群的骚动或惊群；分群、预防接种疫苗等，应尽可能在夜间进行，动作要轻，以防损伤鸡只。场内外严禁各种噪声及各种车辆的进出。

（5）做好季节管理　主要做好夏季防暑降温和冬季防寒保暖工作，以免温度过高和过低。

## 四、加强种公鸡的饲养管理

### 1. 种公鸡的培育要点

（1）公母分开饲养　为了使公雏发育良好均匀，育雏期间公雏与母雏分开，350 ~ 400 只公雏为一组置于一个保姆伞下饲养。

（2）及时开食　公雏的开食越早越好，为了使它们充分发育，应占有足够的饲养面积和食槽、水槽位置。公雏需要铺设 12 厘米厚的清洁而湿性较强的垫料。

（3）断趾断喙　出壳时采用电烙铁断掉种用公雏胫部内侧的两个趾。脚趾的剪断部分不能再行生长，故交配时不会伤害母鸡。种用公雏的断喙最好比母雏晚些，可安排在 10 ~ 15 日龄进行。公雏喙的断去部分应比母雏短些，以便于种公鸡的啄食和配种。

### 2. 种公鸡的饲喂和饮水

（1）饲喂　种公鸡 0 ~ 4 周龄自由采食，5 ~ 6 周龄每日限量饲喂，要求 6 周龄末体重达到 900 ~ 1000 克，如果达不到则继续饲喂雏鸡料，达标后饲喂育成饲料。育成阶段采用周四、周三限饲或周五、周二限饲，使其腿部肌腱发育良好，同时要使体重与标准体重吻合。18 周龄开始由育成料换成预产料，预产料的粗蛋白和代谢能与母鸡的产蛋料相同，钙为 1%。产蛋期要饲喂专门的公鸡料，实行公、母分开饲养。饲料中维生素和微量元素要充足。公鸡的体重和饲喂量见表4-7。

表4-7　公鸡的体重与饲喂量

| 周龄/周 | 平均体重/克 | 每周增重/克 | 饲喂计划 | 建议料量/[克/(天·只)] |
|---|---|---|---|---|
| 1 ~ 3 | | | 自由采食 | |
| 4 | 680 | | 每日限饲 | 60 |
| 5 | 810 | 130 | 隔日限饲 | 69 |

（续）

| 周龄/周 | 平均体重/克 | 每周增重/克 | 饲喂计划 | 建议料量/[克/(天·只)] |
|---|---|---|---|---|
| 6 | 940 | 130 | 隔日限饲 | 78 |
| 7 | 1070 | 130 | 隔日限饲 | 83 |
| 8 | 1200 | 130 | 隔日限饲 | 88 |
| 9 | 1310 | 110 | 隔日限饲 | 93 |
| 10 | 1420 | 110 | 隔日限饲 | 96 |
| 11 | 1530 | 110 | 隔日限饲 | 99 |
| 12 | 1640 | 110 | 隔日限饲 | 102 |
| 13 | 1750 | 110 | 五·二计划 | 105 |
| 14 | 1860 | 110 | 五·二计划 | 108 |
| 15 | 1970 | 110 | 五·二计划 | 112 |
| 16 | 2080 | 110 | 五·二计划 | 115 |
| 17 | 2190 | 110 | 五·二计划 | 118 |
| 18 | 2300 | 110 | 五·二计划 | 121 |
| 19 | 2410 | 110 | 五·二计划 | 124 |
| 20 | 2770 | 360 | 每日限饲 | 127 |
| 21 | 2950 | 180 | 每日限饲 | 130 |
| 22 | 3130 | 180 | 每日限饲 | 133 |
| 23 | 3310 | 180 | 每日限饲 | 136 |
| 24 | 3490 | 180 | 每日限饲 | 139 |
| 25 | 3630 | 140 | 每日限饲 | 138 |
| 26 | 3720 | 90 | 每日限饲 | 136 |
| 27 | 3765 | 45 | 每日限饲 | 136 |
| 28 | 3810 | 45 | 每日限饲 | 136 |
| 68 | 4265 | 45 | 每日限饲 | 136 |

注：8~9日龄断喙；5~6周龄末进行选种，把体重小、畸形、鉴别错误的鸡只淘汰；公母鸡在20周龄时混养，公鸡提前4~5天移入产蛋舍，然后再放入母鸡。混群前后，由于更换饲喂设备、混群、加光等应激，公鸡易出现周增重不理想，影响种公鸡的生产性能发挥，可在混群前后有意识地多加3~5克饲料。每周两次抽测体重，密切监测体重变化；加强公鸡料桶的管理，以防公母鸡互偷饲料；混群后，注意观察采食行为，以确保公母鸡分饲的正确有效实施。4周以后适当限水。

（2）饮水　公鸡群 29 日龄前自由饮水，29 日龄后开始限水。一般在禁食日，冬季每天给水 2 次，每次 1 小时，夏季每天给水 2 次，每次 2.5 小时。喂食时，吃光饲料后 3 小时断水，夏季可适当地增加饮水次数。

【注意】

　　在种公鸡群中，垫料潮湿和结块是一个普遍的问题，这对公鸡的脚垫和腿部极其不利。限制公鸡饮水是防止垫料潮湿的有效办法。

**3. 种公鸡的选择**

第一次选择。6 周龄进行第一次选择，选留数量为每百只母鸡配 15 只公鸡。要选留体重符合标准、体形结构好、灵活机敏的公鸡。

第二次选择。在 18～22 周龄时，按每百只母鸡配 11～12 只公鸡的比例进行选择。要选留眼睛敏锐有神、冠色鲜红、羽毛鲜艳有光、胸骨笔直、体形结构良好、脚部结构好而无病、脚趾直而有力的公鸡。

【注意】

　　选留的体重应符合规定标准，剔除发育较差、体重过小的公鸡。对体重过大且有脚病的公鸡坚决淘汰。

**4. 不同配种方式下种公鸡的管理要点**

（1）自然交配

1）提前放入公鸡。如果公鸡一贯与母鸡分群饲养，则需要先将公鸡群提前 4～5 天放入鸡舍内，使它们熟悉新的环境，然后再放入母鸡群；如果公母鸡一贯合群饲养，则某一区域的公母鸡应于同日放入同一间种鸡舍中饲养。

2）垫料卫生管理。小心处理垫草，经常保持清洁、干燥，以减少公鸡的葡萄球菌感染和胸部囊肿等疾患。

3）做好检疫。做鸡白痢及副伤寒凝集反应时，应戴上脚圈。

（2）人工授精

1）使用专用笼。以特制的公鸡笼，单笼饲养。

2）保持适宜环境。光照时间每天恒定 16 小时，光照强度为 3 瓦/米$^2$；舍内适宜温度为 15～20℃，高于 30℃或低于 10℃时对精液品质有

不良影响。舍内适宜湿度为 55%~60%；注意通风换气，保持舍内空气新鲜；每 3~4 天清粪 1 次；及时清理舍内的污物和垃圾。

3）喂料和饮水。要少给勤添，每天饲喂 4 次，每隔 3.5~4 小时喂 1 次。饮水要清洁卫生。

4）观察鸡群。主要观察公鸡的采食量、粪便情况、鸡冠的颜色及精神状态，若发现异常应及时采取措施。

## 第三节　提高商品肉鸡饲养管理效益的主要途径

**【注意】**

　　根据不同类型肉鸡的特点，选择适当的饲养方式，提供适宜的温度、湿度、光照、新鲜空气等条件以及保持环境安静，供给充足的营养，加强隔离卫生和疾病防控，以保证肉鸡快速生长和健康。

### 一、加强快大型肉仔鸡的饲养管理

#### 1. 选择适宜的饲养方式

肉仔鸡的饲养方式有平面饲养和立体饲养等。

**（1）平面饲养**　平面饲养又分为更换垫料饲养、厚垫料饲养和网上平养。

1）更换垫料饲养。更换垫料饲养即把鸡养在铺有垫料的地面上，垫料厚 3~5 厘米。育雏前期可在垫料上铺上黄纸，有利于饲喂和雏鸡活动。换上料槽后可去掉黄纸，根据垫料的潮湿程度全部或部分更换垫料，垫料可重复利用。如发生传染病，垫料须进行焚烧处理。

**【小知识】**

　　对垫料的基本要求：质地良好、干燥清洁、吸湿性好、无毒无刺激、粗糙疏松、易干燥、柔软有弹性、廉价、适于做肥料。凡发霉、腐烂、冰冻、潮湿的垫料都不能用。常用的垫料有松木刨花、木屑、玉米芯、秸秆、谷壳、花生壳、甘蔗渣、干树叶、干杂草、碎玉米芯或粉粒等，这些原料既可以单独使用，也可以按一定比例混合使用。

更换垫料饲养的优点是简单易行，设备条件要求低，鸡在垫料上活动舒适；缺点是鸡经常与粪便接触，容易感染疾病，饲养密度小，占地面积大，管理不够方便，劳动强度大。

2）厚垫料饲养（彩图9）。厚垫料饲养指先在地面上铺上5~8厘米厚的垫料，肉鸡生活在垫料上，以后经常用新鲜的垫料覆盖在原有潮湿污浊的垫料上，当垫料厚度达到15~20厘米后不再添加垫料，肉鸡上市后一次清理垫料和废弃物。

①厚垫料饲养的优点。一是适用于各种类型的鸡。由于厚垫料本身能产生热量，鸡腹部受热良好，生活环境舒适，可以提高鸡的生长发育水平。饲养肉用仔鸡，可以减少胸囊肿和腿病的发生。二是经济实惠。该饲养模式不需运动场或草地，建场投资少，所用的垫料来源广泛，价格便宜，比笼养、网上平养等方法投资少得多。不需经常清除垫料和粪便，每天只需添加少量垫料，在较长时间后才清理一次，因此大大减少了清粪次数，也就减少了劳动量。三是提供某些维生素营养。厚垫料中微生物的活动可产生维生素 $B_{12}$，这有利于增进鸡的食欲，促进新陈代谢，提高蛋白质的利用效率。四是传染病少。有资料指出，厚垫料法能降低病原体的密度，这是因为，虽然垫料和粪便是一个适宜病原体增殖及活动的环境，但这种活动所产生的热量和氨气均对病原体有抑制作用，因而反过来控制了病原体本身，成为一种自然的控制方法。在良好的管理条件下，厚垫料中病原体分布稀少，生活在上面的鸡只不易产生某些具有临诊症状水平的传染病，并且能使鸡体产生自然免疫性。

②厚垫料饲养的缺点。一是易暴发球虫病和恶癖。因为湿度较高的垫料和粪便有利于球虫卵囊的存活，在管理不善的情况下就较易暴发球虫病，尤其是南方地区高温多湿，更易发生该种疾病。此外，由于饲养密度较高，鸡只互相接触的机会多，易发生冲突和产生恶癖。当遇到生人、噪声或老鼠骚扰时，便出现惊群，发生应激。二是管理不便。不易观察鸡群，不易挑选鸡只。三是机械化程度低。目前世界上最广泛采用的厚垫草上平养商品肉鸡每平方米养20~25只，单位面积年产量为412千克/米$^2$。虽然这是一个很大的进展，但设备与传统平养方式非常相似，机械化设备利用较少。

3）网上平养（彩图10）。网上平养就是将鸡养在离地面50~60厘米高的网上。网面的构成材料种类较多，有钢制的（钢板网、钢编网）、木制的和竹制的，现在常用的是竹制的，将多个竹片串起来，制成竹片间距为1.2~1.5厘米的竹排，将多个竹排组合形成网面，再在上面铺上塑料网，以避免鸡的脚趾受伤；也可选用直径为2厘米的圆竹竿平排钉在木条上，竹竿间距为2厘米，再用支架架起离地面50~60厘米。

① 网上平养的优点。一是卫生。网上平养的粪便直接落入网下，鸡不与粪便接触，减少了病原感染的机会，尤其是减少了球虫病暴发的危险。二是饲养密度高。网上平养可以提高饲养密度，减少25%~30%的鸡舍建筑面积。三是便于管理。网上平养便于饲养管理和观察鸡群。

② 网上平养的缺点。网上平养对日粮营养要求高。由于鸡群不与地面、垫料接触，要求配制的日粮营养必须全面、平衡，否则容易发生营养缺乏症。

（2）立体饲养 立体饲养即"笼育"，就是把鸡养在多层笼内（彩图11）。

① 立体饲养的优点。一是饲养密度大，可以大幅度提高单位建筑面积的饲养密度。年产量可从厚垫料饲养的246吨活重提高到1571吨，即在同样建筑面积内产量提高5倍以上。二是饲料消耗少。由于鸡限制在笼内，活动量、采食量、竞食者均较少，减少了饲料消耗。达到同样体重的肉鸡生长周期缩短12%，饲料消耗降低13%，总成本降低3%~7%。三是提高劳动效率。笼养可以大量采用机械代替人力，从入舍、日常饲养管理到转群上市等都可以使用机械操作，极大地减少劳动量，从而使劳动生产率大幅度上升。机械化程度较高的肉鸡场一个人可以管理几万只，甚至几十万只鸡。四是有利于采用新技术。该养殖模式可以采用群体免疫、免疫监测、正压过滤空气通风等新技术来预防疾病。五是不需使用垫料，节约成本，且舍内粉尘较少。

② 立体饲养的缺点。一是投资大；二是胸部囊肿、猝死症等发病率高。

不同的饲养方式有不同的特点，鸡场应根据实际情况进行选择。不同饲养方式的饲养密度（每平方米面积容纳的鸡数）不同，见表4-8。

表4-8　不同饲养方式的饲养密度

| 周龄/周 | 地面平养/(只/米²) | | | 网上平养/(只/米²) | | | 立体饲养/(只/米²) | | |
|---|---|---|---|---|---|---|---|---|---|
| | 夏季 | 冬季 | 春季 | 夏季 | 冬季 | 春季 | 夏季 | 冬季 | 春季 |
| 1～2 | 30 | 30 | 30 | 40 | 40 | 40 | 55 | 55 | 55 |
| 3～4 | 20 | 20 | 20 | 25 | 25 | 25 | 30 | 30 | 30 |
| 5～6 | 14 | 16 | 15 | 15 | 17 | 16 | 20 | 22 | 21 |
| 7～8 | 8 | 12 | 10 | 11 | 13 | 12 | 13 | 15 | 14 |

## 2. 做好准备工作

（1）育雏舍的清洁卫生　每批鸡出售后，立即清除鸡粪、垫料等污物，并堆在鸡场外下风处发酵。用水洗刷鸡舍墙壁、用具上的残存粪块，将动力喷雾器用水冲洗干净，如有残留物则会大大降低消毒药物的效果，同时清理排污水沟。用两种不同的消毒药物分别喷洒消毒。每次等喷洒药物干燥后再进行下次消毒处理，否则影响药物效力。最后，把所有用具及备用物品全部封闭在鸡舍或饲料间内，用福尔马林、高锰酸钾进行熏蒸消毒，每立方米用42毫升福尔马林、21克高锰酸钾。密封一天后打开门窗换气。

（2）准备好各种设备用具、药物和饲料　育雏前，准备好加热器、饮水器、饲喂器、时钟、电扇、灯泡及消毒、防疫等各种用具和一些记录表格；准备好消毒药物、防疫药物、疾病防治药物和一些添加剂，如维生素、营养剂等；保证垫料、育雏护围、饮水器、食槽及其他设施等各就各位，如进雏前2～3小时，饮水器中装好5%～8%的糖水，并在饮水器周围放上育雏纸，做雏鸡开食之用，准备好玉米碎粒料、破碎料或其他相应的开食饲料。

（3）升温　确保保姆伞和其他供热设备运转正常，入雏前先开动设备进行试温，看是否能达到预期温度。雏鸡进入前一天，将育雏舍、保姆伞调至适宜的温度。

## 3. 肉仔鸡的饲养

（1）饮水

1）开饮。一般应在出壳24～48小时内让肉仔鸡饮到水。在肉仔鸡入舍前1～3小时将灌有水的饮水器放入舍内。在水中加入5%～8%的糖（白糖、红糖或葡萄糖等），或2%～3%的奶粉，或多维电解质营养液，并加入维生素 C 或其他抗应激剂，这样有利于肉仔鸡的生长。要人工诱导或驱赶使雏鸡饮到水。肉仔鸡的饮水和采食位置见表4-9。

表4-9　肉仔鸡的饮水和采食位置

| 项目 | 母鸡 | 公鸡 |
|---|---|---|
| 水槽/(厘米/只) | ≥1.5 | ≥1.5 |
| 乳头饮水器/(只/个) | 9~12 | 9~12 |
| 壶式饮水器/(只/个) | 80~100 | 80 |
| 链式饲喂器/(厘米/只) | 5.0 | 5.0 |
| 圆形料桶/(只/个) | 20~30 | 20~30 |
| 盘式喂料器/(只/个) | ≤30 | ≤30 |

2）肉仔鸡的饮水要求。0~3 日龄雏鸡饮用温开水，水温为 16~20℃，以后可饮洁净的自来水或深井水，水质要符合饮用水标准。肉仔鸡的正常饮水量见表4-10。

表4-10　肉仔鸡的正常饮水量　[单位：毫升/(天·只)]

| 周龄/周 | 1 | 2 | 3 | 4 | 5 | 6 | 7 |
|---|---|---|---|---|---|---|---|
| 饮水量 | 30~40 | 80~90 | 130~170 | 200~220 | 230~250 | 270~310 | 320~360 |

**(2) 饲喂**

1）开食。雏鸡入舍后将开食料撒在开食盘上。每个规格为 40 厘米×60 厘米的开食盘可容纳 100 只雏鸡采食。有的鸡场在地面或网面上铺上厚实、粗糙并有高度吸湿性的黄纸，将料撒在上面让雏鸡采食。

2）饲喂。开食后第一天喂料要勤喂少添，每 1~2 小时添料一次，添料的过程也是诱导雏鸡采食的一种措施。2 小时后将料桶或料槽放在料盘附近以引导雏鸡在槽内吃料，5~7 天后，饲喂用具可采用饲槽、料桶、链条式喂料机械、管式喂料机械等。

肉鸡推荐日喂次数：1~3 天，喂 8~10 次；4~7 天，喂 6~8 次；8~14 天，喂 4~6 次；15 天后，喂 3~4 次。饲喂间隔要均等，要加强夜间饲喂工作。饲养肉用仔鸡，宜实行自由采食，不加以任何限量，保证肉鸡在任何时候都能吃到饲料。不同日龄每只肉仔鸡的饲料消耗量见表4-11。

表4-11　不同日龄每只肉仔鸡饲料消耗量

| 日龄/天 | 饲料消耗量/克 | 日龄/天 | 饲料消耗量/克 | 日龄/天 | 饲料消耗量/克 | 日龄/天 | 饲料消耗量/克 |
|---|---|---|---|---|---|---|---|
| 1 | 13 | 13 | 66 | 25 | 146 | 37 | 182 |
| 2 | 18 | 14 | 70 | 26 | 150 | 38 | 184 |
| 3 | 22 | 15 | 76 | 27 | 154 | 39 | 186 |
| 4 | 26 | 16 | 85 | 28 | 158 | 40 | 188 |
| 5 | 32 | 17 | 94 | 29 | 162 | 41 | 190 |
| 6 | 34 | 18 | 104 | 30 | 166 | 42 | 192 |
| 7 | 38 | 19 | 115 | 31 | 170 | 43 | 194 |
| 8 | 42 | 20 | 121 | 32 | 172 | 44 | 196 |
| 9 | 46 | 21 | 126 | 33 | 174 | 45 | 198 |
| 10 | 50 | 22 | 132 | 34 | 176 | 46 | 200 |
| 11 | 54 | 23 | 138 | 35 | 178 | 47 | 202 |
| 12 | 58 | 24 | 142 | 36 | 180 | 48 | 204 |

开食后的前1周采用细小全价饲料或粉料，以后逐渐过渡到雏鸡料、育肥料和屠宰前料。饲养肉用仔鸡最好采用颗粒料。

（3）两项关键技术

1）加强早期饲喂。生产过程中，应使出壳的雏鸡尽早入舍，早饮水，早开食，保持适宜的温度、充足的饲喂用具和明亮均匀的光线，并正确地饮水开食。

【小知识】

从出壳到采食的这段时间是激活新生雏鸡正常生长动力的关键时期。新生雏鸡利用体内的残余卵黄来维持其生命，而利用外源性能量供其机体生长，因此通过提供早期营养可促进新生雏鸡的生长。

2）保证采食量。采食量的多少影响肉鸡营养的摄取量。采食量不足也会影响肉鸡的增重。

① 影响采食量的因素：舍内温度过高（5周以后超过25℃，每升高1℃，每只鸡总采食量减少50克）；饲料的物理形状；饲料的适口性（如饲料霉变酸败，饲料原料劣质）；饲料的突然更换以及疾病等。

② 保证采食量的措施：采食位置必须充足，每只鸡保证 8~10 厘米的采食位置；采食时间充足，前期光照 20 小时以上，后期光照 15 小时以上；高温季节注意降温；饲料品质优良，适口性好；避免饲料霉变、酸败；饲料的更换要有过渡期；使用颗粒饲料；饲料中加入香味剂。

(4) **使用添加剂** 饲料或饮水中使用添加剂可以极大地促进肉鸡的生长，提高饲料转化率。除了按照饲养标准要求添加的氨基酸、维生素和微量元素等营养性添加剂外，还可充分利用各种非营养性添加剂，如酶制剂、活菌制剂、酸制剂以及天然植物饲料添加剂等。

1）酶制剂。广泛应用于家禽生产的饲用酶有纤维素酶、半纤维素酶、木聚糖酶、果酸酶、植酸酶和复合酶等。

2）活菌制剂。活菌制剂（由芽孢杆菌、嗜酸乳酸杆菌、保加利亚杆菌、双歧杆菌和嗜热链球菌组成，含活菌数 $15 \times 10^8$ 个/克）可提高肉鸡的生产性能。饲料中添加 0.2% 活菌制剂，增重、饲料转化率、死亡率和利润都有较大改善。

3）酸制剂。复合有机酸制剂可通过降低胃肠道的 pH，改变有益微生物的适宜生存环境，同时促进乳酸菌的发酵活动。这种双重作用，既减少了微生物的有害作用和对养分的浪费，又大大减少了消化道疾病，从而提高了肉鸡的生产性能。

4）天然植物饲料添加剂。在肉鸡饲料中添加天然植物饲料添加剂，可以健胃增食，促进增重，增强免疫抵抗力，减少饲料消耗和粪尿污染。肉鸡增重的天然植物添加剂参考配方见表 4-12。

**表 4-12 肉鸡增重的天然植物添加剂参考配方**

| | |
|---|---|
| 方1 | 紫穗槐叶，粉过 80 目筛，按 5% 添料，可以减少维生素用量，提高增重 |
| 方2 | 艾叶，粉过 60 目筛，在肉鸡饲料中添加 2%~2.5% 的艾叶粉，可提高增重，节省饲料；艾叶中含有蛋白质、脂肪、多种必需氨基酸、矿物质及丰富的叶绿素和未知的促生长物质，能促进生长，提高饲料利用率，增强家禽的防病和抵抗能力 |
| 方3 | 大蒜去皮捣烂（现捣现用），按 0.2% 添料，或大蒜粉，按 0.05% 添料；大蒜中富含蛋白质、糖类、酯质及维生素 A 等营养成分，其含有的大蒜素具有健胃、杀虫、止痢、止咳、驱虫等多种功能，可提高雏鸡成活率，促进增重，治疗球虫病和蛲虫病。患雏鸡白痢的病鸡，用生蒜泥灌服，连服 5 天，可痊愈 |

（续）

| | |
|---|---|
| 方4 | 黄芪50克，艾叶100克，肉桂100克，五加皮100克，小茴香50克，钩吻100克，混合粉碎过60目筛，按每只每日1～1.5克添加，10日龄开始喂，连用20天 |
| 方5 | 陈皮、黄精、麦芽、党参、白术、黄芪、山楂各1份，混合粉碎过60目筛，按0.3%添料，20～40日龄连用；陈皮、神曲、茴香、干姜各1份，混合粉碎过60目筛，按0.3%添料 |
| 方6 | 桂皮1克、小茴香1克、羌活0.5克、胡椒0.3克、甘草0.2克，混合粉碎过60目筛，按0.2%添料 |
| 方7 | 松针粉有丰富的营养成分，含有17种氨基酸、多种维生素、微量元素、促生长激素、植物杀菌素等。肉鸡日粮中添加5%松针粉可节省一半禽用维生素，可提高成活率7%，缩短生长期，降低饲料成本 |
| 方8 | 麦芽含有淀粉酶、转化糖酶、维生素$B_1$、卵磷脂等成分，性味甘温，能提高饲料适口性，促进家禽唾液、胃液和肠液分泌，可作为消食健胃添加剂。一般日粮中可添加2%～5%麦芽粉 |
| 方9 | 苍术味辛、苦，性温，不仅含有丰富的B族维生素、维生素A（其中维生素A的含量比鱼肝油多10倍），还含有镇静作用的挥发油。苍术有燥湿健脾、发汗祛风、利尿明目等作用。若向鸡饲料中加入2%～5%苍术干粉，并加入适量钙粉，有开胃健脾，预防夜盲症、软骨症、鸡传染性支气管炎、喉气管炎等功效，还能加深蛋黄颜色 |

5）抗生素类添加剂。抗生素类添加剂可以刺激生长，提高饲料转化率，保障动物健康，使用时应遵守《药物添加剂使用准则》，避免滥用药物。

6）其他，如改善鸡肉味道的添加剂，其配方见表4-13。

表4-13 改善鸡肉味道的添加剂配方

| | |
|---|---|
| 方1 | 添加大蒜。肉鸡饲料中大多含有鱼粉成分，鸡肉吃起来有鱼腥味。可在鸡日粮中添加1%～2%的鲜大蒜或0.2%的大蒜粉，这样，鸡肉中的鱼腥味便会自然消失，鸡肉吃起来更加有香味 |
| 方2 | 拌食调味香料。其配方为：干酵母7份，大蒜、大葱各10份，姜粉、五香粉、辣椒粉各3份，味精、食盐各0.5份，添加量按鸡日粮的0.2%～0.5%添加，于鸡屠宰前20天饲喂，每日早、晚各一次。某些香料，如丁香、胡椒、甜辣椒和生姜等具有防腐和药物的效果，能改善鸡肉的肉质，延长保鲜期 |

（续）

| | |
|---|---|
| **方3** | 喂食腐叶土。腐叶土就是菜园或果园地表土壤的腐叶。鸡饲料70%~80%，青绿饲料10%~20%，腐叶土10%，混匀后喂鸡，其肉质和口感与农家鸡一样，且所产蛋的蛋黄也呈鲜黄色或橘黄色 |
| **方4** | 添加微生物。利用从天然植物中提取的一种微生物，掺入饲料和饮水中喂鸡，完全不使用抗生素和抗菌剂，可使鸡肉的蛋白质含量提高，热量降低，胆固醇也降低10%左右，而且鸡舍的臭味大大减少 |

### 4. 肉仔鸡的管理

**（1）观察鸡群**　观察鸡群可以及时地发现问题和隐患，并将其消灭在萌芽状态，最大限度地降低损失。观察的时间是早晨、晚上和喂饲的时候，这时鸡群健康与病态均表现明显。观察时，主要从鸡的精神状态、饮水、食欲、行为表现、粪便形态等方面进行观察，特别是在育雏第一周这种观察更为重要。

要注意观察鸡冠的大小、形状、色泽，若鸡冠呈紫色表明机体缺氧，多数是患急性传染病，如新城疫等；若鸡冠苍白、萎缩，提示鸡只患慢性传染病且病程较长，如贫血、球虫病、伤寒病等。同时还要观察喙、腿、趾和翅膀等部位，看其是否正常；要经常检查粪便的形态是否正常，有无拉稀、绿便或便中带血等异常现象；要在夜间仔细听鸡的呼吸音，健康鸡的呼吸平稳无杂音，若有啰音、咳嗽、呼吸困难、打喷嚏等症状，提示鸡只已患病，应及早诊治。

**【小知识】**

正常的粪便应该是软硬适中的堆状或条状物，上面覆有少量的白色尿酸盐沉淀物。一般地，稀便大多是饮水过量所致，常见于炎热季节；下痢是由细菌、霉菌感染或肠炎所致；血便多见于球虫病；绿色稀便多见于急性传染病，如鸡霍乱、鸡新城疫等。

**（2）环境管理**　环境主要是指空气环境，由温度、湿度、光照、通风和卫生等因素构成。根据肉鸡的生长发育特点，为其提供适宜的环境，才能获得良好的生长速度和饲养效果。

**（3）饲养密度**　饲养密度是指每平方米面积容纳的鸡数。影响肉用仔鸡饲养密度的因素主要有品种、周龄与体重、饲养方式、房舍结构及地理位置等。一般来说，若房舍的结构合理，通风良好，饲养密度可适当大些，笼养密度大于网上平养，而网上平养又大于地面厚垫料平养。体重大的饲养密度小；体重小的饲养密度可大些。

如果饲养密度过大，舍内的有害气体增加，相对湿度增大，垫料易潮湿，肉用仔鸡的活动受到限制，生长发育受阻，鸡群生长不齐，残次品增多，增重受到影响，易发生胸囊肿、足垫炎、瘫痪等疾病，发病率和死亡率偏高。若饲养密度过小，虽然肉用仔鸡的增重效果较好，但房舍的利用率降低，饲养成本增加。肉用仔鸡适宜的饲养密度见表4-8。

（4）卫生管理

1）清粪。必须定期清除鸡舍内的粪便（厚垫料平养除外）。笼养和网上平养每周清粪3～4次，若清理不及时，舍内会产生大量的有害气体（如氨气、硫化氢等），同时会使舍内滋生蚊蝇，从而影响肉仔鸡的增重，甚至诱发一些疾病。

2）日常卫生管理。每天要清理清扫鸡舍、操作间、值班室和鸡舍周围的环境，保持环境清洁卫生；垃圾和污染物及时放到指定地点；饲养管理人员搞好个人卫生。

3）消毒。日常用具定期消毒、定期带鸡消毒（带鸡消毒是指给鸡舍消毒时，连同鸡一起消毒）。鸡舍前应设消毒池，并定期更换消毒药液，出入人员脚踏消毒池进行消毒。

【注意】

消毒剂应选择两种或两种以上交替使用，不定期更换最新类消毒药，防止因长期使用一种消毒药而使细菌产生耐药性。

**5. 减少应激**

【注意】

肉用仔鸡胆小易惊，对环境变化非常敏感，因而容易发生应激反应而影响生长和健康。保持稳定安静的环境至关重要。

（1）**工作程序稳定**　饲养管理过程中的一些工作（如光照、喂饲、饮水等）程序一旦确定，要严格执行，不能有太大的随意性，以保持程序稳定；饲养人员也要固定，每次进入鸡舍工作都要穿上统一的工作服；饲养人员在鸡舍操作，动作要轻，脚步要稳，尽量减少出入鸡舍的次数，

开窗关门要轻，尽量减少对鸡只的应激。

**（2）避免噪声** 避免在肉鸡舍周围鸣喇叭、放鞭炮等，避免在舍内大声喧哗；选择各种设备时，在同等功率和价格的前提下，尽量选用噪声小的。

**（3）环境适宜** 定时检查温度、湿度、空气、垫料等情况，保持适宜的环境条件。

**（4）使用维生素** 在天气变化、免疫前后、转群、断水等应激因素出现时，可在饲料中补加多种维生素或速补-14 等，从而最大限度地减少应激。平时可在饮水中添加维生素 C（5 克/100 千克水），每周 2 ~ 3 天。

### 6. 建立全进全出的饲养制度

"全进全出"指的是同一栋鸡舍同一时间只饲养同一日龄的雏鸡，鸡的日龄相同，出栏日期一致。这种制度不但便于管理，有利于机械化作业，提高劳动效率，而且便于集中清扫和消毒，有利于控制疾病。

### 7. 公、母分群管理

肉用仔鸡公、母鸡分群饲养，可以减少饲料消耗，提高增重。

**（1）按性别调整日粮的营养水平** 在饲养前期，公雏日粮中的蛋白质含量可提高到24%~25%；母雏可降到21%。在优质饲料不足的情况下或为了降低饲养成本时，应尽量使用质量较好的饲料来饲喂公鸡。

**（2）按性别提供适宜的环境** 公雏羽毛的生长速度较慢，保温能力差，育雏温度也比较高。公鸡的体重大，为了防止发生胸部囊肿，应提供比较松软的垫料，增加垫料的厚度，加强垫料管理。

**（3）按经济效益分期出栏** 一般地，肉用仔鸡在 7 周龄以后，母鸡的增重速度相对下降，饲料消耗急剧增加。这时，如已达到上市体重即可提前出栏。公鸡9 周龄以后生长速度才下降，饲料消耗增加，因而可养到 9 周龄时上市。

### 8. 弱小鸡的管理

由于多种原因，肉鸡群中会出现一些弱小鸡，加强对弱小鸡的管理，可以提高成活率和肉鸡的均匀度。在饲养管理的过程中，要及时地挑出弱小鸡，隔离饲养，给以较高的温度和营养，必要时在饲料或饮水中使用一些添加剂，如抗生素、酶制剂、酸制剂或营养剂等，以促进弱小鸡的健康和生长。

**9. 病死鸡的处理**

在饲养管理和巡视鸡群的过程中，发现病死鸡要及时捡出来，对病鸡进行隔离饲养和淘汰，对死鸡进行焚烧或深埋，不能把死鸡放在舍内、饲料间和鸡舍周围。处理死鸡后，工作人员要用消毒液洗手。

**10. 生产记录**

为了提高管理水平、生产成绩以及不断稳定地发展生产，把饲养情况详细记录下来是非常重要的。长期认真地做好记录，就可以根据肉用仔鸡生长情况的变化来采取适当的有效措施，最后无论成功与失败，都可以从中分析原因，总结出经验与教训。

为了充分发挥记录数据的作用，要尽可能多地把原始数据都记录下来，数据要精确，以便进行分析，做出正确的判断，得出结论后提出处理方案。各种日常管理的记录表格，必须按要求来设计和填写。

## 二、加强优质黄羽肉鸡的饲养管理

优质黄羽肉鸡的饲养过程一般分为 3 个阶段：0~6 周龄为育雏期，7~11 周龄为生长期，12 周龄至上市为育肥期。

**1. 育雏期的饲养管理**

优质黄羽肉鸡育雏期的饲养管理与肉用仔鸡的饲养管理技术基本相同。

**2. 生长期和育肥期的饲养管理**

生长期和育肥期的优质黄羽肉鸡体重增加，羽毛逐渐丰满，鸡只已能适应外界环境的温度变化，采食量不断地增加，鸡只的骨骼、肌肉和内脏器官迅速发育。为了保障鸡体得到充分发育，须加强饲养、卫生和疫病控制等各方面的管理。

（1）调整饲料营养　优质黄羽肉鸡生长期和育肥期的代谢能、粗蛋白和氨基酸等各种营养需要比育雏期大约低 10%。日粮配方应根据鸡的品种和鸡苗供应商提供的营养需要标准进行设计，给鸡群提供全价优质日粮，且忌使用单一原粮作为生长鸡和育肥鸡的日粮，以免造成某些营养素的不足或过剩，导致生长发育受阻。

（2）自由采食　优质黄羽肉鸡生长期的采食量增加很快，应保证饲料的充足供应。通常是每天早、中、晚各喂料一次，或者将一天的饲料一次投给，让鸡自由采食。但要控制当天的饲料当天吃完，不剩饲料，第二天再添加新料。优质黄羽肉鸡的周增重和日耗料量可参见表 4-14。

表4-14    优质黄羽肉鸡的周增重和日耗料量

| 周龄/周 | 周增重/(克/只) | | 日耗料量/(克/只) | |
|---|---|---|---|---|
| | 公鸡 | 母鸡 | 公鸡 | 母鸡 |
| 7 | 136 | 125 | 56 | 53 |
| 8 | 144 | 125 | 63 | 58 |
| 9 | 150 | 125 | 70 | 61 |
| 10 | 147 | 120 | 74 | 64 |
| 11 | 148 | 110 | 80 | 67 |
| 12 | 135 | 100 | 84 | 71 |
| 13 | 114 | 95 | 89 | 74 |
| 14 | 106 | 93 | 93 | 76 |
| 15 | 110 | 92 | 97 | 79 |
| 16 | 113 | 85 | 103 | 82 |

（3）供给充足饮水    优质黄羽肉鸡生长期采食量增加很快，如果得不到充足的饮水，就会消化不良，食欲下降，造成增重减慢。优质黄羽肉鸡的饮水量为采食量的2倍，全天自由饮水。饮水器的数量要充足，并分布均匀，使鸡只在1~2米的活动范围内便能饮到水。

饮水应洁净、无异味、无污染，通常以使用自来水或井水为好。饮水器在每天加水前应进行彻底清洗和消毒。应注意，在鸡群进行饮水免疫的前后3天内，饮水器只清洗不消毒，饮水中不能添加消毒剂。

（4）防止产生恶癖    绝大多数的优质黄羽肉鸡品种对饲料、环境的应激反应比白羽肉鸡强烈，如饲养密度过大，光照过强，饲料营养不平衡等，都会造成啄羽、啄趾、啄肛等恶癖。因此，平时应加强各方面的管理，消除各种应激因素，避免恶癖的发生。如果发现啄羽、啄趾、啄肛等现象，应及时查找原因，对症下药，给予解决。

（5）饲喂叶黄素    黄鸡的黄色几乎完全来自饲料中的叶黄素类物质，为了保持黄鸡的固有特征，饲料中供给的叶黄素必须达到或超过鸡体丧失的量。含有叶黄素物质的饲料有苜蓿草粉、黄玉米、金盏花草粉、万寿菊草粉等，其中黄玉米是饲料中叶黄素的主要来源。因此，在饲养优质黄羽肉仔鸡时，饲料中最好不使用黄玉米。黄玉米中的叶黄素使鸡皮肤产生理想黄色的时间大约需要三周，鸡龄越大，叶黄素从饲料中转移到皮肤的比例也越高，但叶黄素在体内的氧化也越多。因此，优质黄羽肉鸡进入生长期和育肥期后，饲料中必须含有足够量的叶黄素，以保证鸡皮肤的理想黄色。

优质黄羽肉鸡养殖户（场）应严格禁止在饲料中添加人工合成色素和化学性的非营养添加剂，造成产品污染，被市场所拒绝。

(6) 调整饲料原料　为了增加鸡肉的鲜嫩度，保持鸡肉风味，应防止饲料原料对鸡肉风味品质的影响。在育肥期的饲料中，应禁止大量使用鱼粉、棉籽粕、菜籽粕等蛋白质饲料，而应使用大豆粕和花生粕等蛋白质饲料，同时增加黄玉米等能量饲料的比例，也可在饲料中添加3%~5%的优质植物油或动物油，以提高饲料的能量浓度。

(7) 无公害化饲养　目前，优质黄羽肉鸡可采用公、母分饲制度，公、母鸡分开上市。公鸡一般在90~100日龄出栏，母鸡一般在110~120日龄出栏。临近出栏的1~2周，饲料中不得投放药物，以防药物残留，确保无公害化。在出栏时，应集中一天将同一鸡舍内的成鸡一次出空，切不可零星出售。

### 3. 优质黄羽肉鸡的季节性管理

(1) 炎热季节的饲养管理　在炎热气候条件下，黄羽肉鸡的采食量将随着温度的上升而下降，生长和饲料转化率也会随温度上升而降低，因此在饲养管理方面应采取以下措施。一是满足蛋白质和氨基酸的需要。在高温季节应调整饲料配方，适当地提高蛋白质和氨基酸的含量，以满足鸡只生长发育的需要。二是降低饲养密度。在炎热季节一定要严格控制饲养密度，不得使密度过大。三是加强通风降温。所有鸡舍，特别是较大的鸡舍必须安装排气扇，加强通风。四是添加水溶性维生素。炎热季节鸡的排泄量大幅度增加，使水溶性维生素的消耗加大，很容易引起生长发育迟缓，抗热应激能力降低。因此，在饮水中添加水溶性维生素或在饲料中增加水溶性维生素的添加量。五是在饲料中添加碳酸氢钠。炎热高温可使鸡只呼吸加快，血液中碱的储存量减少，引发酸中毒。在日粮中添加0.1%的碳酸氢钠，可有效地提高血液中碱的储存量，缓解酸中毒的发生。

(2) 梅雨季节的饲养管理　梅雨季节影响中华土著肉仔鸡生长发育

的主要因素是高温高湿。鸡舍内的湿度过大，垫料潮湿易于霉烂发臭，氨气的浓度升高，可能会导致球虫病、大肠杆菌病和呼吸道疾病的暴发。为此，应做好以下管理工作。一是及时地更换垫料。进入梅雨季节后，要增加对垫料的检查次数，发现垫料潮湿发霉现象应及时更换，以降低舍内的氨气浓度，恶化球虫卵囊的发育环境。二是防止饲料霉变。进入梅雨季节后，为了防止饲料受潮霉变，每次购入饲料的数量不得太多，一般以可饲喂 3 天为宜。鸡舍内的饲料应放在离开地面的平台上，以防吸潮、结块。三是消灭蚊、蝇。蚊、蝇是某些寄生虫、细菌和病毒性疾病的传播媒介。因此，鸡舍内应定期喷洒药物杀灭蚊、蝇，但所使用的药物应对鸡群无害，不会引起鸡群中毒。四是加强鸡舍通风。加强鸡舍通风不但可以有效地降低鸡舍温度，而且可以排除舍内潮气，降低舍内湿度，使鸡群感到舒适。五是投喂抗球虫药。高温高湿有利于球虫卵囊的发育，从而导致球虫病的暴发。尤其是地面平养鸡群接触球虫卵囊的机会更多，因此在梅雨季节，饲料中应定期投放抗球虫药物，以防暴发球虫病。

　　**(3) 寒冷季节的饲养管理**　寒冷季节鸡群用于维持体温所消耗的能量会大幅度增加，使增重减慢。因此，要切实做好鸡舍的防寒保暖工作。一是修缮门窗。进入冬季前应全面检查一下鸡舍的门窗，发现有漏风的地方应进行修缮，使其密闭无缝，防止漏风。二是减少通风。通风可降低鸡舍温度，因此进入凉爽季节后要逐渐减少通风次数，以维持鸡舍的适宜温度。为了保持鸡舍内的空气环境，即使在寒冷季节的中午前后也应对鸡舍进行定时通风。三是鸡舍升温。在北方的冬季，空闲鸡舍的温度往往在 0℃ 以下。育雏结束后，鸡群在转入生长、育肥鸡舍前，一定要将鸡舍预先升温，必要时还需连续供温，以保障鸡只的正常生长发育，否则将会造成重大经济损失。

## 第四节　提高肉鸡养殖场经营管理的主要途径

　　肉鸡场的经营管理就是通过对肉鸡场的人、财、物等生产要素和资源进行合理的配置、组织及使用，以最少的消耗获得尽可能多的产品产出和最大的经济效益。肉鸡场的经营管理包含经营预测、经营决策、计划管理、制度管理以及经济核算等内容。

### 一、做好经营预测和经营决策

#### 1. 经营预测

预测是决策的前提，要做好产前预测，必须首先开展市场调查，即运用适当的方法，有目的、有计划、系统地搜集、整理和分析市场情况，取得经济信息。调查的内容包括市场需求量、消费群体、产品结构、销售渠道、竞争形式等。常用的调查方法有访问法、观察法和实践法3种。搞好市场调查是进行市场预测、决策和制订计划的基础，也是搞好生产经营和产品销售的前提条件。

经营预测就是对未来事件做出的符合客观实际的判断。如市场预测（销售预测）就是在市场调查的基础上，在未来一定时期和一定范围内，对产品的市场供求变化趋势做出估计和判断。市场预测的主要内容包括市场需求预测、销售量预测、产品寿命周期预测、市场占有率预测等。预测期分为短期和长期两种。预测方法有判断性预测法和数学模型分析预测法。

#### 2. 经营决策

经营决策就是鸡场为了确定远期和近期的经营目标以及实现这些目标有关的一些重大问题做出最优选择的决断过程。肉鸡场经营决策的内容很多，大到鸡场的生产经营方向、经营目标、远景规划，小到规章制度的制定、生产活动的具体安排等。决策的正确与否，直接影响到经营效果。有时一次重大的失误决策就可能导致鸡场的亏损，甚至倒闭。正确的决策是建立在科学预测的基础上的，遵循一定的决策程序，采用科学的方法。

**（1）决策的程序**

1）提出问题。提出问题即确定决策的对象或事件，也就是要决策什么或对什么进行决策。如确定经营方向、饲料配方、饲养方式、治疗什么疾病等。

2）确定决策目标。决策目标是指对事件做出决策并付诸行动之后所要达到的预期结果。例如，经营项目和经营规模的决策目标是一定时期内使销售收入和利润达到多少；蛋鸡饲料配方的决策目标是使单位产品的饲料成本降低到多少以及产蛋率和产品品质达到何种水平；发生疾病时的决策目标是治愈率多高等。有了目标，拟定和选择方案就有了依据。

3）拟定多种可行方案。多谋才能善断，只有设计出多种方案，才能选出最优的方案。拟订方案时，要紧紧围绕决策目标，充分发扬民主，大胆设想，尽可能把所有的方案包括无遗，以免漏掉好的方案。例如，对饲料配方决策的方案有甲、乙、丙、丁等多个配方；对饲养方式决策的方案有笼养、散养、网上平养等；对鸡场防治大肠杆菌病决策的方案有用药防治（可以选用的药物也有多种，如阿米卡星、庆大霉素、喹乙醇及复合药物）、疫苗防治等。

4）选择方案。根据决策目标的要求，运用科学的方法，对各种可行方案进行分析比较，从中选出最优方案。例如，治疗大肠杆菌病，通过药物试验，阿米卡星高敏，就可以选用阿米卡星。

5）贯彻实施与信息反馈。选出最优方案之后，贯彻落实、组织实施，并在实施过程中进行跟踪检查，发现问题，查明原因，采取措施，进行解决。如果发现客观条件发生了变化，或原方案不完善甚至不正确，就要启用备用方案，或对原方案进行修改。例如，治疗大肠杆菌病按选择的用药方案用药，观察效果，若良好则可继续使用，如果使用效果不好，则要另选其他方案。

(2) **常用的决策方法** 经营决策的方法较多，生产中常用的决策方法有下面几种。

1）比较分析法。比较分析法是将不同的方案所反映的经营目标实现程度的指标数值进行对比，从中选出最优方案的一种方法。例如，对不同品种的饲养结果进行分析，可以选出一个能获得较好的经济效益的品种。

2）综合评分法。综合评分法就是通过选择对不同的决策方案影响都比较大的经济技术指标，根据它们在整个方案中所处的地位和重要性确定各个指标的权重，然后把各个方案的指标进行评分，并依据权重进行加权得出总分，以总分的高低选择决策方案的方法。例如，在鸡场决策中选择建设鸡舍时，往往既要投资效果好，又要设计合理、便于饲养管理，还要有利于防疫等。这类决策称为"多目标决策"。但这些目标（即指标）对不同方案的反映有的是一致的，有的是不一致的，采用对比法往往难以提出一个综合的数量概念。为了求得一个综合的结果，需要采用综合评分法。

3）盈亏平衡分析法。这种方法又叫量、本、利分析法，是通过揭示产品的产量、成本和盈利之间的数量关系进行决策的一种方法。产品的成本分为固定成本和变动成本。其中，固定成本如鸡场的管理费、固定职工的基本工资、折旧费等，不随产品产量的变化而变化；变动成本是随着产销量的变动而变动的，如饲料费、燃料费和其他费。利用成本、价格、产量之间的关系列出总成本的计算公式为

$$PQ = F + QV + PQX$$

$$Q = F / [ P ( 1 - X ) - V ]$$

式中　$F$——某种产品的固定成本；

　　　$X$——单位销售额的税金；

　　　$V$——单位产品的变动成本；

　　　$P$——单位产品的价格；

　　　$Q$——盈亏平衡时的产销量。

如企业计划获利 $R$ 时的产销量 $Q_R$ 为

$$Q_R = ( F + R ) / [ P ( 1 - X ) - V ]$$

盈亏平衡公式可以解决如下问题：一是规模决策，当产量达不到保本产量，产品销售收入小于产品总成本时，就会发生亏损，只有在产量大于保本点的条件下才能盈利，因此保本点是企业生产的临界规模；二是价格决策，产品的单位生产成本与产品产量之间存在下边关系：

$$CA(单位产品生产成本) = F / ( Q + V )$$

即随着产量的增加，单位产品的生产成本会下降，可依据销售量做出价格决策。

4）决策树法。利用树型决策图进行决策的基本步骤为：首先绘制树形决策图，然后计算期望值，最后剪枝，确定决策方案。

## 二、做好计划管理

计划管理就是根据鸡场确定的目标制订各种计划，用以组织协调全部的生产经营活动，达到预期的目的和效果。

【注意】

　　生产经营计划是肉鸡场计划体系中的一个核心计划。

### 1. 鸡群周转计划

鸡群周转计划是制订其他各项计划的基础，只有制订好周转计划，才能制订饲料计划、产品计划和引种计划。要制订鸡群周转计划，应综合考虑鸡舍、设备、人力、成活率、鸡群的淘汰和转群移舍的时间和数量等，保证各鸡群的增减和周转既能够完成规定的生产任务，又最大限

度地降低各种劳动消耗。

(1) **制订周转计划的依据**

1) 周转方式。肉鸡场普遍采用"全进全出制"的周转方式，即整个鸡场的几栋鸡舍或一栋鸡舍，在同一时间进鸡，在同一时间淘汰。这种方式有利于清理消毒、防疫和管理。

2) 鸡群的饲养期。肉用种鸡场中鸡的类型多，不同类型的鸡饲养期不同。商品仔鸡场中鸡的饲养期一般为 6 ~ 8 周，空舍期为 2 ~ 3 周。

(2) **周转计划的编制** 如一商品肉鸡场有鸡舍 5 栋，年出栏肉鸡约 20 万只，全场采用全进全出的饲养制度，制订周转计划见表 4-15、表 4-16。

表 4-15　周转计划表（饲养期 42 天，空舍 10 天，
饲养周期 52，年出栏约 7 批）

| 批次 | 进鸡时间 | 总数量（只） | 每栋入舍数量（只） | 出栏时间 | 出栏数量（只） |
|---|---|---|---|---|---|
| 1 | 1 月 1 日 | 30000 | 6000 | 2 月 12 日 | 28500 |
| 2 | 2 月 22 日 | 30000 | 6000 | 4 月 5 日 | 28500 |
| 3 | 4 月 15 日 | 30000 | 6000 | 5 月 27 日 | 28500 |
| 4 | 6 月 6 日 | 30000 | 6000 | 7 月 18 日 | 28500 |
| 5 | 7 月 28 日 | 30000 | 6000 | 9 月 10 日 | 28500 |
| 6 | 9 月 20 日 | 30000 | 6000 | 11 月 1 日 | 28500 |
| 7 | 11 月 11 日 | 30000 | 6000 | 12 月 23 日 | 28500 |

表 4-16　周转计划表（饲养期 45 天，空舍 15 天，饲养周期 60 天，
年出栏约 6 批）

| 批次 | 进鸡时间 | 总数量（只） | 每栋入舍数量（只） | 出栏时间 | 出栏数量（只） |
|---|---|---|---|---|---|
| 1 | 1 月 1 日 | 35000 | 7000 | 2 月 14 日 | 33250 |
| 2 | 3 月 1 日 | 35000 | 7000 | 4 月 14 日 | 33250 |
| 3 | 4 月 29 日 | 35000 | 7000 | 6 月 13 日 | 33250 |
| 4 | 6 月 28 日 | 35000 | 7000 | 8 月 12 日 | 33250 |
| 5 | 8 月 27 日 | 35000 | 7000 | 10 月 11 日 | 33250 |
| 6 | 10 月 26 日 | 35000 | 7000 | 12 月 10 日 | 33250 |

## 2. 饲料计划

饲料供应计划应根据各类鸡的耗料标准和鸡群周转计划计算出各种饲料的需要量。若是自己加工饲料，可根据饲料配方计算出各种原料的需要量。饲料或原料要有一定的库存量（保证一个月的用量），并保持来源的相对稳定，但进料不宜过多，以防止因饲料发热、虫蛀、霉变而造成不必要的损失。饲料供应计划表见表4-17。

表4-17　饲料供应计划表

| 月份 | 月计划饲养量（只） | 月计划用料量/千克 | 原料用量/千克 | | | | | | 全价料/千克 | 饲料供应量/千克 | 盈缺/千克 |
| --- | --- | --- | --- | --- | --- | --- | --- | --- | --- | --- | --- |
| | | | 玉米 | 麸皮 | 豆粕 | 鱼粉 | 矿物质 | 添加剂 | | | |
| 1 | | | | | | | | | | | |
| 2 | | | | | | | | | | | |
| 3 | | | | | | | | | | | |
| 4 | | | | | | | | | | | |
| 5 | | | | | | | | | | | |
| 6 | | | | | | | | | | | |
| 7 | | | | | | | | | | | |
| 8 | | | | | | | | | | | |
| 9 | | | | | | | | | | | |
| 10 | | | | | | | | | | | |
| 11 | | | | | | | | | | | |
| 12 | | | | | | | | | | | |
| 合计 | | | | | | | | | | | |

## 3. 肉仔鸡年度生产计划表

肉仔鸡年度生产计划表见表4-18。

表4-18　肉仔鸡年度生产计划表

| 批次 | 进雏日期 | 品种名称 | 饲养员 | 进雏数（只） | 出栏日期 | 饲养天数/天 | 出栏数（只） | 出栏率（%） | 备注 |
| --- | --- | --- | --- | --- | --- | --- | --- | --- | --- |
| 1 | | | | | | | | | |
| 2 | | | | | | | | | |
| 3 | | | | | | | | | |

（续）

| 批次 | 进雏日期 | 品种名称 | 饲养员 | 进雏数（只） | 出栏日期 | 饲养天数/天 | 出栏数（只） | 出栏率（%） | 备注 |
|---|---|---|---|---|---|---|---|---|---|
| 4 | | | | | | | | | |
| 5 | | | | | | | | | |
| 6 | | | | | | | | | |

### 4. 产品计划

产品计划表见表4-19。

表4-19　产品计划表

| 产品名称 | 年内各月产品量 | | | | | | | | | | | | 总计 |
|---|---|---|---|---|---|---|---|---|---|---|---|---|---|
| | 1月 | 2月 | 3月 | 4月 | 5月 | 6月 | 7月 | 8月 | 9月 | 10月 | 11月 | 12月 | |
| 雏鸡（只） | | | | | | | | | | | | | |
| 肉鸡/千克 | | | | | | | | | | | | | |
| 种蛋（枚） | | | | | | | | | | | | | |

### 5. 年财务收支计划

年财务收支计划表见表4-20。

表4-20　年财务收支计划表

| 收入 | | 支出 | | 备注 |
|---|---|---|---|---|
| 项目 | 金额/元 | 项目 | 金额/元 | |
| 种蛋 | | 雏鸡费 | | |
| 肉鸡 | | 饲料费 | | |
| 肉鸡产品加工 | | 折旧费（建筑、设备） | | |
| 粪肥 | | 燃料、药品费 | | |
| 其他 | | 基建费 | | |
| | | 设备购置维修费 | | |
| | | 水电费 | | |
| | | 管理费 | | |
| | | 其他 | | |
| 合计 | | | | |

## 三、做好各种制度管理

### 1. 制订技术操作规程

技术操作规程是肉鸡场生产中按照科学原理制订的日常作业的技术规范。鸡群管理中的各项技术措施和操作等均通过技术操作规程进行贯彻。同时，它也是检验生产的依据。不同饲养阶段的鸡群，按其生产周期制订不同的技术操作规程，如育雏技术操作规程、育成鸡技术操作规程等。

技术操作规程的主要内容是：对饲养任务提出生产指标，使饲养人员有明确的目标；指出不同饲养阶段鸡群的特点及饲养管理要点；按不同的操作内容分段列叙、提出切合实际的要求等。技术操作规程的指标要切合实际，条文要简明具体，易于落实执行。

### 2. 制订日工作程序

规定各类鸡舍每天从早到晚的各个时间段内的常规操作，使饲养管理人员有规律地完成各项任务。鸡舍每日工作程序见表4-21。

**表4-21　鸡舍每日工作程序**

| 雏鸡舍或肉用仔鸡舍每日工作程序 | | 育成舍每日工作程序 | | 种鸡舍每日工作程序 | |
|---|---|---|---|---|---|
| 时间 | 工作内容 | 时间 | 工作内容 | 时间 | 工作内容 |
| 8：00 | 喂料。检查饲料质量，饲喂均匀，饲料中加药，避免断料 | 8：00 | 喂料。检查饲料质量，饲喂均匀，饲料中加药，避免断料 | 6：00 | 开灯 |
| | | | | 6：20 | 喂料，观察鸡群和设备运转情况 |
| 9：00 | 检查温湿度，清粪，打扫卫生，巡视鸡群。检查照明、通风系统并保持卫生 | 9：00 | 检查温湿度，清粪，打扫卫生，巡视鸡群，检查照明、通风系统并保持卫生 | 7：30 | 早餐 |
| | | | | 9：00 | 匀料，观察环境条件，准备蛋盘 |
| | | | | 10：30 | 捡蛋，捡死鸡 |
| 10：00 | 喂料，检查舍内温湿度，检查饮水系统，观察鸡群 | 10：00 | 检查舍内温湿度和饮水系统，观察鸡群。将笼外鸡捉入笼内 | 11：30 | 喂料，观察鸡群和设备运转情况 |
| | | | | 12：00 | 午餐 |

（续）

| 雏鸡舍或肉用仔鸡舍每日工作程序 | | 育成舍每日工作程序 | | 种鸡舍每日工作程序 | |
|---|---|---|---|---|---|
| 时间 | 工作内容 | 时间 | 工作内容 | 时间 | 工作内容 |
| 11：30 | 午餐休息 | 11：30 | 午餐休息 | 15：00 | 喂料，准备捡蛋设备 |
| 13：00 | 喂料，观察鸡群和环境条件 | 13：00 | 喂料，观察鸡群和环境条件 | 16：00 | 洗刷饮水和饲喂系统，打扫卫生 |
| 15：00 | 检查笼门，调整鸡群；观察温湿度，个别治疗 | 15：00 | 检查笼门，调整鸡群；观察温湿度，个别治疗。清粪 | 17：00 | 捡蛋，记录和填写相关表格，环境消毒等 |
| 16：00 | 喂料，做好各项记录并填写表格；做好交班准备 | 16：00 | 喂料，做好各项记录并填写表格 | 18：00 | 晚餐 |
| 17：00 | 夜班饲养人员上班工作 | 17：00 | 下班 | 20：00 | 喂料，1小时后关灯 |

**3. 制订综合防疫制度**

为了保证鸡群的健康和安全生产，场内必须制订严格的防疫措施，规定对场内、外人员，车辆，场内环境，装蛋放鸡的容器进行及时或定期的消毒，鸡舍在空出后的冲洗、消毒，各类鸡群的免疫，种鸡群的检疫等。

**4. 制订劳动定额和建立劳动组织**

**（1）制订劳动定额标准** 劳动定额标准见表4-22。

表4-22 劳动定额标准

| 工 种 | 工作内容 | 一人定额 | 工作条件 |
|---|---|---|---|
| 肉种鸡育雏育成（平养） | 饲养管理，一次清粪 | 1800～3000只 | 饲料到舍；自动饮水，人工供暖或集中供暖 |
| 肉种鸡育雏育成（笼养） | 饲养管理，经常清粪 | 1800～3000只 | |

（续）

| 工  种 | 工作内容 | 一人定额 | 工作条件 |
|---|---|---|---|
| 肉种鸡网上—地面饲养 | 饲养管理，一次清粪 | 1800～2000 只 | 人工供料捡蛋，自动饮水 |
| 肉种鸡平养 | 饲养管理 | 3000 只 | 自动饮水，机械供料，人工捡蛋 |
| 肉种鸡笼养 | 饲养管理 | 3000 只 | 两层笼养，全部手工操作 |
| 肉仔鸡（1 日龄至上市） | 饲养管理 | 5000 只 | 人工供暖、喂料，自动饮水 |
|  | 饲养管理 | 10000～20000 只 | 集中供暖、机械加料、自动饮水 |
| 孵化 | 将种蛋孵化雏鸡并出售 | 10000 枚 | 蛋车式，全自动孵化器 |
| 清粪 | 人工笼下清粪 | 20000～40000 只 | 清粪后人工运至200 米外的指定地点 |

**（2）建立劳动组织**

1）生产组织精简高效。生产组织与鸡场的规模大小有密切关系，规模越大，生产组织就越重要。规模化鸡场一般设置行政、生产技术、供销财务和生产班组等组织部门，部门设置和人员安排尽量精简，提高直接从事养鸡生产的人员比例，最大限度地降低生产成本。

2）人员的合理安排。养鸡是一项脏、苦而又专业性强的工作，必须根据工作性质合理地安排人员，充分调动饲养管理人员的劳动积极性，不断提高他们的专业技术水平。

3）建立健全岗位责任制。岗位责任制规定了鸡场每个人员的工作任务、工作目标和标准。完成者奖励，完不成者被罚，不仅可以保证鸡场各项工作的顺利完成，而且能够充分调动劳动者的积极性，使生产完成得更好，生产的产品更多，各种消耗更少。

**5. 记录管理**

记录管理就是将肉鸡场生产经营活动中的人、财、物等消耗情况及有关事情记录在案，并进行规范、计算和分析。目前，许多肉鸡场忽视记录管理，缺乏记录资料，导致管理者和饲养者对生产经营情况，如各种消耗是多是少、产品成本是高是低、单位产品利润和年总利润多少等都不十分清楚，更谈不上采取有效措施降低成本、提高效益。鸡场记录要及时准确、简洁完整和便于分析。

（1）鸡场记录的内容

1）生产记录。生产记录主要有鸡群生产情况记录，如鸡的品种、饲养数量、饲养日期、死亡淘汰数量、产品产量等；饲料记录，如鸡群所消耗的饲料种类、数量及单价等；劳动记录，如每天的出勤情况、工作时数、工作类别以及完成的工作量、劳动报酬等。

2）财务记录。财务记录主要包括：收支记录，包括出售产品的时间、数量、价格、去向及各项支出情况；资产记录；包括固定资产类，包括土地、建筑物、机器设备等的占用和消耗；库存物资类，包括饲料、兽药、在产品、产成品、易耗品、办公用品等的消耗数、库存数量及价值；现金及信用类，包括现金、存款、债券、股票、应付款、应收款等。

3）饲养管理记录。饲养管理记录主要包括：饲养管理程序及操作记录，如饲喂程序、光照程序、鸡群的周转情况、环境控制情况等；疾病防治记录，包括隔离消毒情况、免疫情况、发病情况、诊断及治疗情况、用药情况、驱虫情况等。

（2）鸡场生产记录表格

1）肉鸡饲养记录表。每天要如实、全面地填写饲养记录。肉鸡饲养记录见表4-23。

**表4-23　肉鸡饲养记录表**

进雏时间＿＿＿＿＿　　购雏种鸡场＿＿＿＿＿　　数量＿＿＿＿＿　　栋号＿＿＿＿＿

| 日期 | 日龄/天 | 实存数（只） | 死亡数（只） | 淘汰数（只） | 料号 | 总耗料/千克 | 日平均耗料/克 | 温湿度 | 备注 |
|---|---|---|---|---|---|---|---|---|---|
| | | | | | | | | | |

2）肉鸡周报表。根据日报内容每周末要做好周报表的填写。肉鸡周报表见表4-24。

表4-24　肉鸡周报表

| 周龄 | 存栏数（只） | 死亡数（只） | 淘汰数（只） | 死亡淘汰率（%） | 累计死亡淘汰数（只） | 累计死亡淘汰率（%） | 耗料/千克 | 累计耗料/千克 | 日平均耗料/克 | 体重/克 | 料肉比 | 备注 |
|---|---|---|---|---|---|---|---|---|---|---|---|---|
| 1 | | | | | | | | | | | | |
| 2 | | | | | | | | | | | | |
| 3 | | | | | | | | | | | | |
| 4 | | | | | | | | | | | | |
| 5 | | | | | | | | | | | | |
| 6 | | | | | | | | | | | | |

3）免疫记录表。免疫接种工作是预防肉鸡疫病的一项重要工作，每次免疫后要将免疫情况填入表4-25。

表4-25　肉鸡群免疫记录表

| 日龄/天 | 日期 | 疫苗名称 | 生产厂家 | 批号、有效期限 | 免疫方法 | 剂量 | 备注 |
|---|---|---|---|---|---|---|---|
| | | | | | | | |

4）用药记录表。肉鸡场每次用药情况要填入表4-26。

表4-26　肉鸡用药记录表

| 日龄/天 | 日期 | 药名及规格 | 生产厂家 | 剂量 | 用途 | 用法 | 备注 |
|---|---|---|---|---|---|---|---|
| | | | | | | | |

5）肉鸡出栏后体重报表（见表4-27）。

表4-27　肉鸡出栏后体重报表

| 车序号 | 筐数（筐） | 数量（只） | 总重/千克 | 平均体重/千克 | 预收入（元） | 实收入（元） | 肉联厂只数（只） |
|---|---|---|---|---|---|---|---|
| 1 | | | | | | | |
| 2 | | | | | | | |
| 合计 | | | | | | | |

6）肉鸡场入库和出库的药品、疫苗、药械记录表。肉鸡场技术人员和采购人员将每批入库及出库的药品、疫苗和药械逐一登记填入表4-28和表4-29。

**表4-28　肉鸡场入库的药品、疫苗、药械记录表**

| 日期 | 品名 | 规格 | 数量 | 单价 | 金额 | 生产厂家 | 生产日期 | 生产批号 | 经手人 | 备注 |
|---|---|---|---|---|---|---|---|---|---|---|
|  |  |  |  |  |  |  |  |  |  |  |

**表4-29　肉鸡场出库的药品、疫苗、药械记录表**

| 日期 | 车间 | 品名 | 规格 | 数量 | 单价 | 金额 | 经手人 | 备注 |
|---|---|---|---|---|---|---|---|---|
|  |  |  |  |  |  |  |  |  |

7）肉鸡场购买饲料或饲料原料记录表。饲料采购和加工人员要将每批购买的饲料或饲料原料填入表4-30和表4-31。

**表4-30　肉鸡场购买饲料及出库记录表**

| 日期 | 育 雏 期 | | | 育 肥 期 | | |
|---|---|---|---|---|---|---|
|  | 入库量/千克 | 出库量/千克 | 库存量/千克 | 入库量/千克 | 出库量/千克 | 库存量/千克 |
|  |  |  |  |  |  |  |

**表4-31　肉鸡场购买饲料原料记录表**

| 日期 | 饲料品种 | 货主 | 级别 | 单价 | 数量 | 金额 | 化验结果 | 化验员 | 经手人 | 备注 |
|---|---|---|---|---|---|---|---|---|---|---|
|  |  |  |  |  |  |  |  |  |  |  |

8）收支记录表（见表4-32）。

**表4-32　收支记录表**

| 收 入 | | 支 出 | | 备注 |
|---|---|---|---|---|
| 项　目 | 金额（元） | 项　目 | 金额（元） |  |
|  |  |  |  |  |
| 合计 |  |  |  |  |

（3）鸡场记录的分析　通过对鸡场的记录进行整理、归类，分析各种经营指标。利用成活率、种母鸡存活率、种蛋数、体重、饲料转化率

等技术效果指标来分析生产资源的投入和产出产品数量的关系以及分析各种技术的有效性和先进性。利用经济效果指标分析生产单位的经营效果和赢利情况，为鸡场的生产提供依据。

## 四、做好经济核算

### 1. 流动资产核算

流动资产是指可以在一年内或者超过一年的一个营业周期内变现或者运用的资产。流动资产是企业生产经营活动的主要资产，包括鸡场的现金、存款、应收款及预付款、存货（原材料、在产品、产成品、低值易耗品）等。流动资产的周转状况影响产品的成本。流动资产随着供应、生产、销售3个过程的固定顺序，由一种形态转化为另一种形态，不断地进行循环，形成一个循环周期。

加快流动资产的周转，有利于提高流动资金的利用效率。加快资产流动的措施有：一是加强采购物资的计划性，防止盲目采购，合理地储备物资，避免积压资金，加强物资的保管，定期对库存物资进行清查，防止鼠害和霉烂变质；二是科学地组织生产过程，采用先进技术尽可能地缩短生产周期，节约使用各种材料和物资，减少在产品资金占用量；三是及时销售产品，缩短产成品的滞留时间；四是及时清理债权债务，加速应收款项的回收，减少成品资金和结算资金的占用量。

### 2. 固定资产核算

固定资产是指使用年限在1年以上，单位价值在规定的标准以上，并且在使用中长期保持其实物形态的各项资产。肉鸡场的固定资产主要包括建筑物、道路以及其他与生产经营有关的设备、器具、工具等。

（1）固定资产的折旧　鸡场提取固定资产折旧，一般采用平均年限法和工作量法。

1）平均年限法。它是根据固定资产的使用年限平均计算各个时期的折旧额，因此也称"直线法"。其计算公式为

固定资产年折旧额 ＝［原值－（预计残值－清理费用）］/固定资产预计使用年限

固定资产年折旧率 ＝ 固定资产年折旧额/固定资产原值×100%

＝（1－净残值率）/折旧年限×100%

2）工作量法。它是根据使用某项固定资产所提供的工作量计算出单位工作量平均应计提折旧额后，再按各期使用固定资产所实际完成的工作量计算应计提的折旧额。这种折旧计算方法，适用于一些机械等专

用设备。其计算公式为

单位工作量(单位里程或每工作小时)折旧额＝(固定资产原值－预计净残值)/总工作量(总行驶里程或总工作小时)

**（2）固定资产的管理**

1）合理地配置固定资产。根据轻重缓急合理地购置和建设固定资产，把资金用在经济效果最大而且在生产上迫切需要的项目上；购置和建造固定资产要量力而行，做到与单位的生产规模和财力相适应；各类固定资产务求配套完备，注意加强设备的通用性和适用性，使固定资产能充分地发挥效用。

2）加强固定资产管理。建立严格的使用、保养和管理制度，对不用的固定资产应及时采取措施，以免浪费，注意提高机器设备的时间利用强度和生产能力的利用程度。

**3. 成本核算**

产品的生产过程，同时也是生产的耗费过程。生产过程中的耗费包括劳动对象（如饲料）的耗费、劳动手段（如生产工具）的耗费以及劳动力的耗费等。企业为生产一定数量和种类的产品而发生的直接材料费（直接用于产品生产的原材料、燃料动力费等）、直接人工费用（直接参加产品生产的工人工资和福利费）以及间接制造费用的总和构成产品成本。

【注意】

产品成本是一项综合性很强的经济指标，它反映了企业的技术实力和整个经营状况。肉鸡场的品种是否优良，饲料质量的好坏，饲养技术水平的高低，固定资产利用的好坏，人工耗费的多少等，都可以通过产品成本反映出来。所以，肉鸡场通过成本和费用核算，可以发现成本升降的原因，降低成本费用的耗费，提高产品的竞争能力和盈利能力。

**（1）做好成本核算的基础工作**

1）建立健全的各项原始记录。原始记录是计算产品成本的依据，直接影响产品成本的准确性。如果原始记录不实，就不能正确地反映生产耗费和生产成果，成本计算和核算就失去了意义。所以，饲料、燃料动力的消耗，原材料、低值易耗品的领退，生产工时的耗用、畜禽变动、周转、死亡淘汰、产出产品等原始记录都必须认真如实地登记。

2）建立、健全各项定额管理制度。肉鸡场要制定各项生产要素的耗费标准（定额）。不管是饲料、燃料动力，还是工时、资金占用等，都应制定比较先进、切实可行的定额，对经过十分努力仍然达不到的定额标准或不需努力就很容易达到的定额标准，要及时进行修订。

3）加强财产物质的计量、验收、保管、收发和盘点。财产物资的实物核算是其价值核算的基础。做好各种物资的计量、收集和保管工作，是加强成本管理、正确计算产品成本的前提条件。

（2）肉鸡场成本的构成项目

1）饲料费。饲料费是指饲养过程中耗用的自产和外购的混合饲料及各种饲料原料。凡是购入的按买价加运费计算，自产饲料一般按生产成本（含种植成本和加工成本）进行计算。

2）劳务费。劳务费是指从事养鸡的生产管理劳动，包括饲养、清粪、捡蛋、防疫、捉鸡、消毒、购物运输等所支付的人工工资、补贴和福利等。

3）雏鸡费用。这是指从雏鸡出壳养到 140 天的所有生产费用。如果是购买育成新母鸡，按买价计算，自己培育的按培育成本计算。

4）医疗费。医疗费是指用于鸡群的生物制剂、消毒剂、检疫费、化验费、专家咨询服务费等。但已包含在育成新母鸡成本中的费用和配合饲料中的药物及添加剂费用不必重复计算。

5）固定资产折旧维修费。这是指禽舍、笼具和专用机械设备等固定资产的基本折旧费及修理费。根据鸡舍结构、设备质量和使用年限来计损。如果是租用土地，应加上租金。土地、鸡舍等都是租用的，只计租金，不计折旧。

6）燃料动力费。这是指饲料加工、鸡舍保暖、排风、供水、供气等耗用的燃料和电力费用，这些费用按实际支出的数额计算。

7）利息。利息是指对固定投资及流动资金一年中支付利息的总额。

8）杂费。杂费包括低值易耗品费用、保险费、通信费、交通费、搬运费等。

9）税金。税金是指用于养鸡生产的土地、建筑设备及生产销售等一年内应交的税金。

以上 9 项构成了鸡场的生产成本，从构成成本的比例来看，饲料费、雏鸡费用、劳务费、固定资产折旧维修费、利息 5 项价额较大，是成本项目构成的主要部分，应当重点控制。

（3）成本的计算方法　成本的计算方法分为分群核算和混群核算。

1）分群核算。分群核算是指按鸡群的不同类别（种鸡群、育雏群、育成群、商品肉鸡群等）分别设置生产成本明细账户，分别归集生产费用和计算成本。肉鸡场的主产品是种蛋、淘汰鸡、肉鸡等，副产品是粪便和淘汰鸡的收入。肉鸡场的饲养费用包括育成鸡的价值、饲料费用、折旧费、人工费等。

种蛋成本：每枚种蛋成本＝［种鸡生产费用－种鸡残值－非种蛋收入（包括鸡粪、商品蛋、淘汰鸡等收入）］/入舍种母鸡出售种蛋数。

雏鸡成本：每只雏鸡成本＝（全部的孵化费用－副产品价值）/成活的雏禽只数。

肉鸡成本：每千克肉鸡成本＝（基本鸡群的饲养费用－副产品价值）/禽肉总重量。

2）混群核算。混群核算的对象是每类畜禽，如牛、羊、猪、鸡等，按畜禽种类设置生产成本明细账户归集生产费用和计算成本。资料不全的小规模鸡场常用。

种蛋成本：每个种蛋成本＝［期初存栏种鸡价值＋购入种鸡价值＋本期种鸡饲养费－期末种鸡存栏价值－出售淘汰种鸡价值－非种蛋收入（商品蛋、鸡粪等收入）］/本期收集种蛋数。

肉鸡成本：每千克鸡肉成本＝［期初存栏鸡价值＋购入鸡价值＋本期鸡饲养费用－期末鸡存栏价值－淘汰出售鸡价值－鸡粪收入］/本期产蛋总重量。

（4）降低成本的方法

1）生产适销对路的产品。在市场调查和预测的基础上进行正确的、科学的决策，根据市场需求的变化生产符合市场需求的质优量多的产品。同时，好养不如好卖，鸡场应该结合自身发展的实际情况做好市场调查、效益分析，制订适合自己的市场营销方式，对自己鸡场的鸡群质量进行评估，确保长期稳定的销售渠道，树立自己独有的品牌，巩固市场。

2）提高产品产量。增加蛋品产量，是降低产品成本的有效途径。其措施主要有以下几点。一是选择优良品种。品种的选择至关重要，这是提高鸡场经济效益的先决条件。根据市场需求和鸡场情况选择符合市场需求和生长速度快的肉鸡品种。二是科学的饲养管理。用科学的饲喂方法满足不同阶段肉鸡对营养的需求，不断提高肉鸡的生长速度；满足肉鸡对温度、湿度、通风、密度等环境条件的要求，充分发挥其生产潜力；注重肉鸡生产各个环节的细微管理和操作，尽量避免或减少应激发生，维护肉鸡的健康，必要时应在饲料或饮水中添加抗应激药物来预防和缓解应激反应；做好隔离、卫生、消毒和免疫接种工作。三是提高资金的利用效率。加强采购计划的制订，合理地储备饲料和其他生产物资，防止长期积压；及时清理回收债务，减少流动资金占用量；合理地购置和建设固定资产，减少非生产性固定资产开支；加强固定资产的维修、保养，延长使用年限，设法使固定资产配套完善，充分发挥固定资产的作用，降低固定资产折旧和维修费用；各类鸡舍合理配套，并制定周详的周转计划，充分利用鸡舍，避免鸡舍闲置或长期空舍，如能租借鸡场，将会大大降低折旧费。四是提高劳动生产率。人工费用可占成生产成本10%左右，控制人工费需要加强对人员的管理、配备必要的设备和严格考核制度，最大限度地提高劳动生产率。

3）降低饲料费用。饲料费用要占到成本70%以上，它是降低成本的关键。一是选用质优价廉的饲料。购买全价饲料和各种饲料原料要货比三家，选择质量好、价格低的饲料。自配饲料一般可降低日粮成本，当饲料原料特别是蛋白质饲料廉价时，可购买预混料自配全价料；蛋白质饲料价格高时，可购买浓缩料自配全价料。二是合理地储备饲料。要制订原料采购计划，规范原料质量标准，明确过磅员和监磅员职责、收购凭证的传递手续等，平时要注重通过当地养殖协会、当地畜牧服务机构、互联网和养殖期刊等多种渠道随时了解价格行情，准确把握价格运行规律，搞好原料采购季节差、时间差、价格差。玉米可占饲粮比例60%以上，直接影响饲料的价格，在玉米价格较低时可储存一些。三是减少饲料消耗。根据不同生长阶段鸡的营养需要结合本场的实际制订科学的饲料配方，并要求职工严格按照饲料配方配比各种原料，防止配比错误。这样就可以将多种饲料原料按科学的比例配合制成全价配合料，营养全而不浪费，料肉比低，经济效益高。要因地制宜地完善饲料保管条件，确保饲料在整个存放过程中达到"五无"，即无潮、无霉、无鼠、无虫、无污染。注意饲料原料加工，及时改善加工工艺，提高其粉碎度及混合均匀度，提高消化吸收率。实行科学定量投料，避免过量投食带来不必要的浪费，每天投料量与肉鸡采食量相符，基本保证肉鸡吃饱吃好又不剩余很多料。每天净槽一次或每周净槽3~5次，使肉鸡保持旺盛的食欲，减少饲料浪费。不同的饲养阶段选用不同的饲喂用具，避免采食过程中饲料浪费。一次投料不宜过多，饲喂人员投料要准、稳，减少饲料撒落。

# 第五章
# 搞好疾病防治，向健康要效益

【提示】

　　疾病直接关系到肉鸡养殖的成败，必须树立"预防为主"和"养防并重"的观念，采取提高抵抗力、卫生消毒、防疫等综合措施，避免疾病，特别是疫病的发生。

## 第一节　疾病防治中的误区

### 一、卫生消毒方面的误区

#### 1. 忽视卫生管理

　　肉鸡无胸隔膜，有9个气囊分布于胸腹腔内并与气管相通，这一独特的解剖特点为病原的侵入提供了一定的条件，又因为肉鸡体小质弱、高密度集中饲养及固定在较小的范围内，如果卫生管理不善，必然增加疾病的发生机会。由于生产中不注重卫生管理，如隔离条件不良，消毒措施不力，鸡场和鸡舍内污浊，以及粪尿、污水横流等，导致疾病发生的实例屡见不鲜。

#### 2. 忽视休整期间的清洁

　　现在的鸡场是谈疫色变，而且多发生在后期。许多人都能说出许多原因，但有一个原因是不容忽视的——上批鸡淘汰后清理不够彻底，间隔期不够长。现在人们最关心的病是禽流感，都知道它的病原毒株极易变异，在清理过程中稍有不彻底，就会给下批肉鸡的饲养带来灭顶之灾。目前，在肉鸡场的清理消毒过程中，既要重视舍内的清理工作，也不能忽视舍外的清理工作。

#### 3. 消毒存在的误区

　　鸡场消毒方面存在的误区有：消毒液与消毒对象接触时间短，消毒前不清理污物，消毒效果差；消毒不严格，留有死角；消毒液的选择和使用不科学以及忽视日常消毒工作。

**4. 病死鸡处理方面的误区**

病死鸡带有大量的病原微生物，是最大的污染源，处理不当很容易引起疾病的传播。病死鸡处理存在的误区有以下几点。一是死鸡随意乱放，造成污染。很多养鸡场（户）发现死亡的鸡后不能做到及时处理，随意放在鸡舍内、舍门口、庭院内或过道等处，特别是到了冬季更是随意乱放，且经常放置很长时间，没有固定的病死鸡焚烧掩埋场所，也没有形成固定的消毒和处理程序。这样就人为造成了病原体的大量繁殖和扩散，大大增加了鸡群重复感染发病的概率，给鸡群保健造成很大麻烦。二是随意出售或食用病死鸡，造成病原的广泛传播。许多养殖场（户）为了个人一点利益，对病死鸡不进行无害化处理，随意出售或者食用，结果导致病原广泛传播，造成疫病流行。三是不注意解剖诊断地点的选择，造成污染。许多养鸡场（户）或个别兽医，在做剖检时往往不注意地点的选择，有些在距离肉鸡场很近的地方剖检，更有甚者，在饲养员住所、饲料加工贮藏间或鸡舍门口等处进行剖检。剖检完毕，仅对尸体和周围环境做简单清理，根本不做彻底地消毒，这就增加了疫病的传播和扩散的危险性。

## 二、免疫接种的误区

**1. 疫苗贮存的误区**

疫苗的质量关乎免疫效果，影响疫苗质量的因素主要有产品的质量、运输贮存等。但生产中存在忽视疫苗贮存或在冷藏设备内长期存放的现象，严重影响免疫的效果。

**2. 饮水免疫疫苗稀释的误区**

饮水免疫疫苗是比较方便而常用的免疫方法，但稀释不当可引起免疫失败或免疫效果不好。

【实例一】 一肉鸡养殖户，饲养 2200 只肉鸡，14 日龄时用法氏囊中等毒力苗饮水，但 20 日龄时发生了传染性法氏囊病，死亡 300 多只，损失较大。后来了解到使用的自来水没有进行任何处理，自来水中含有消毒剂，导致免疫失败。

【实例二】 一肉鸡养殖户，饲养 1800 只肉鸡，13 日龄时用法氏囊中等毒力苗饮水，但后来发生了传染性法氏囊病，死亡 100 多只。经了

解，用凉开水稀释疫苗，稀释用水过多，肉鸡 4 个小时还没有饮完，导致免疫效果差。

【实例三】 一肉鸡养殖户，饲养 3500 只肉鸡，使用新城疫疫苗和传染性支气管炎联合苗饮水，用凉开水稀释疫苗，结果疫苗水在 0.5 小时内就饮完，许多肉鸡仍有渴感。后来出现了零星的新城疫病鸡。这是由于稀释液量太少，有的肉鸡没有饮到疫苗水或饮得太少，不能刺激机体产生有效的抗体。

### 3. 免疫接种时消毒和使用抗菌药物的失误

接种疫苗时，传统做法是防疫前后各 3 天不能消毒，接种后不能用抗生素，造成该消毒时不消毒，有病不能治，小病养成了大病；有些养殖户使用病毒性疫苗对鸡进行滴鼻、点眼、注射等接种免疫时，习惯在稀释疫苗的同时加入抗菌药物，认为抗菌药对病毒没有伤害，还能起到抗菌、抗感染的作用。须知，由于抗菌药物的加入，使稀释液的酸碱度发生变化，引起疫苗病毒失活，效力下降，从而导致免疫失败。

### 4. 联合应用疫苗的误区

有的养殖（场）户认为联合使用疫苗可以减少免疫接种的次数，降低劳动强度，所以将两种以上的疫苗联合使用或同时接种，影响免疫的效果。

## 三、用药的误区

### 1. 抗菌药物使用的误区

（1）盲目加大药量 在生产中，仍有为数不少的养殖户以为用药量越大效果越好，在使用抗菌药物时盲目地加大剂量。虽然使用大剂量的药物，可能当时会起到一定的效果，但却留下了不可忽视的隐患。一是造成肉鸡直接中毒死亡或慢性药物蓄积中毒，损坏肝脏、肾脏功能。肝脏、肾脏功能受损，肉鸡自身的解毒能力下降，给下一步的治疗、预防疾病时用药带来困难。二是大剂量的用药可能杀灭肠道内的有益菌，破坏肠道内正常菌群的平衡，造成肉鸡代谢紊乱、肠功能性水泻增多，生长受阻。三是细菌极易产生抗药性。临床上经常可见有些用了时间并不是很长的药物，如环丙沙星、诺氟沙星等已产生了一定的耐药性，按常规药量使用这些药物疗效很差，究其原因与大剂量使用该药造成细菌对该药的耐受性增强，耐药株产生有关。四是加大了养殖业的用药成本，一般药物按常规剂量使用即能达到治疗和预防的目的，如果盲目地加大剂量，则人为地造成用药成本的增加。

（2）**用药疗程不科学** 一般抗菌药物用药疗程为 3~6 天，在整个疗程中必须连续给予足够的剂量，以保证药物在体内的有效浓度。临床上经常可见这样的现象，一种药物才用 2 天，自以为效果不理想，又立即改换成另一种药物，用了不到 2 天又更换药物。这样做往往达不到应有的药物疗效，造成疾病难以控制。另一种情况是，使用某种药物 2 天，产生较好的效果，就不再继续投药，从而造成疾病复发，治疗失败。

（3）**药物配伍不当** 合理的药物配伍，能起到药物之间的协同作用，但如果无配伍禁忌知识，盲目配伍，则会造成不同程度的危害，轻者造成用药无效，重者造成肉鸡中毒死亡。如有的养殖户将青霉素与磺胺类药物、四环素类药物合用，盐霉素与支原净合用等。青霉素是细菌繁殖期的杀菌剂，而磺胺类、四环素类药物为抑菌剂，能抑制细菌蛋白质的合成，使细菌处于静止状态，造成青霉素的杀菌作用大大下降；盐霉素与支原净合用能大大增加盐霉素的毒性，造成肉鸡中毒。

（4）**重视药物治疗，轻预防** 许多养殖户预防用药意识差，多在肉鸡发病时才使用药物来治疗，从根本上违背了"防重于治"的原则。这样带来的后果是，疾病多到了中后期才得到治疗，严重影响了治疗效果且增大了用药成本，经济效益也大幅下降。正确的方法是：要清楚地了解本地常发病、多发病，制定出明确的早期预防用药程序，做到提前预防，防患于未然，减少不必要的经济损失。

（5）**对"新药"情有独钟** 还有些养殖户对"新药"过于迷信，不管药物的有效成分是什么，片面地认为新出产或新品名的药品就比常规药物好，殊不知有些药物只是其商品名不同而已。此类所谓"新药"，其成分还是普通常规药物，价格却比常规药物高出许多，无形中增加了养殖成本。也有一些新药，疗效比常规药物好，但那些常规药物便能解决的疾病并不需要使用新药预防治疗，这样不仅增加了养殖成本，而且使用新药后，再使用普通的药物就很难达到预期效果。常见的使用头孢类抗生素二代、三代后，使用其他常规抗生素效果大大不如从前就是这个道理。还有些"新药"，出厂的说明书上没有清楚地标明药物的有效成分，却标注能治疗百病，从而误导消费者，造成养殖户用药混乱。

（6）**缺少用药"安全"意识** 随着人民生活水平的提高，食品安全越来越受到广大人民群众的关注。但是大多数养殖户的食品安全意识淡薄，有的甚至根本没有这方面的概念。根据《兽药管理条例》，养殖户必须明确兽药投入品安全合理的使用规范，坚决杜绝违规违禁药物在食品动物中的使用；坚决不用国家明令禁止的在畜禽养殖中以前经常使用的呋喃唑酮类、甲硝唑类，严格执行休药期制度。也有的人认为，人用药品比兽药制作精良，效果更好，却不知《兽药管理条例》中已明确规定，食品动物严禁使用人用药品，因为食品动物使用人用药品后在动物体内蓄积，从而使人食用后产生药物蓄积甚至耐药性，从而影响人体的生命健康。这一用药"安全"意识应当引起养殖户足够的重视。

**2. 抗球虫药物使用的误区**

球虫病是肉鸡生产中危害严重的一种寄生虫病，但在防治球虫病用药方面存在一些误区，如不重视预防用药、不合理地选用抗球虫药物、用药程序不科学、使用方法不当以及不注意药物配伍禁忌等，影响到防治效果。

### 四、传染病发生的处理误区

传染病是危害肉鸡场的主要疾病，传染病发生时如果妥善处理可以将危害降低到最小。但生产中，传染病发生时常处理不善，如不注意隔离封锁和消毒，加剧疫病传播和提高发病率；精力都投入到疫病的治疗方面，不注意鸡群的管理，影响鸡群的抗病力；对病死鸡不进行无害化处理，甚至私自出售或食用，更加剧病原的传播等。

## 第二节　提高疾病防治效益的主要途径

### 一、加强肉鸡场疾病综合防控

**1. 严格隔离**

**（1）具有良好的隔离条件**　鸡场要远离市区、村庄和居民点，远离屠宰场、畜产品加工厂等污染源。鸡场周围有隔离物。养鸡场大门、生产区入口要建与门口一样宽、长是汽车轮 2 个周长以上的消毒池（彩图 12）。各鸡舍门口要建与门口同宽、长 1.5 米的消毒池。生产区门口还要建更衣消毒室和淋浴室（彩图 13）。

**（2）进入鸡场和鸡舍的人员和用具要消毒**　车辆进入鸡场前应彻底消毒，以防带入疾病；鸡场谢绝参观，不可避免时，应严格按防疫要求消毒后方可进入；农家养鸡场应禁止其他养殖户、肉鸡收购商和死鸡贩卖商进入鸡场，病鸡和死鸡经疾病诊断后应深埋，并做好消毒工作，严禁销售和随处乱丢。

（3）生产区内各排鸡舍要保持一定间距　不同日龄的鸡分别养在不同的区域，并相互隔离。如果有条件，不同日龄的鸡分场饲养效果更好。生产区内各排鸡舍要保持一定的间距。

（4）采用"全进全出"的饲养制度　"全进全出"使得鸡场能够做到净场和充分的消毒，切断了疾病传播的途径，从而避免患病鸡只或病原携带者将病原传染给日龄较小的鸡群。

（5）到洁净的种鸡场订购雏鸡　种鸡场污染严重，引种时也会带来病原微生物，特别是我国现阶段种鸡场过多过滥，管理不善，净化不严，更应高度重视。到有种禽种蛋经营许可证、管理严格、净化彻底、信誉度高的种鸡场订购雏鸡，避免引种带来污染。

**2. 注意卫生**

（1）环境洁净　不在鸡舍周围和道路上堆放废弃物和垃圾。定期清扫鸡舍和道路，保持场区清洁；定期清理消毒池中的沉淀物，以提高消毒液的消毒效果。

（2）饲料卫生　选用符合质量要求的饲料原料，配制的饲料不要存放过久，以避免霉变和变质。保持饲料洁净卫生，配好的饲料不霉变，不被病原污染，饲喂用具勤清洁消毒。

（3）饮水卫生　饮水用具要清洁，饮水系统要定期消毒。

（4）废弃物定点存放和处理　粪便堆放场远离鸡舍，对粪便进行无害化处理，如堆积发酵、生产沼气或烘干等。病死鸡不要乱扔乱放或随意出售，以防传播疾病。

（5）污水处理　污水经过消毒后排放。被病原体污染的污水，可用沉淀法、过滤法、化学药品处理法等进行消毒。

（6）防鼠杀虫　见第三章第二节相关内容。

**3. 严格消毒**

消毒是指用化学或物理的方法杀灭（或清除）传播媒介上的病原微生物，使之达到无传播感染水平，即不再有传播感染的危险。消毒是保证鸡群健康和正常生产的重要技术措施。

（1）消毒的方法　鸡场常用的消毒方法有下面几种。

1）机械性清除。机械性清除包括清扫、铲刮、冲洗和通风。清扫、铲刮、冲洗等方法可以降尘，清除污物以及沾染在墙壁、地面及设备上的粪尿、残余的饲料、废物、垃圾等，这样可处掉70%的病原，并为药物消毒创造条件。适当通风（特别是在冬季和春季）可在短时间内迅速降低舍内病原微生物的数量，加快舍内水分的蒸发，保持干燥，可使除芽孢、虫卵以外的病原失活。

2）物理消毒法。

① 紫外线。利用太阳中的紫外线或安装波长为240～280纳米的紫外线灭菌灯可以杀灭病原微生物。一般病毒和非芽孢的菌体，在直射阳光下，只需要几分钟到1小时就能被杀死。即使是抵抗力很强的芽孢，在连续几天的强烈阳光下反复暴晒也可变弱或被杀死。

💡【提示】

利用阳光消毒运动场及移出舍外的、已清洗的设备与用具等，既经济又简便。

② 高温。高温消毒主要有火焰、煮沸与蒸汽等形式。如利用酒精喷灯的火焰可杀灭病原微生物，但不能对塑料、木制品和其他易燃物品进行消毒，消毒时应注意防火。另外，对有些耐高温的芽孢（破伤风梭状芽孢杆菌、炭疽芽孢杆菌），使用火焰喷射效果难以保证。煮沸与蒸汽消毒的效果比较好，主要消毒衣物和器械。

3）化学药物消毒。这是一种利用化学药物（化学消毒剂）杀灭病原微生物以达到预防感染和预防传染病传播和流行的方法。此法是养鸡生产中最常用的方法。

4）生物消毒法。这是一种利用生物技术将病原微生物杀灭或清除的方法。如粪便堆积进行需氧或厌氧发酵产生一定的高温可以杀死粪便中的病原微生物。

**（2）化学药物消毒** 常用的化学消毒剂见表5-1。

【注意】

选择化学消毒剂时，一要注意了解消毒剂的适用性。不同种类的病原微生物构造不同，对消毒剂的反应不同，有些消毒剂是广谱的，对绝大多数微生物具有几乎相同的效力，也有一些消毒剂为专用的，只对有限的几种微生物有效。因此，在购买消毒剂时，一要了解消毒剂的药性，所消毒的物品及杀灭的病原种类；二要消毒力强，性能稳定；三要毒性小，刺激性小，对人畜危害小，不残留在畜产品中，腐蚀性小；四要廉价易得，使用方便。

表5-1 常用的化学消毒剂

| 名称 | 概述 | 名称 | 性状和性质 | 使用方法 |
|---|---|---|---|---|
| 含氯消毒剂 | 含氯消毒剂是指在水中能产生具有杀菌作用的活性次氯酸的一类消毒剂，包括有机含氯消毒剂和无机含氯消毒剂，其作用机制是：①氧化作用；②氯化作用；③新生态氧的杀菌作用。目前生产中使用比较为广泛 | 漂白粉（含有效氯25%~30%） | 白色粉末状，有氯臭味，久置空气中失效，大部分溶于水和醇 | 5%~20%的悬浮液进行环境消毒；饮水消毒每50升水加1克；1%~5%的澄清液消毒食槽、玻璃器皿、非金属用具消毒等。本品宜现配现用 |
| | | 漂白粉精 | 白色结晶，有氯臭味，含氯稳定 | 0.5%~1.5%溶液用于地面、墙壁消毒，每千克饮水加入0.3~0.4克进行饮水消毒 |
| | | 氯胺-T（含有效氯24%~26%） | 为含氯的有机化合物，白色微黄晶体，有氯臭味。对细菌的繁殖体及芽孢、病毒、真菌孢子有杀灭作用。杀菌作用慢，但性质稳定 | 0.2%~0.5%水溶液喷雾用于室内空气及表面消毒，1%~2%溶液浸泡物品、器材，进行消毒；3%的溶液用于排泄物和分泌物的消毒；0.1%~0.5%溶液用于黏膜消毒；饮水消毒，每升水用2~4毫克。配制消毒液时，如果加入一定量的氯化铵，可大大提高消毒能力 |
| | | 优氯净（含有效氯60%~64%）、强力消毒净、84消毒净、速效净 | 白色晶粉，有氯臭味。室温下保存半年仅降低有效氯0.16%，是一种安全、广谱和长效的消毒剂，不遗留残余毒性 | 一般0.5%~1%溶液可以杀灭细菌和病毒，5%~10%的溶液用于杀灭芽孢。环境消毒，浓度为0.015%~0.02%；饮水消毒，每升水用4~6毫克。作用30分钟。本品宜现用现配
注：三氯异氰尿酸钠的性质和作用与二氯异氰尿酸钠基本相同。球虫囊消毒每10升水中加入10~20克 |

（续）

| 名称 | 概述 | 名称 | 性状和性质 | 使用方法 |
|---|---|---|---|---|
| | | 二氧化氯（益康、消毒王、超氯） | 白色粉末，有氯臭味，易溶于水，易潮湿。可快速地杀灭所有病原微生物，制剂中有效氯的含量为5%。具有高效、低毒、除臭和不残留的特点 | 可用于畜禽舍、场地、器具、种蛋、屠宰场消毒，用于饮水消毒和带畜消毒。含有效氯5%时，用于环境消毒；每升水加药5～10毫升，进行泼洒或喷雾消毒；饮水消毒，100升水加药5～10毫升；用具、食槽消毒，每升水加药5毫克，浸泡5～10分钟。现配现用 |
| 碘类消毒剂 | 是碘与表面活性剂（载体）及增溶剂等形成的稳定络合物。其作用机理是，碘的正离子与酶系统中蛋白质所含的氢基酸起亲电取代反应，使蛋白质失活；碘的正离子子具有氧化性，能对膜联酶中的硫基进行氧化，破坏酶活性 | 碘酊（碘酒） | 为碘的醇溶液，红棕色澄清液体，微溶于水，易溶于乙醚、氯仿等有机溶剂，杀菌力强 | 2%～2.5%用于皮肤消毒 |
| | | 碘附（络合碘） | 红棕色液体，随着有效碘含量的下降逐渐向黄色转变。碘与表面活化剂及增溶剂形成的不定型络合物，其实质是一种含碘的表面活性剂，性质稳定，对皮肤无害 | 0.5%～1%用于皮肤消毒，10毫升/升浓度用于饮水消毒 |
| | | 威力碘 | 红棕色液体，含碘0.5% | 1%～2%用于畜舍、家畜体表及环境消毒；5%用于手术器械、手术部位消毒 |

| 类别 | 作用机理 | 名称 | 性状 | 用法用量 |
| --- | --- | --- | --- | --- |
| 醛类消毒剂 | 能产生自由醛基，在适当条件下与微生物的蛋白质及某些其他成分发生反应。作用机理是，可与菌体蛋白质中的氨基结合，使其变性或使蛋白质分子烷基化。可以与细胞壁脂蛋白发生交联，与细胞膜磷酸中的酯键残基形成侧链，封闭细胞壁，阻碍微生物对营养物质的吸收和废物的排出 | 福尔马林，含36%~40%甲醛水溶液 | 无色有刺激性气味的液体，90℃下易生成沉淀。对细菌繁殖体及芽孢，病毒和真菌均有杀灭作用，广泛用于防腐消毒 | 1%~2%用于环境消毒，与高锰酸钾配伍熏蒸消毒畜禽房舍等 |
| | | 戊二醛 | 无色油状体，味苦，有微弱甲醛气味，挥发度较低。可与水、酒精任何比例的稀释，溶液呈弱酸性。碱性溶液有强大的灭菌作用 | 2%水溶液，用0.3%碳酸氢钠调整pH在7.5~8.5，范围可消毒，器材的消毒热灭菌的精密仪器，不能用于 |
| | | 多聚甲醛（含甲醛91%~99%） | 甲醛聚合物，有甲醛臭味，白色疏松粉末，常温下能分解出甲醛气体，加热时分解加快，释放出甲醛气体与少量水蒸气。能溶于热水，加热至150℃时，可全部蒸发为气体 | 多聚甲醛的气体与水溶液，均能杀灭各种类型的病原微生物。1%~5%溶液作用10~30分钟，可杀灭除细菌芽孢以外的各种细菌和病毒；杀灭芽孢时，需8%浓度作用6小时，熏蒸消毒时，用量为3~10克/米³，消毒时间为6小时 |

（续）

| 名称 | 概述 | 名称 | 性状和性质 | 使用方法 |
|---|---|---|---|---|
| 氧化剂类 | 是一些含有不稳定结合态氧的化合物。作用机制是，遇到有机物和某些酶可释放出初生态氧，破坏菌体蛋白或细菌的酶系统。分解后产生的各种自由基，如烷基、活性氧衍生物等破坏微生物的通透性屏障，蛋白质、氨基酸、酶等，最终导致微生物死亡 | 过氧乙酸 | 无色透明酸性液体，易挥发，具有浓烈的刺激性，不稳定，对皮肤、黏膜有腐蚀性。对多种细菌和病毒杀灭效果好 | 400~2000毫克/升，浸泡器具或物品表面，20~120分钟；0.1%~0.5%擦拭物品表面；0.5%~5%环境消毒；0.2%器械消毒 |
| | | 过氧化氢（双氧水） | 无色透明，无异味，微酸苦，易溶于水，在水中分解成水和氧 | 1%~2%创面消毒；0.3%~1%黏膜消毒。可快速灭活多种微生物 |
| | | 过氧戊二酸 | 有固体和液体两种。固体难溶于水，为白色粉末，有轻度刺激性作用，易溶于乙醇、氯仿、乙酸 | 2%器械浸泡消毒和物体表面擦拭，0.5%皮肤消毒，雾化气溶胶用于空气消毒 |
| | | 臭氧（$O_3$）（是氧气的同素异构体） | 在常温下为淡蓝色气体，有鱼腥臭味，极不稳定，易溶于水。臭氧对细菌繁殖体、病毒真菌和枯草杆菌黑色变种芽孢有较好的杀灭作用；对原虫和虫卵也有很好的杀灭作用 | 室内空气消毒，30毫克/米³，作用时间15分钟；饮水消毒，0.5毫克/升水，作用时间10分钟；传染源污水消毒，15~20毫克/升，作用时间30分钟 |
| | | 高锰酸钾 | 紫黑色斜方形结晶或结晶性粉末，无臭，易溶于水，容易因其浓度不同而呈暗紫色至粉红色 | 0.1%溶液可用于鸡的饮水消毒，杀灭肠道病原微生物；0.1%创面和黏膜消毒；0.01%~0.02%消化道清洗；用于体表消毒时，使用的浓度为0.1%~0.2%。低浓度可杀死多种细菌的繁殖体，高浓度(2%~5%)在24小时内可杀灭细菌芽孢，在酸性溶液中可以明显地提高杀菌作用 |

| 分类 | 名称 | 性状 | 用途 |
|---|---|---|---|
| 酚类消毒剂是消毒剂中种类较多的一类化合物。作用机理是：①高浓度下可裂解并穿透细胞壁，与菌体蛋白结合，使微生物原浆蛋白质变性；②低浓度下或较高分子的酚类衍生物，可使氧化酶、去氢酶、催化酶等细胞系统失去活性 | 苯酚（石炭酸） | 白色针状结晶，弱碱性易溶于水，有芳香味 | 杀菌力强，3%～5%用于环境与器械消毒，2%用于皮肤消毒 |
| | 煤酚皂（来苏儿） | 由煤酚和植物油、氢氧化钠按一定比例配制而成。无色，见光和空气变为深褐色，与水混合成为乳状液体。毒性较低 | 3%～5%用于环境消毒；5%～10%用于器械消毒，处理污物；2%的溶液用于术前、术后和皮肤消毒 |
| | 复合酚（农福、消毒净、消毒灵） | 由冰醋酸、混合酚、十二烷基苯磺酸、煤焦油按一定比例混合而成，为棕色黏稠状液体，有煤焦油臭味，对多种细菌和病毒有杀灭作用 | 用水稀释100～300倍后，用于环境、畜舍、器具的喷雾消毒，稀释用水温度不低于8℃；用水稀释200倍，杀灭烈性传染病 |
| | 氯甲酚溶液（菌球杀） | 为甲酚的氯代衍生物，一般浓度为5%。杀菌作用强，毒性较小 | 主要用于禽舍、用具、污染物的消毒，用水稀释33～100倍后用于环境、畜禽舍的喷雾消毒 |

（续）

| 名称 | 概述 | 名称 | 性状和性质 | 使用方法 |
|---|---|---|---|---|
| 表面活性剂 | 又称清洁剂或除污剂（双链季胺酸盐类消毒剂）。作用机理是：①可以吸附到菌体表面，改变细胞膜透性，溶解损伤细胞；②表面活性物质向外流，性能在菌体表面浓集，阻碍细菌代谢，使细胞结构紊乱；③渗透到菌体内使蛋白质发生变性和沉淀；④破坏细菌酶系统 | 新洁尔灭（苯扎溴铵）。市售浓度5%的苯扎溴铵水溶液 | 无色或浅色液体，震摇产生大量泡沫。对革兰氏阴性细菌的杀灭效果比革兰氏阳性细菌强，能杀灭有囊膜的亲脂性病毒，不能杀灭亲水病毒、芽孢菌、结核菌，易产生耐药性 | 皮肤、器械消毒用0.1%的溶液（以苯扎溴铵计），黏膜、创口消毒用0.02%以下的溶液，0.5%~1%溶液用于手术局部消毒 |
| | | 度米芬（杜米芬） | 白色或微白色片状结晶，能溶于水和乙醇，主要用于细菌病原，消毒能力强，毒性小 | 可用于环境、皮肤、黏膜、器械和创口的消毒。皮肤、器械消毒用0.05%~0.1%的溶液，带畜禽消毒用0.05%的溶液喷雾 |
| | | 苯甲溴铵溶液（百毒杀）。市售浓度一般为10%苯甲溴铵溶液 | 白色，无臭，无刺激性，无腐蚀性的溶液，性质稳定，不受环境酸碱度、水质硬度、粪便血污等有机物影响，热影响，可长期保存，且适用范围广 | 饮水消毒，日常1:（2000~4000），可长期使用。疫病期间1:（1000~2000），连用7天；畜禽舍及带畜消毒，日常1:600；疫病期间1:（200~400）喷雾、洗刷、浸泡 |
| | | 双氯苯胍己烷 | 白色结晶粉末，微溶于水和乙醇 | 0.5%环境消毒，0.3%器械消毒，0.02%皮肤消毒 |
| | | 环氧乙烷（烷基化合物） | 无色气体，沸点10.3℃，易燃，易爆，有毒 | 50毫克/升放入密闭容器内，用于器械等消毒 |
| | | 氯己定（洗必泰） | 白色结晶，微溶于水，易溶于乙醇，禁与氯化采配伍 | 0.022%~0.05%水溶液，术前洗手浸泡5分钟；0.01%~0.025%用于腹腔、膀胱等冲洗 |

| 类别 | 作用机理 | 名称 | 性状 | 用途 |
|---|---|---|---|---|
| 醇类消毒剂 | 醇类物质。作用机理是：使蛋白质变性沉淀；快速渗透过细菌胞壁进入菌体内，溶解破坏细菌细胞，抑制细菌酶系统，阻碍细菌正常代谢；可快速杀灭多种微生物 | 乙醇（酒精，以70%～75%乙醇杀菌能力最强） | 无色透明液体，易挥发、易燃，可与水和精油任意混合。无水乙醇含乙醇量为95%以上，主要通过使细菌菌体蛋白凝固并脱水而发挥杀菌作用，对组织有刺激作用，浓度越大刺激性越强 | 70%～75%用于皮肤、手背、注射部位和器械械及手术、实验台面消毒，作用时间3分钟。注意：不能作为灭菌剂使用，不能用于黏膜消毒。浸泡消毒时，消毒物品不能带有过多水分，物品要清洁 |
| | | 异丙醇 | 无色透明液体，易挥发、易燃，具有乙醇和丙酮混合气味，与水和大多数有机溶剂可混融 | 50%～70%的水溶液涂擦与浸泡，作用时间5～60分钟。无论过浓过稀，杀菌作用都会减弱。只能用于物体表面和环境消毒。杀菌效果优于乙醇，毒性也高于乙醇，有轻度的蓄积和致癌作用 |
| 强碱类 | 碱类物质。作用机理是：氢氧根离子可以使蛋白质和核酸，使微生物的结构和功能受到损害，同时可分解菌体中的糖类而杀灭细菌和病毒。尤其是对病毒和革兰氏阴性杆菌的杀灭作用最强，但其杀菌腐蚀性也强 | 氢氧化钠（火碱） | 白色干燥颗粒、片状结晶、棒状、块状，易溶于水和乙醇，易吸收空气中$CO_2$形成碳酸钠或碳酸氢钠盐。对细菌繁殖体、芽孢体和病毒有很强的杀灭作用，对寄生虫卵也有杀灭作用，浓度增大，作用增强 | 2%～4%溶液可杀死病毒和繁殖型细菌，30%溶液10分钟可杀死芽孢，4%溶液45分钟杀死芽孢，如加入10%食盐能增强杀芽孢能力。2%～4%的热溶液用于喷洒或洗刷消毒，畜舍、仓库、墙壁、工作间、入口处、运输车辆、饲用具等；5%用于发酵消毒 |
| | | 生石灰（氧化钙） | 白色（或灰白色）块状、粉末、无臭，易吸水，加水后生成氢氧化钙 | 加水配制10%～20%石灰乳涂刷畜舍、墙壁、畜栏等进行消毒 |
| | | 草木灰 | 新鲜草木灰主要含氢氧化钾。取刚过筛的草木灰10～15千克，加水35～40千克，搅拌均匀，持续煮沸1小时，补足蒸发的水分即成20%～30%草木灰 | 20%～30%草木灰可用于圈舍、运动场、墙壁及食槽的消毒。应注意水温在50～70℃ |

**(3) 消毒剂的使用方法**

1）浸泡法。浸泡法主要用于器械、用具、衣物等的消毒。一般地，洗涤干净后再浸泡，药液要浸过物体，浸泡时间应长些，水温应高些。鸡舍入口处消毒槽内，可使用浸泡药物的草垫或草袋对人员的靴鞋消毒。

2）喷洒法。喷洒地面、墙壁、舍内固定设备等，可用细眼喷壶；对舍内空间进行消毒，则用喷雾器。喷洒要全面，药液要喷到物体的各个部位。喷洒地面，药液量为 2 升/米²，喷洒墙壁、顶棚，用量为 1 升/米²。

3）熏蒸法。熏蒸法适用于可以密闭的鸡舍。这种方法简便、省事，对房屋的结构无损，消毒全面。常用的药物有福尔马林（40% 的甲醛水溶液）、过氧乙酸水溶液。消毒时，禽舍及设备必须清洗干净，因为气体不能渗透到鸡粪和污物中去，否则不能发挥应有的效力；禽舍要密封，不能漏气，应将进出气口、门窗和排气扇等的缝隙糊严。

4）气雾法。气雾粒子是悬浮在空气中的气体与液体的微粒，直径小于 200 纳米，分子量极轻，能悬浮在空气中较长时间，可飘移到鸡舍内的空隙中。气雾是消毒液倒进气雾发生器后喷射出的雾状微粒，是消灭空气中病原微生物的理想办法。如果全面消毒鸡舍空间，每立方米用 5% 的过氧乙酸溶液 0.5 毫升喷雾。

**(4) 肉鸡场的消毒程序**

1）进入人员及物品消毒。养鸡场周围要有防疫墙或防疫沟，只设置一个大门入口以控制人员和车辆物品进入。设置人员消毒室，消毒室内设置淋浴装置、熏蒸衣柜，放置场区工作服，进入人员必须淋浴，换上清洁消毒好的工作衣帽和靴后方可进入，工作服不准穿出生产区，工作服应定期更换清洗消毒。工作人员工作前要洗手消毒，进入场区的所有物品、用具都要消毒。舍内的用具要固定，不得互相串用。非生产性用品，一律不能带入生产区。

2）进入车辆消毒。大门入口处必须设置车辆消毒池。车辆消毒池的长度为进出车辆车轮 2 个周长以上，消毒液可用消毒时间长的复合酚类和 3%~5% 的氢氧化钠溶液，最好再设置喷雾消毒装置。车辆进出鸡场大门口，必须对车身消毒。要尽量使用场内车辆和工业用车，而其他农场、牧场、兽药厂等有关单位的车辆尽量不用。接鸡转群所用的笼具和车辆等均需喷洒消毒。

3）场区环境消毒。进鸡前对鸡舍周围 5 米以内的地面用 0.2%~0.3% 过氧乙酸（或者使用 5% 的火碱溶液，或 5% 的甲醛溶液）进行喷洒；鸡舍周围1.5～2米撒布生石灰消毒；鸡场场内的道路和鸡舍周围定期消毒，尤其是生产区的主要道路每天或隔日喷洒药液消毒。

4）鸡舍消毒。鸡淘汰或转群后，要对鸡舍进行彻底的清洁消毒，消毒步骤如下：

① 清理清扫。移出能够移出的设备和用具，清理舍内杂物，然后将鸡舍的各个部位、各个角落的所有灰尘、垃圾及粪便清理、清扫干净。为了减少尘埃飞扬，清扫前喷洒消毒药。

② 冲洗。用高压水枪将鸡舍的墙壁、地面、屋顶和可以冲洗的设备用具冲洗干净。

③ 消毒药喷洒。鸡舍冲洗干燥后，用5%～8%的火碱溶液喷洒地面、墙壁、屋顶、笼具、饲槽等2～3次，用清水洗刷饲槽和饮水器。其他不宜用水冲洗和火碱消毒的设备可以用其他消毒液涂擦。

④ 熏蒸消毒。能够密闭的鸡舍，特别是雏鸡舍，密闭后使用福尔马林溶液和高锰酸钾熏蒸24～48小时待用。根据育雏舍的空间分别计算好福尔马林和高锰酸钾的用量，具体见表5-2。

表5-2    不同熏蒸浓度的药物使用量

| 药品名称 | 熏蒸浓度 I 级 | 熏蒸浓度 II 级 | 熏蒸浓度 III 级 |
|---|---|---|---|
| 福尔马林/（毫升/米³） | 14 | 28 | 42 |
| 高锰酸钾/（克/米³） | 7 | 14 | 21 |

【注意】

    肉鸡舍污浊时可用高浓度，清洁时可用低浓度。把高锰酸钾放入陶瓷或瓦制的容器内（育雏舍面积大时可以多放几个容器），将福尔马林溶液缓缓地倒入，迅速撤离，封闭好门窗。熏蒸效果最佳的环境温度是24℃以上，相对湿度为75%～80%，熏蒸时间为24～48小时。熏蒸后，打开门窗通风换气1～2天，使其中的甲醛气体逸出，不立即使用的可以不打开门窗，待用前再打开门窗通风。两种药物反应剧烈，因此盛装药品的容器要尽量大一些。熏蒸后可以检查药物的反应情况，若残渣是一些微湿的褐色粉末，则表明反应良好；若残渣呈紫色，则表明福尔马林的量不足或药效降低；若残渣太湿，则表明高锰酸钾的量不足或药效降低。

5）带鸡消毒。正在饲养鸡的鸡舍可用"过氧乙酸"进行带鸡消毒，每立方米空间用 30 毫升的纯过氧乙酸配成 0.3% 的溶液喷洒，选用大雾滴的喷头，喷洒鸡舍各部位、设备和鸡群。一般地，每周带鸡消毒 1~2 次，发生疫病期间每天带鸡消毒 1 次。也可选用其他高效、低毒、广谱、无刺激性的消毒药，如 700 毫克/千克的爱迪伏消毒液经过 160 倍稀释后带鸡消毒，效果良好；或用 50% 的百毒杀原液经过 3000 倍稀释后带鸡消毒。

 【提示】

冬季寒冷不要把鸡体喷得太湿，可以使用温水稀释；夏季带鸡消毒有利于降温和减少热应激死亡。

6）饲喂、饮水等用具的消毒。饲喂、饮水用具每周洗刷消毒一次，炎热季节应增加次数，对于饲喂雏鸡的开食盘或塑料布，正反两面都要清洗消毒；医疗器械必须先冲洗后再煮沸消毒；拌饲料的用具及工作服每天用紫外线照射一次，照射时间为 20~30 分钟。

7）饲料和饮水消毒。饲料和饮水中含有病原微生物，可以引起鸡群感染疾病。通过向饲料和饮水中添加消毒剂，可抑制和杀死病原，减少鸡群发生疫病。二氧化氯（$ClO_2$）是一种广谱、高效、低毒和安全的消毒剂，可以拌料或饮水消毒，以降低鸡群疾病发生率，减少死亡淘汰率，改善鸡舍环境，提高生产性能。

8）粪便消毒。粪便应及时清理，堆放在指定地点，远离鸡舍，并进行消毒处理，如采用堆积发酵或喷洒消毒药等方法，可杀死病原微生物。

**(5) 消毒注意事项**

1）正确地选择消毒剂。市场上消毒剂的种类繁多，每一种消毒剂都有其优点及缺点，但没有一种消毒剂是十全十美的，介绍的广谱性也是相对的。所以，在选择消毒剂时，应充分了解各种消毒剂的特性和消毒的对象。

2）制订并严格执行消毒计划。鸡场应制订消毒计划，按照消毒计划严格实施。消毒计划包括：计划（消毒方法、消毒时间次数、消毒场所和对象、消毒药物选择、配置和更换等）、执行（消毒对象的清洁卫生和清洁剂或消毒剂的使用）和控制（对消毒效果肉眼和微生物学的监测，以确定病原体的减少和杀灭情况）。

3）消毒表面的清洁。清除消毒表面的污物（尤其是有机物）是提高消毒效果的最重要措施。若消毒表面不清洁，会阻止消毒剂与细菌的接触，使杀菌效力降低。例如，当鸡舍内有粪便、羽毛、饲料、蜘蛛网、污泥、脓液、油脂等存在时，会降低消毒剂的效力。在许多情况下，表面的清洁甚至比消毒更重要。进行各种表面的清洗时，除了刷、刮、擦、扫外，还应用高压水冲洗，效果会更好，有利于有机物的溶解与脱落。

【小知识】

有机物影响消毒剂效果的原因有：一是有机物能在菌体外形成一层保护膜，而使消毒剂无法直接作用于菌体；二是消毒剂与有机物会形成一种不溶性化合物，而使消毒剂无法发挥其消毒作用；三是消毒剂与有机物进行化学反应，而其反应产物并不具有杀菌作用；四是有机物悬浮液中的胶质颗粒状物会吸附消毒剂粒子，而将大部分抗菌成分从消毒液中移除；五是脂肪会将消毒剂去活化；六是有机物会引起消毒剂的 pH 变动，而使消毒剂不活化或效力低下。

4）药物浓度应正确。这是决定消毒剂效力的首要因素，稀释黏度大的消毒剂时须将消毒液搅拌均匀。药物浓度的表示方法有以下两种。

① 使用量以稀释倍数表示。这是制造厂商根据其药剂浓度计算所得的稀释倍数，表示 1 份的药剂用若干份的水稀释而成，如稀释倍数为 1000 倍时，即在每升水中添加 1 毫升药剂以配成消毒溶液。

② 使用量以 % 表示。当消毒剂的浓度以 % 表示时，表示每 100 克溶液中溶解了若干克或毫升的有效成分药品（重量百分率），但实际应用时有几种不同的表示方法。例如，某消毒剂含有 10% 某有效成分，表示该溶液每 100 克中有 10 克（或 10 毫升）消毒剂，或者 100 毫升溶液中有 10 毫升消毒剂。如果把含 10% 某有效成分的消毒剂配制成 2% 溶液，则每升消毒溶液需 200 毫升消毒剂与 800 毫升水混合而成。

5）药物的量充足。单位面积的药物使用量与消毒效果有很大的关系，因为消毒剂要发挥效力，须先使待消毒表面充分浸湿，所以如果将消毒剂浓度增加 2 倍，而将药液量减成 1/2，会因物品无法充分湿润而无法达到消毒效果。通常鸡舍的水泥地面消毒每 3.3 米$^2$ 至少要 5 升的消毒液。

6）接触时间充足。消毒时，至少应有 30 分钟的浸渍时间以确保消毒效果。如果在消毒手时，用消毒液洗手后又立即用清水洗手，是起不到消毒效果的。在浸渍消毒鸡笼、蛋盘等器具时，不必浸渍 30 分钟，因其在取出后至干燥前消毒作用仍在进行，所以浸渍约 20 秒即可。细菌与消毒剂接触时，不会立即被消灭，细菌的死亡与接触时间、温度有关。消毒剂所须杀菌的时间，从数秒到几个小时不等，如氧化剂作用快速、醛类则作用缓慢。消毒杀菌速度开始非常快，但随着细菌数的减少杀菌速度逐步缓慢下来，到最后要完全杀死所有的菌体，要有显著长的时间。因此消毒剂需要一段作用时间（通常指 24 小时）才能将微生物完全杀灭。此外，须注意的是许多灵敏消毒剂在液相时才能有最大的杀菌作用。

7）保持一定的温度。消毒作用也是一种化学反应，因此升高温度可提高消毒杀菌率。若将化学制剂加于热水或沸水中，则其杀菌力大增。消毒剂的大部分消毒作用在温度上升时有显著的增进，尤其是戊二醛类，但卤素类的碘剂例外。对于许多常用的温和消毒剂而言，接近冰点的温度时是毫无作用的。在用甲醛气体熏蒸消毒时，如将室温提高到 24℃ 以上，会得到较佳的消毒效果。但须注意的是，真正重要的是消毒物表面的温度，而非空气的温度，常见的错误是在使用消毒剂前极短时间内进行室内升温，如此不足以提高水泥地面的温度。

8）勿与其他消毒剂或杀虫剂等混合使用。把两种以上的消毒剂或杀虫剂混合使用虽然会很方便，但却会发生一些肉眼可见的沉淀、分离变化或一些肉眼见不到的变化，如 pH 的变化，从而使消毒剂或杀虫剂失去效力。为了增大消毒药的杀菌范围，减少病原种类，可以选用几种消毒剂交替使用，使用一种消毒剂 1~2 周后再换用另一种消毒剂，能起到互补作用，因为每种消毒剂都有一定的局限性，不可能杀死所有的病原微生物。

9）注意使用上的安全。许多消毒剂具有刺激性或腐蚀性，如强酸性的碘剂、强碱性的石炭酸剂等，因此切勿在调配药液时用手直接去搅拌，或在进行器具消毒时直接用手去搓洗。如果不慎沾到皮肤，应立即用水洗干净。使用毒性（或刺激性）较强的消毒剂或喷雾消毒时，应穿防护衣与戴防护眼镜、口罩、手套。有些磷制剂、甲苯酚、过氧乙酸等，具有可燃性和爆炸性，因此应提防火灾和爆炸的发生。

10）消毒后的废水须处理。消毒后的废水必须进行处理后方能排放。

**4. 免疫接种**

目前，传染病仍是威胁我国肉鸡业的主要疾病，而"免疫接种"仍是预防传染病的有效手段。

（1）**疫苗的种类及特点**　疫苗可分为活毒疫苗和死疫苗两大类。常用的疫苗见表5-3。

表5-3　肉鸡场常用的疫苗

| 病名 | 疫苗名称 | 用　　法 | 免　疫　期 | 注意事项 |
|---|---|---|---|---|
| 马立克氏病 | 鸡马立克氏病火鸡疱疹病毒疫苗 | 1日龄雏鸡每只皮下注射0.2毫升（含2000个蚀斑单位） | 接种后2~3周产生免疫力，免疫期1.5年 | 1）用前注意疫苗的质量，使用专用稀释液<br>2）疫苗稀释后必须在1小时内用完<br>3）保持场地、用具洁净 |
|  | 鸡马立克氏病"814"冻干苗 | 1日龄雏鸡皮下注射0.2毫升/只 | 接种后8天产生免疫力，免疫期1.5年 | 方法同上。液氮中保存和运输；取出后将疫苗放入38℃左右的温水中，溶化后稀释应用；用时摇匀疫苗 |
|  | 鸡马立克氏病二价或三价冻干苗 | 同上 | 接种后10天产生免疫力，免疫期1.5年 | 方法同上 |
| 新城疫 | 新城疫Ⅱ | 生理盐水或蒸馏水稀释，稀释后滴鼻、点眼、饮水或气雾 | 7~9天产生免疫力，免疫期受多种因素的影响，3~6周不等 | 1）冻干苗冷冻保存，-15℃以下保存，有效期2年<br>2）免疫后检测抗体，了解抗体情况。首免后1个月二免。生产中常用 |
|  | 新城疫Ⅲ | 同上 | 同上 | 同上 |
|  | 新城疫Ⅳ | 同上 | 同上 | 同上 |
|  | 新城疫Ⅰ | 同上 | 注射后72小时产生免疫力，免疫期1年 | 同上 |
|  | 新城疫灭活苗 | 雏鸡0.25~0.3毫升/只，成鸡0.5毫升/只，皮下或肌内注射 | 注射后2周产生免疫力，免疫期3~6个月 | 1）疫苗常温保存，避免冷冻<br>2）逐只注射，剂量要准确 |

（续）

| 病名 | 疫苗名称 | 用　　法 | 免　疫　期 | 注意事项 |
|---|---|---|---|---|
| 传染性法氏囊炎 | 传染性法氏囊弱毒苗 | 首免使用。点眼、滴鼻、肌内注射、饮水 | 2～3个月 | 1）冷冻保存<br>2）免疫前检测抗体水平，确定首免时间<br>3）免疫前后对鸡舍进行彻底的清洁消毒，减少病毒数量 |
| | 传染性法氏囊中毒苗 | 二免、三免或污染严重地区首免使用。饮水 | 3～5个月 | 1）冷冻保存<br>2）首免后2～3周二免<br>3）免疫前后对鸡舍进行彻底的清洁消毒，减少病毒数量 |
| | 传染性法氏囊油乳剂灭活苗 | 种鸡群在18～20周龄和40～45周龄皮下注射0.5毫升/只，以提高雏鸡母源抗体水平 | 10个月 | 1）常温保存<br>2）颈部皮下注射<br>3）1周龄以内的雏鸡可与弱毒苗同时使用，有助于克服母源抗体干扰 |
| 禽流感 | 禽流感油乳灭活苗 | 分别在4～6周龄、17～18周龄和40周龄接种一次 | 6个月 | 4～6周龄0.3毫升/只，17～18周龄和40周龄0.5毫升/只，颈部皮下注射 |
| 传染性支气管炎 | 传染性支气管炎 $H_{120}$ | 点眼、滴鼻或饮水 | 3～5天产生免疫力，免疫期3～4周 | 1）冷冻保存<br>2）基础免疫<br>3）点眼、滴鼻可以促进局部抗体产生 |
| | 传染性支气管炎 $H_{52}$ | 3周龄以上鸡使用。点眼、滴鼻或饮水 | 3～5天产生免疫力，免疫期5～6个月 | 1）冷冻保存<br>2）使用传染性支气管炎 $H_{120}$ 免疫后再使用此苗 |

（续）

| 病名 | 疫苗名称 | 用　法 | 免　疫　期 | 注 意 事 项 |
|---|---|---|---|---|
| 传染性喉气管炎 | 传染性喉气管炎弱毒苗 | 8周龄以上鸡点眼；15～17周龄再接种一次 | 免疫期6个月 | 1）本疫苗毒力较强，不得用于8周龄以下鸡<br>2）使用此疫苗容易诱发呼吸道病，所以在使用此疫苗前后要使用抗生素 |
| 鸡脑脊髓炎 | 鸡脑脊髓炎弱毒苗 | 免疫种鸡，10周龄及产蛋前4周各一次，饮水免疫 | 保护子一代6周内不发生本病 | 本疫苗不能用于4～5周龄以内的雏鸡；产前4周内不得接种疫苗，否则种蛋能带毒 |
| 鸡痘 | 鸡痘鹌鹑化弱毒苗 | 翅下刺种或翅内侧皮下注射 | 8天产生免疫力，免疫期1年以上 | 1）接种后要观察接种效果<br>2）接种时间：春夏季育雏时，首免在20天左右；其他季节育雏时，在开产前免疫 |
| 产蛋下降综合征 | 产蛋下降综合征（EDS～76）灭火苗 | 110～120天皮下注射0.5毫升/只 | 1年以上 | |
| 传染性鼻炎 | 副鸡嗜血杆菌油佐剂灭活苗 | 分别于30～40日龄和120日龄左右各注射一次 | 小鸡免疫期3个月，大鸡免疫期6个月 | 根据疫情，必要时再免疫接种。30～40日龄肌内注射0.3毫升/只，120日龄左右0.5毫升/只 |
| 大肠杆菌病 | 大肠杆菌病灭活菌苗（自家苗） | 3周龄或1个月以上雏鸡颈部皮下或肌内注射1毫升，4～5周后再注射一次 | 注射后10～14天产生免疫力，免疫期3～4个月 | 应选择本场分离的致病菌株制成疫苗 |
| 慢性呼吸道病 | 鸡败血霉形体灭活苗 | 6～8周龄，颈部皮下注射0.5毫升 | 10～15天产生免疫力，再注射一次免疫期持续10个月 | 1）2～8℃保存，不能冻结<br>2）常用于种鸡群<br>3）污染严重地区产蛋前再免疫一次 |

（续）

| 病名 | 疫苗名称 | 用 法 | 免 疫 期 | 注 意 事 项 |
|---|---|---|---|---|
| 复合苗 | 传染性支气管炎 + 新城疫二联油乳剂苗 | 首免 $H_{120}$ + Ⅳ，点眼、滴鼻；二免 $H_{52}$ + Ⅳ，点眼、滴鼻或饮水 | 使用后 5 ~ 7 天产生免疫力，免疫期 5 ~ 6 个月 | |
| | 新城疫 + 减蛋综合征二联油乳剂苗 | 16 ~ 18 周龄肌内或皮下注射 0.5 毫升/只 | 免疫期可保持整个产蛋期 | |
| | 新城疫 + 法氏囊灭活二联油乳剂苗 | 种鸡产前肌内或皮下注射 0.5 毫升/只 | 免疫期可保持整个产蛋期 | |
| | 新城疫 + 法氏囊 + 减蛋综合征三联灭活油乳苗 | 种鸡产前肌内或皮下注射 0.5 毫升/只 | 免疫期可保持整个产蛋期 | |
| | 新城疫 + 传染性支气管炎 + 减蛋综合征三联灭活油乳苗 | 种鸡产前肌内或皮下注射 0.5 毫升/只 | | 使用联苗时，要注意新城疫抗体水平，有时不理想 |

（2）疫苗的贮存和运输

1）贮存。不同的生物制品要求不同的贮存条件，应根据说明书的要求进行贮存。若贮存不当，生物制品会失效，起不到应有的作用。一般地，生物制品应贮存在低温、阴暗及干燥的地方，最好用冰箱贮存。氢氧化铝苗、油佐剂苗应贮存在普通冰箱中，防止冻结，而冻干苗最好在低温冰箱中贮存。有个别疫苗需在液氮中超低温贮存。

2）运输。生物制品在运输过程中要求包装完善，防止损坏。条件许可时，应将生物制品置于冷藏箱内运输，选择最快捷的运输方式，到达目的地后尽快送至贮存场所。需液氮贮存的疫苗应置于液氮罐内运输。

3）检查。各种生物制品在购买及贮存使用前都应详细检查。凡没有瓶签或瓶签模糊不清、过期失效的，生物制品色泽有变化、内有异物、发霉的，瓶塞不紧或瓶子破裂的，没有按规定贮存的都不得使用。

（3）免疫接种的方法　免疫接种的方法有多种，不同的方法操作不同，必须严格注意，保证免疫接种的质量。

1）饮水免疫。饮水免疫避免了逐只抓捉，可减少劳力和应激，但这种免疫接种受影响的因素较多，免疫不均匀。饮水免疫要选择高效的活毒疫苗；稀释疫苗的水应是清凉的，水温不超过18℃，水中不应含有任何能灭活疫苗病毒或细菌的物质；稀释疫苗所用的水量应根据鸡的日龄及当时的室温来确定，使疫苗稀释液在1~2小时内全部饮完（饮水免疫时不同鸡龄的配水量见表5-4）；饮水过程中应加入0.1%~0.3%的脱脂乳（或山梨糖醇），或3%~5%的鲜乳（煮沸）以保护疫苗的效价。饮水免疫操作要点如下：

①适当停水。为了使每只鸡在短时间内均能摄入足够量的疫苗，在供给含疫苗的饮水之前2~4小时应停止饮水供应（视天气而定）。

②饮水器充足。清洗饮水器，饮水器上不能沾有消毒药物；为了使鸡群能得到较均匀的免疫效果，饮水器应充足，保证2/3以上的鸡同时有饮水的位置；饮水器不得置于直射阳光下；当风沙较大时，饮水器应全部放在室内。

③饮水免疫管理。在饮水免疫期间，饲料中也不应含有能灭活疫苗病毒和细菌的药物；夏季天气炎热时，饮水免疫最好在早上完成，避免温度过高影响疫苗的效价；饮水前后2天可以在100千克饲料中额外添加5克多种维生素，或在饮水中添加5~8克/100千克维生素C（免疫当天水中不添加）缓解应激。

表5-4　饮水免疫时不同鸡龄的配水量

| 鸡日龄/天 | 肉用鸡/（毫升/只） |
| --- | --- |
| 5~15 | 5~10 |
| 16~30 | 10~20 |
| 31~60 | 20~40 |
| 61~120 | 40~50 |
| 120以上 | 50~55 |

2）滴眼滴鼻。如果滴眼滴鼻操作得当，往往效果比较确实，尤其是对一些嗜呼吸道的疫苗，经滴眼滴鼻可以产生局部免疫抗体，免疫效果较好。当然，这种接种方法需要较多的劳动力，对鸡会造成一定的应激，如操作上稍有马虎，则往往达不到预期的目的。

滴眼滴鼻免疫要选择高效的活毒疫苗；稀释液必须用蒸馏水或生理盐水，最低限度应用冷开水；不要随便加入抗生素；稀释液的用量应尽量准确，最好根据自己所用的滴管或针头事先滴试，确定每毫升多少滴，然后再计算实际使用疫苗稀释液的用量。滴眼滴鼻免疫操作要点如下。

① 逐只操作。为了使操作准确无误，一只手一次只能抓一只鸡，不能一只手同时抓几只鸡。

② 姿势正确。在滴入疫苗之前，应把鸡的头颈摆成水平的位置（一侧眼鼻朝上，另一侧眼鼻朝下），并用一只手指按住朝向地面一侧的鼻孔。在将疫苗液滴入到眼和鼻孔上以后，应稍停片刻，待疫苗液确已被吸入后再将鸡轻轻地放回地面。若疫苗液未被吸入，可以用手指捂住另一个鼻孔。

③ 注意隔离。应注意做好已接种鸡和未接种鸡之间的隔离，以免走乱。

④ 光线要阴暗。免疫抓鸡时，鸡容易产生应激。最好在晚上接种，如果天气阴凉，也可在白天适当地关闭门窗后在稍暗的光线下抓鸡接种。

3）肌内或皮下注射。肌内或皮下注射免疫接种的剂量准确、效果确实，但耗费劳力较多，应激较大。肌内或皮下注射免疫的疫苗既可以是弱毒苗，也可以是灭活苗；疫苗稀释液应是经消毒而无菌的，一般不要随便加入抗菌药物。疫苗的稀释和注射量应适当，若量太小则操作时误差较大，若量太大则操作麻烦，一般以每只0.2~1毫升为宜。肌内或皮下注射免疫操作要点如下：

① 注射器校对及消毒。使用前，要对注射器进行检查校对，防止漏水和刻度不准确。在注射器连续注射过程中，应经常检查核对注射器刻度容量和实际容量之间的误差，以免实际注射量偏差太大；注射器及针头使用前可用蒸气或水煮消毒，针头的数量要充足。

② 注射部位。皮下注射的部位一般选在颈部背侧，肌内注射部位一般选在胸肌或肩关节附近的肌肉丰满处。

③ 插针方向及深度。针头插入的方向和深度也应适当，在颈部皮下注射时，针头方向应向后向下，针头方向与颈部纵轴基本平行。雏鸡的插入深度为0.5~1厘米，日龄较大的鸡可为1~2厘米。在胸部肌内注射时，针头方向应与胸骨大致平行，插入深度雏鸡为0.5~1厘米，日龄较大的鸡可为1~2厘米。在将疫苗液推入后，针头应慢慢拔出，以免疫苗液漏出。

④ 注射次序。如果鸡群中有假定健康群，在接种过程中，应先注射健康群，再接种假定健康群，最后接种有病的鸡群。

⑤ 针头更换。要求注射一只鸡更换一个针头，规模化饲养这样操作难度较大，但最少要保证每50～100只鸡更换一个针头，尽量减少相互感染。吸取疫苗的针头和给鸡注射用的针头应绝对分开，尽量注意卫生以防止因免疫注射而引起疾病的传播或引起接种部位的局部感染。

另外，在注射过程中，应边注射边摇动疫苗瓶，力求疫苗的均匀。为防应激，也要使用抗应激药物。

4）气雾。气雾免疫可节省大量的劳力，如操作得当，效果甚好，尤其是对呼吸道有亲嗜性的疫苗效果更佳，但气雾也容易引起鸡群的应激，尤其容易激发慢性呼吸道病的暴发。气雾免疫的疫苗应是高效的弱毒苗；疫苗的稀释应用去离子水或蒸馏水，不得用自来水、开水或井水。稀释液中应加入0.1%的脱脂乳或3%～5%的甘油。稀释液的用量因气雾机及鸡群的平养、笼养密度而异，应严格按照说明书推荐用量使用，必要时可以先进行预气雾（先用水进行喷雾）确定稀释液的用量。气雾免疫操作要点如下：

① 气雾机测试。气雾前，应对气雾机的各种性能进行测试，以确定雾滴的大小、稀释液用量、喷口与鸡群的距离（高度）、操作人员的行进速度等，以便在实施时参照进行。

② 雾滴调节。严格控制雾滴的大小，雏鸡用雾滴的直径为30～50微米，成鸡为5～10微米。

③ 气雾操作。实施气雾时，气雾机喷头在鸡群上空50～80厘米处，对准鸡头来回移动喷雾，使气雾全面覆盖鸡群，使鸡群在气雾后头背部羽毛略有潮湿感觉为宜。

④ 环境维护。气雾期间，应关闭鸡舍所有门窗，停止使用风扇或抽气机，在停止喷雾20～30分钟后，才可开启门窗和启动风扇（视室温而定）。气雾时，鸡舍内温度和湿度应适宜，温度太低或太高均不适宜进行气雾免疫，如气温较高，可在晚间较凉快时进行。鸡舍内的相对湿度对气雾免疫也有影响，一般相对湿度在70%左右最为合适。

⑤ 药物使用。气雾前后3天内，应在饲料或饮水中添加适当的抗菌药物，预防慢性呼吸道病的暴发。

**（4）免疫程序**

1）免疫程序的概念。鸡场根据本地区、本场疫病发生情况（疫病流行种类、季节、易感日龄)、疫苗性质(疫苗的种类、免疫方法、免疫期)和其他情况制定的适合本场的一个科学的免疫计划称为免疫程序。

2)制定免疫程序的考虑因素。

① 本地或本场的鸡病疫情。对威胁本场的主要传染病应进行免疫接种,如鸡的马立克氏病、鸡新城疫、鸡传染性法氏囊病、鸡传染性支气管炎、传染性喉气管炎、鸡减蛋综合征等在我国大部分地区广为流行,且难以治愈,必须纳入免疫计划之内。对本地和本场尚未证实发生的疾病,必须证明确实已受到严重威胁时才能计划接种,对强毒型的疫苗更应非常慎重,非不得以不进行接种。

② 所养鸡的用途及饲养期。如肉种鸡在开产前需要接种传染性法氏囊病灭活疫苗,而商品肉鸡则不需要。商品肉鸡不会发生减蛋综合征,不需要免疫,而肉用种鸡可以发生,必须在开产前接种减蛋综合征疫苗。

③ 母源抗体的影响。母源抗体可以通过胎盘、初乳等传递,使初生者获得保护。但母源抗体的存在会干扰并降低初生雏鸡对初免疫苗的免疫反应,从而减弱免疫效果,所以一般要考虑母源抗体对雏鸡初免的影响,选择适宜时间进行初次免疫。特别是鸡马立克氏病、鸡新城疫和传染性法氏囊病的初次免疫更应注意。

④ 鸡对某些疾病抵抗力的差异。如肉用种鸡对病毒性关节炎的易感性高,因此应将该病列入肉用种鸡的免疫程序中。

⑤ 疫苗接种日龄与家禽易感性的关系。如 1 ~ 3 日龄雏鸡对鸡马立克氏病毒的易感性高(1 日龄的易感性是 35 日龄的 1000 倍),因此,必须在雏鸡出壳后 24 小时内完成鸡马立克氏病疫苗的免疫接种。

⑥ 疫病发生与季节的关系。很多疾病的发生具有明显的季节性,如肾型传染性支气管炎多发生在寒冷的冬季,因此冬季饲养的鸡群应选择含有肾型传染性支气管炎病毒弱毒株的疫苗进行免疫。

⑦ 免疫途径。同一疫苗的不同免疫途径,可以获得截然不同的免疫效果。如鸡新城疫低毒力活疫苗 La Sota 弱毒株滴鼻点眼所产生的免疫效果是饮水免疫的 4 倍以上。新城疫弱毒苗气雾免疫不仅可以较快地产生血液抗体,而且可以产生较高的局部抗体。鸡传染性法氏囊活疫苗的毒株具有嗜肠道、在肠道内大量繁殖的特性,因而最佳的免疫途径是滴口或饮水。鸡痘活疫苗的免疫途径是刺种,而采用其他途径免疫时效果较差。

⑧ 疫苗毒株的强弱。对于同一疫苗，应根据其毒株的强弱不同，先接种毒力较弱的疫苗，再接种毒力强的疫苗，如传染性支气管炎，应选用毒力较弱的 $H_{120}$ 株弱毒苗首免，然后再用毒力相对较强的 $H_{52}$ 株弱毒苗免疫。另外，还应注意先活苗免疫后灭活苗免疫。

⑨ 疫苗的血清型和亚型。根据流行特点，有针对性地选用相对应的血清型和亚型的疫苗毒株。如免疫鸡马立克病疫苗，种鸡如果使用了细胞结合苗，商品代应该使用非细胞结合苗；肾型传染性支气管炎流行地区应选用含有肾型毒株的复合型支气管炎疫苗；存在鸡新城疫基因 Ⅵ、Ⅶ 的地区应该免疫复合鸡新城疫灭活苗；大肠杆菌流行严重的鸡场，选用本场的大肠杆菌血清型来制备疫苗效果良好。

⑩ 不同疫苗的接种时间。合理地安排不同疫苗的接种时间，尽量避免不同疫苗毒株之间的干扰。如接种传染性法氏囊病疫苗 7 天内不应接种其他疫苗；传染性支气管炎疫苗如果与鸡新城疫疫苗分开免疫，其免疫间隔时间不少于 1 周。

⑪ 抗体的监测结果。制定的免疫程序最好根据免疫监测结果及突发疾病的发生进行必要的修改和补充。

3）参考免疫程序。肉鸡参考的免疫程序见表 5-5 ~ 表 5-8。

表 5-5　肉种鸡的免疫程序

| 日龄/天 | 疫　苗 | 接　种　方　法 |
| --- | --- | --- |
| 1 | 马立克病疫苗 | 皮下或肌内注射 |
| 7 ~ 10 | 新城疫 + 传染性支气管炎弱毒苗（$H_{120}$） | 滴鼻或点眼 |
| | 复合新城疫 + 多价传染性支气管炎灭活苗 | 颈部皮下注射 0.3 毫升/只 |
| 14 ~ 16 | 传染性法氏囊炎弱毒苗 | 饮水 |
| 20 ~ 25 | 新城疫 Ⅱ 或 Ⅳ 系 + 传染性支气管炎弱毒苗（$H_{52}$） | 气雾、滴鼻或点眼 |
| | 禽流感灭活苗 | 皮下注射 0.3 毫升/只 |
| 30 ~ 35 | 传染性法氏囊炎弱毒苗 | 饮水 |
| | 鸡痘疫苗 | 翅膀内侧刺种或皮下注射 |
| 40 | 传染性喉气管炎弱毒苗 | 点眼 |

（续）

| 日龄/天 | 疫　　苗 | 接 种 方 法 |
|---|---|---|
| 60 | 新城疫Ⅰ系 | 肌内注射 |
| 80 | 传染性喉气管炎弱毒苗 | 点眼 |
| 90 | 传染性脑脊髓炎弱毒苗 | 饮水 |
| 110~120 | 新城疫+传染性支气管炎+减蛋综合征油苗 | 肌内注射 |
| | 禽流感油苗 | 皮下注射0.5毫升/只 |
| | 传染性法氏囊炎油苗 | 肌内注射0.5毫升/只 |
| | 鸡痘弱毒苗 | 翅膀内侧刺种或皮下注射 |
| 280 | 新城疫+传染性法氏囊炎油苗 | 肌内注射0.5毫升/只 |
| 320~350 | 禽流感油苗 | 皮下注射0.5毫升/只 |

**表5-6　快大型肉仔鸡的免疫程序（一）**

| 日龄/天 | 疫　　苗 | 接 种 方 法 |
|---|---|---|
| 1 | 马立克病疫苗 | 皮下或肌内注射 |
| 7~10 | 新城疫+传染性支气管炎弱毒苗（$H_{120}$） | 滴鼻或点眼 |
| 14~16 | 传染性法氏囊炎弱毒苗 | 饮水 |
| 25 | 新城疫Ⅱ或Ⅳ系+传染性支气管炎弱毒苗（$H_{52}$） | 气雾、滴鼻或点眼 |
| | 禽流感灭活苗 | 皮下注射0.3毫升/只 |
| 25~30 | 传染性法氏囊炎弱毒苗 | 饮水 |

**表5-7　快大型肉仔鸡的免疫程序（二）**

| 日龄/天 | 疫　　苗 | 接 种 方 法 |
|---|---|---|
| 1 | 马立克病疫苗 | 皮下或肌内注射 |
| 7 | 新城疫+传染性支气管炎（$H_{120}$）+肾型弱毒苗 | 滴鼻或点眼 |
| | 新城疫+传染性支气管炎二联灭活苗 | 皮下注射0.25毫升/只 |

（续）

| 日龄/天 | 疫　苗 | 接种方法 |
|---|---|---|
| 12~14 | 传染性法氏囊炎多价弱毒苗 | 1.5 倍量饮水 |
| 20~25 | 传染性法氏囊炎中等毒力苗 | 1.5 倍量饮水 |
| 30 | 新城疫Ⅱ或Ⅳ系+传染性支气管炎弱毒苗（$H_{52}$） | 气雾、滴鼻或点眼 |

表 5-8　黄羽肉鸡的免疫程序

| 日龄/天 | 疫　苗 | 接种方法 |
|---|---|---|
| 1 | 马立克氏疫苗 | 颈部皮下注射 0.25 毫升 |
| 1~3 | 新城疫+传染性支气管炎二联苗 | 点眼、滴鼻 |
| 7~8 | 支原体油苗 | 肌内注射 |
| 8~10 | 鸡痘疫苗 | 刺种 |
| 9~15 | 传染性法氏囊炎疫苗 | 饮水 |
| | 新城疫+传染性支气管炎二联苗 | 肌内注射 |
| 16~18 | 新城疫油苗 | 肌内注射 |
| | 传染性法氏囊炎疫苗 | 饮水 |
| 20~25 | 新城疫+传染性支气管炎二联苗 | 饮水 |
| 28~30 | 传染性喉气管炎疫苗 | 点眼 |
| 35~40 | 新城疫Ⅰ系苗 | 肌内注射 |
| 55~70 | 新城疫Ⅰ系苗 | 肌内注射或饮水 |

（5）免疫接种注意事项

1）注重疫苗的选择和使用。

① 选择优质疫苗。疫苗质量直接影响免疫效果。使用非 SPF（无特定病原体）动物生产、病毒或细菌的含量不足、冻干或密封不佳、油乳剂疫苗水分层、氢氧化铝佐剂颗粒过粗、生产过程污染、生产程序出现错误以及随疫苗提供的稀释剂质量差等，都会影响免疫效果。

② 做好疫苗的贮运。疫苗运输保存应有适宜的温度，如冻干苗要求

低温贮存运输。贮存期限不同要求的温度不同，不同种类的冻干苗对温度也有不同要求。灭活苗要低温保存，不能冻结。如果疫苗在运输或保管过程中因温度过高或反复冻融，油佐剂疫苗被冻结、保存温度过高或已超过有效期等，都可使疫苗减效或失效。从疫苗产出到接种家禽的各个过程不能严格按规定进行，就会造成疫苗效价降低，甚至失效，影响免疫效果。

③ 选用适宜的疫苗。疫苗的种类多，免疫同一种疾病的疫苗也有多种，必须根据本地区、本场的具体情况选用疫苗，盲目地选用疫苗就可能造成免疫效果不好，甚至诱发疫病。如果在未发生过某种传染病的地区（或鸡场）或未进行基础免疫的幼龄鸡群使用强毒活苗可能引起发病。许多病原微生物有多个血清型、血清亚型或基因型。如果选择的疫苗毒株与本场病原微生物存在太大差异或不属于一个血清亚型，那么大多不能起到保护作用。存在强毒株或多个血清（亚）型时仍用常规疫苗，免疫效果不佳。

2）注意肉鸡对疫苗的反应。鸡体是产生抗体的主体，动物机体对接种抗原的免疫应答在一定程度上会受到遗传控制，同时其他因素会影响抗体的生成，要提高免疫效果，必须注意观察鸡体对疫苗的反应。

① 减少应激。应激因素不仅影响鸡的生长发育、健康和生产性能，而且对鸡的免疫机能也会产生一定影响。免疫过程中强烈应激原的出现常常导致不能达到最佳的免疫效果，使鸡群的平均抗体水平低于正常。如果环境过冷、过热、通风不良、湿度过大、拥挤、转群、震动噪声、饲料突变、营养不良、疫病或其他外部刺激等应激源作用于家禽，导致家禽神经、体液和内分泌失调，肾上腺皮质激素分泌增加，胆固醇减少和淋巴器官退化等，免疫应答差。

② 注意母源抗体高低。母源抗体可保护雏鸡早期免受各种传染病的侵袭，但由于种蛋来自日龄、品种和免疫程序不同的种鸡群，或种鸡群的抗体水平低（或不整齐），会干扰后天免疫，影响免疫效果。若母源抗体过高时免疫，疫苗抗原会被母源抗体中和，不能产生免疫力。若母源抗体过低时免疫，会产生一个免疫空白期，易受野毒感染而发病。

③ 注意潜在感染。若鸡群内已感染了病原微生物，未表现明显的临床症状，接种后易激发鸡群发病。鸡群接种后需要一段时间才能产生比较可靠的免疫力，这段时间是一个潜在危险期，一旦有野毒入侵，就可能导致疾病发生。

④ 维持鸡群健康。鸡群体质健壮，健康无病，对疫苗应答强，产生的抗体水平高。若在鸡体质弱或处于疾病痊愈期时进行免疫接种，疫苗应答弱，免疫效果差。机体的组织屏障系统和黏膜破坏，也会影响机体的免疫力。

⑤ 避免免疫抑制。某些因素作用于机体，会损害鸡体的免疫器官，造成免疫系统的破坏和功能低下，影响正常的免疫应答和抗体产生，形成免疫抑制。免疫抑制会影响体液免疫、细胞免疫和巨噬细胞的吞噬功能，从而造成免疫效果不良，甚至失效。免疫抑制的主要原因有：一是传染性因素，如鸡马立克病病毒（MDV）、鸡传染性法氏囊炎病毒（IBDV）、禽白血病病毒（ALV）、网状内皮组织增生症病毒（REV）、鸡传染性贫血因子病毒（CIAV）等都可以抑制疫苗的免疫应答；二是营养因素，如果日粮的营养成分不全面，采食量过少或发生疾病，使营养物质的摄取量不足，特别是维生素、微量元素和氨基酸供给不足，可导致免疫功能低；三是药物因素，如饲料中长期添加氨基甙类抗生素会削弱免疫抗体的生成；四是有毒有害物质，重金属元素（如镉、铅、汞、砷等）可增加机体对病毒和细菌的易感性，一些微量元素过量也可以导致免疫抑制，黄曲霉毒素可以使胸腺、法氏囊、脾脏萎缩，抑制禽体 IgG、IgA 的合成，导致免疫抑制，增加对鸡马立克病病毒、沙门氏菌、盲肠球虫的敏感性，增加死亡率；五是应激因素，应激状态下，接种疫苗很难产生应有的免疫力。

3）注意免疫操作。

① 合理地安排免疫程序。安排免疫接种时，要考虑疾病的流行季节，鸡对疾病的敏感性，当地或本场疾病的威胁，肉鸡品系之间的差异，母源抗体的影响，疫苗的联合或重复使用及其他人为因素、社会因素、地理环境和气候条件等因素，以保证免疫接种的效果。如果当地流行严重的疾病没有列入免疫计划或没有进行确切免疫，在流行季节没有加强免疫，就可能导致感染发病。

② 确定恰当的接种途径。每一种疫苗均具有其最佳的接种途径，如随便改变就会影响免疫效果，例如禽脑脊髓炎的最佳免疫途径是经口接种，喉气管炎的接种途径是点眼，鸡新城疫Ⅰ系疫苗应肌注，禽痘疫苗一般刺种。

③ 正确稀释疫苗。一是保持适宜的接种剂量。在一定限度内，抗体的产量随抗原的用量而增加，如果接种剂量（抗原量）不足，就不能有

效地刺激机体产生足够的抗体。但如果接种剂量（抗原量）过多，超过一定的限度，抗体的形成反而受到抑制，这种现象称为"免疫麻痹"。所以，必须严格按照疫苗说明或兽医指导接种适量的疫苗。有些养鸡场超剂量多次注射免疫，这样可能引起机体的免疫麻痹，往往达不到预期的效果。二是科学安全地稀释疫苗。如马立克病疫苗不用专用稀释液或与植物染料、抗生素混合都会降低免疫效力。饮水免疫时仅用自来水稀释而没有添加脱脂乳，或用一般井水稀释疫苗，其酸碱度及离子均会对疫苗有较大的影响。稀释疫苗时稀释液过多或过少也会影响免疫效果。

④ 准确免疫操作。饮水免疫控水时间过长或过短，每只鸡的饮水量不匀或不足，均影响免疫效果。点眼滴鼻时放鸡过快，药液尚未完全吸入，影响免疫效果。采用气雾免疫时，因室温过高或风力过大，细小的雾滴迅速挥发，或喷雾免疫时未使用专用的喷雾免疫设备，造成雾滴过大过小，影响药液的吸入量。注射免疫时剂量未调准确或注射过程中发生故障或其他原因，疫苗注入量不足或未注入体内等，也影响免疫效果。

⑤ 保持免疫接种器具洁净。免疫器具（如滴管、刺种针、注射器）和接种人员消毒不严，带入野毒引起鸡群在免疫空白期内发病。饮水免疫时饮用水（或饮水器）不清洁或含有消毒剂影响免疫效果。免疫后的废弃疫苗和剩余疫苗未及时处理，在鸡舍内外长期存放也可引起鸡群感染发病。

⑥ 避免药物干扰。抗生素对弱毒活菌苗以及抗病毒药对疫苗等都有影响。在接种弱毒活菌苗期间（如接种鸡霍乱弱毒菌苗）使用抗生素，就会明显影响菌苗的免疫效果；在接种病毒疫苗期间使用抗病毒药物（如病毒唑、病毒灵等）也可能影响疫苗的免疫效果。

4）保持良好的环境条件。如果禽场的隔离条件较差，卫生消毒不严格，病原污染严重等，都会影响免疫效果。例如，育雏舍在进鸡前清洁消毒不彻底，存在马立克病毒、法氏囊病毒等，这些病毒在育雏舍内滋生繁殖，就可能导致免疫效果差，进而发生马立克病和传染性法氏囊炎。大肠杆菌严重污染的禽场，卫生条件差，空气污浊，即使接种大肠杆菌疫苗，大肠杆菌病也还可能发生。所以，必须保持良好的环境卫生条件，以提高免疫接种的效果。

## 二、做好肉鸡常见病的诊治

### 1. 禽流感

禽流感（AI）又称"欧洲鸡瘟"或"真性鸡瘟"，是由 A 型流感病毒引起的一种急性、高度接触性和致病性传染病，主要依靠水平传播，如空气、粪便、饲料和饮水等。禽流感病毒（AIV）在低温下抵抗力较强，故冬季和春季容易流行。

【注意】

禽流感病毒不仅血清型多，而且自然界中带毒动物多、毒株易变异，这为禽流感病的防治增加了难度。

【临床症状及病理变化】

（1）高致病型 防疫过的鸡出现渐进式死亡，未防疫的突然死亡，且死亡率高，见不到明显症状之前就已迅速死亡。邻近的水禽也出现死亡。体温升高可达43℃；采食量减退或不食；有呼吸道症状，如打喷嚏、鼻分泌物增多、呼吸极度困难、甩头，严重的可窒息死亡；冠和肉髯发绀，呈黑红色，头部及眼睑水肿、流泪、结膜炎；有的出现绿色下痢；蛋鸡产蛋明显下降，甚至绝产，蛋壳变薄、破蛋、沙皮蛋、软蛋、小蛋增多；有的腿部充血。

病理变化为腹部皮下有黄色胶冻样浸润；全身浆膜、肌肉出血；心包液增多呈黄色，心冠脂肪及腹壁脂肪出血；肝脏肿胀，肝叶之间出血；气囊炎；口腔黏膜、腺胃、肌胃角质层及十二指肠出血；盲肠扁桃体出血、肿胀、突出表面；腺胃糜烂、出血，肌胃溃疡、出血。头骨、枕骨、软骨出血，脑膜充血；卵泡变性、输卵管退化、卵黄性腹膜炎、输卵管内有蛋清样分泌物；胰腺有点状白色坏死灶；个别肌胃皮下出血。

（2）温和型 产蛋量突然下降，蛋壳颜色变浅、变白；排白色稀粪，伴有呼吸道症状；胰脏有白色坏死点；卵泡变形、坏死；往往伴有卵黄性腹膜炎。

【防治措施】

（1）预防措施

1）科学管理。不从疫区或疫病流行情况不明的地区引种（或调入）鲜活禽产品。控制外来人员和车辆进入鸡场，若确需进入则必须消毒；不混养畜禽；保持饮水卫生；粪尿污物进行无害化处理（家禽粪便和垫料堆积发酵或焚烧，堆积发酵不应少于20天）；做好全面消毒工作。流行季节，每天可用过氧乙酸、次氯酸钠等开展1~2次带鸡消毒和环境消毒，平时每2~3天带鸡消毒一次；病死禽不能在市场流通，应进行无害化处理。

2）免疫接种。某一地区流行的鸡流感只有一个血清型，接种单价疫苗是可行的，这样有利于准确地监控疫情。当发生区域血清型不明确时，可采用多价疫苗免疫。疫苗免疫后的保护期一般可达6个月，但为了保持可靠的免疫效果，通常每3个月应加强免疫一次。免疫程序为：首免5～15日龄，每只0.3毫升，颈部皮下注射；二免50～60日龄，每只0.5毫升；三免开产前进行，每只0.5毫升；产蛋中期的40～45周龄可进行四免。

**(2) 发病后的处理措施** 禽流感发生会严重影响肉鸡的生长，影响肉种鸡的产蛋量和蛋壳质量，对于发生高致病型的必须进行扑杀，发生温和型的一般也没有饲养价值，也要淘汰。

## 2. 新城疫（ND，鸡瘟）

鸡新城疫是由副黏病毒引起的一种主要侵害鸡和火鸡的急性、高度接触性和高度毁灭性的疾病。临床表现为呼吸困难、下痢、神经症状、黏膜和浆膜出血，常呈败血症。各品种、年龄和性别均可发生。病鸡是本病的主要传染源，经消化道和呼吸道传播。污染的饲料、饮水、空气和尘埃，以及人和用具都可传染本病。目前，出现非典型症状和病变、发病日龄越来越小、混合感染（与法氏囊炎、禽流感、霉形体、大肠杆菌病等混合感染）等特点。

**【临床症状及病理变化】** 潜伏期3～5天，根据病程分为典型新城疫和非典型新城疫两类。

**(1) 典型新城疫** 体温升至44℃，精神沉郁（彩图14），垂头缩颈、翅膀下垂；鼻、口腔内积有大量黏液，呼吸困难，发出"咯咯"音；食欲废绝，饮水量增加；排出黄绿色（彩图15）或灰白色水样粪便，有时混有血液；冠及肉髯呈青紫色或紫黑色；眼半闭或全闭呈睡眠状；嗉囊充满气体或黏液，触之松软，从嘴角流出带酸臭味的液体；病程稍长，部分病鸡出现头颈向一侧扭曲，一肢或两肢、一翅或两翅麻痹等神经症状。感染鸡的死亡率可达90%以上。

腺胃病变具有特征性，如腺胃黏膜水肿，乳头和乳头之间有出血点或出血斑（彩图16），严重时出现坏死和溃疡，在腺胃与肌胃，腺胃与食道交界处有出血带或出血点。肠道黏膜有出血斑点，盲肠扁桃体肿大、出血和坏死。心外膜、肺、腹膜均有出血点。母鸡的卵泡和输卵管严重出血，有时卵泡破裂形成卵黄性腹膜炎。

**(2) 非典型新城疫** 幼龄鸡患病，主要表现为呼吸道症状，如呼吸困难，张口喘气，常发出"呼噜"音，咳嗽，口腔中有黏液，往往有摆头和吞咽动作，进而出现歪头、扭头或头向后仰，站立不稳或转圈后退，翅下垂或腿麻痹，安静时可恢复常态，若稍遇刺激，又显现各种异常姿势，如此反复发作，病程可达 10 天以上。死亡率一般为 30% ~ 60%。种鸡患病，主要表现为产蛋率降低，蛋壳质量差，部分鸡出现拉稀。病变常见腺胃乳头有少量出血点，肠道黏膜的出血点也较少，坏死性变化少见。但盲肠扁桃体肿胀、出血较明显。

【防治措施】

（1）预防措施

1）加强饲养管理。做好鸡场的隔离和卫生工作，严格消毒管理，减少环境应激，减少疫病的传播机会，增强机体的抵抗力。控制好其他疾病，如 IBD、鸡痘、霉形体、大肠杆菌病、传染性喉气管炎和传染性鼻炎的发生。

2）科学免疫接种。首次免疫至关重要，首免时间要适宜，一般通过检测母源的抗体水平或根据种鸡群的免疫情况来确定。对于没有检测条件的，一般在 7 ~ 10 日龄首次免疫；首免可使用弱毒活苗（如新城疫Ⅱ系、Ⅳ系、C30）滴鼻、点眼。由于新城疫病毒的毒力变异，故可以选用多价的新城疫灭活苗和弱毒苗配合使用，效果更好。有的 1 日龄雏鸡用"活苗 + 灭活苗"同时免疫，能有效地克服母源抗体的干扰，使雏鸡获得可靠的免疫力，免疫期可达 90 天以上。

（2）发病后的措施

1）隔离饲养，紧急消毒。一旦发生本病，采取隔离饲养措施，以防疫情扩大；对鸡舍和机场环境以及用具进行彻底地消毒，每天进行 1 ~ 2 次带鸡消毒；对垃圾、粪污、病死鸡和剩余的饲料进行无害化处理；不准病死鸡出售流通；病愈后对全场进行全面的彻底消毒。

2）紧急免疫或应用血清及其制品。发病肉鸡用 C30（或Ⅰ系苗）进行滴鼻或紧急免疫注射，同时加入疫苗保护剂和免疫增强剂以提高效果。若为强毒感染，则应按重大疫情发生后的方法处理；或在发病早期注射抗新城疫血清、卵黄抗体（2 ~ 3 毫升/千克体重），可以减轻症状和降低死亡率；还可注射由高免卵黄液透析、纯化制成的抗新城疫病毒因子进行治疗，以提高鸡体的免疫功能，清除进入体内的病毒。

3）辅助治疗。紧急免疫接种 2 天后，连续 5 天应用病毒灵、病毒唑、恩诺沙星或中草药制剂等药物进行对症辅助治疗，以抑制新城疫病毒繁殖和防止继发感染。同时，在饲料中添加蛋白质、多维素等营养，饮水中添加黄芪多糖，以提高鸡体的非特异性免疫力。例如，与大肠杆菌或支原体等病原混合感染时的辅助治疗方案是：清瘟败毒散或瘟毒速克拌料 2500 克/1000 千克，连用 5 天；四环素类（强力霉素 1 克/10 千克或新强力霉素 1 克/10 千克）饮水或支大双杀混饮（100 克/300 千克水），连用 3~5 天；同时水中加入速溶多维。

### 3. 传染性法氏囊炎

鸡传染性法氏囊炎又称"鸡传染性法氏囊病（IBD）"，是由传染性法氏囊病毒（属于双链核糖核酸病毒科）感染引起雏鸡发生的一种急性、接触性传染病。3~6 周龄鸡最易感，成年鸡一般呈阴性经过。发病突然，发病率高，呈特征性的尖峰式死亡曲线，痊愈快。病鸡和阴性感染的鸡是本病的主要传染源，可通过被污染的饲料、饮水和环境传播，也能通过呼吸道、消化道、眼结膜高度接触传染。其主要特征是腹泻，厌食，震颤和重度虚弱，法氏囊肿大、出血，骨骼肌出血，肾小管尿酸盐沉积，易引起免疫抑制而并发和继发其他疾病。

【临床症状及病理变化】　本病的潜伏期是 2~3 天。幼雏突然大批发病。有些病鸡在病的初期排粪时发生努责，并啄自己的肛门，随后出现羽毛松乱，低头沉郁，采食减少或停食，畏寒发抖，嘴插入羽毛中，紧靠热源旁边或拥挤、扎堆在一起。病鸡多在感染后第 2~3 天排出特征性的白色水样粪便（彩图 17），肛门周围的羽毛被粪便污染。病鸡的体温可达 43℃，有明显的脱水、电解质失衡、极度虚弱、皮肤干燥等症状。本病在暴发流行后转入不显任何症状的隐性感染状态，称为"亚临床型"。该型炎症反应轻，死亡率低，不易被人发现，但由于产生的免疫抑制严重，因而危害性大，造成的经济损失更为严重。

特征性的病变是感染 2~3 天后法氏囊的颜色变为淡黄色，浆膜水肿，有时可见黄色胶冻样物，严重时出血明显，个别法氏囊呈紫黑色，切开后，常见黏膜皱褶有出血点、出血斑（彩图 18），也常见有奶油状物或黄色干酪状物栓塞。此时，法氏囊要比正常大 2~3 倍，感染 4 天后法氏囊开始缩小（萎缩），其颜色变为白陶土样。感染 5 日后法氏囊明显萎缩，仅为正常法氏囊的 1/10~1/5，呈蜡黄色。病鸡的腿部、腹部及胸部肌肉有出血条纹和出血斑（彩图 19），胸腺肿胀出血，肾脏肿大呈灰白色花纹状（彩图 20），尿酸盐沉积明显。腺胃的乳头周围充血、出血。泄殖腔黏膜出血。盲肠扁桃体肿大、出血。脾脏轻度肿大，表面有许多小的坏死灶。肠内的黏液增多，腺胃和肌胃的交界处偶有出血点。

【防治措施】

（1）预防措施

1）加强饲养管理和环境消毒工作。平时给鸡群以全价营养饲料，饲养密度适当，通风良好，温度适宜，增进鸡体的健康。实行"全进全出"的饲养制度，认真做好清洁卫生和消毒工作，减少和杜绝各种应激因素的刺激等，对防止本病的发生和流行具有十分重要的作用。在消毒方面，可采用2%火碱、0.3%次氯酸钠、0.2%过氧乙酸、1%农福、复合酚消毒剂以及5%甲醛等喷洒，最后用甲醛熏蒸（40毫升/米$^3$）消毒。在有鸡的情况下可用过氧乙酸、复合酚消毒剂或农福带鸡消毒。

2）免疫接种。采用活疫苗与灭活疫苗免疫接种是防治法氏囊病的主要方法。

种鸡的免疫接种：雏鸡在10~14日龄时用活苗首次免疫，10天后进行第二次饮水免疫，然后在18~20周龄和40~42周龄用灭活苗各免疫1次。

商品肉仔鸡的免疫接种：肉仔鸡在10~14日龄时进行首次饮水免疫，隔10天进行第二次饮水免疫。

（2）发病后的措施

1）保持适宜的温度（气温低的情况下适当地提高舍温）；每天带鸡消毒；适当地降低饲料中的蛋白质含量。

2）注射高免卵黄。20日龄以下0.5毫升/只；20~40日龄1.0毫升/只；40日龄以上1.5毫升/只。病重者注射两次。与新城疫混合感染，注射含有新城疫和法氏囊抗体的高免卵黄。

3）水中加入硫酸安普霉素［1克/（2~4）千克］、强效阿莫仙［1克/（10~20）千克］或杆康、普杆仙等复合制剂以防治大肠杆菌；加入肾宝、肾肿灵或肾可舒等消肿、护肾保肾；并加入溶速多维。另外，中药制剂囊复康、板蓝根也有一定疗效。

**4. 传染性支气管炎**

传染性支气管炎（IB）是由鸡传染性支气管炎病毒（IBV，属于冠状病毒属的病毒）引起的一种急性、高度接触性呼吸道传染病。传播迅速，各种年龄的鸡均可感染发病，尤以10~21日龄的雏鸡最易感。雏鸡的病死率为25%~90%。6周龄以上的鸡很少死亡。外环境过冷、过热、通风不畅、营养不良，特别是维生素和矿物质缺乏都可促使本病的发生。

病鸡和康复后的带毒鸡是本病的传染来源。病鸡可从呼吸道排出病毒，通过空气飞沫传播，也可经蛋传播。其临床特征是，咳嗽，打喷嚏，气管、支气管啰音；蛋鸡的产蛋量下降，质量变差；肾脏肿大，有尿酸盐沉积。

【临床症状及病理变化】

（1）**呼吸型**　突然出现有呼吸道症状的病鸡并迅速波及全群为本病特征。5周龄以下的雏鸡几乎同时发病，流鼻液、鼻肿胀；流泪、咳嗽、气管啰音、打喷嚏、伸颈张口喘息；病鸡羽毛松乱、怕冷、很少采食；个别鸡出现下痢；成年鸡主要表现为轻微的呼吸道症状和产蛋下降，产软蛋、畸形蛋、粗壳蛋，蛋清如水样，没有正常鸡蛋那种浓蛋白和稀蛋白之间的明确分界线，蛋白和蛋黄分离以及蛋白黏着于蛋壳膜上。雏鸡感染IBV，可造成输卵管永久性损坏。当支气管炎性渗出物形成干酪样栓子堵塞气管时，可因窒息导致死亡。

气管、鼻道和鼻窦中有浆液性、卡他性和干酪样渗出物。在死亡雏鸡的气管中可见到干酪样栓子；气囊混浊、增厚或有干酪样渗出物，鼻腔至咽部蓄有浓稠黏液，产蛋鸡卵泡充血、出血、变性，腹腔内带有大量的卵黄浆，雏鸡的输卵管萎缩、变形、缩短。

（2）**肾型**　肾型传染性支气管炎多发于20～50日龄的幼鸡，主要继发于呼吸型支气管炎，精神沉郁，迅速消瘦，厌食、饮水量增加，排灰白色稀粪或白色淀粉样糊状粪便，可引起肾脏功能衰竭导致中毒和脱水死亡。

肾脏肿大、苍白、肾小管和输尿管充满尿酸盐结晶，并充盈扩张，呈花斑状，泄殖腔内有大量石灰样尿酸盐沉积。法氏囊、泄殖腔黏膜充血，充满胶样物质。肠黏膜充血，呈卡他性肠炎，全身血液循环障碍而使肌肉发绀，皮下组织因脱水而干燥，呈火烧样。输卵管上皮受病毒侵害时可导致分泌细胞减少和局灶性组织阻塞、破裂，造成继发性卵黄性腹膜炎等。感染传染性支气管炎后，会造成育雏阶段的鸡，输卵管永久性损伤；开产前20天左右的鸡，输卵管发育受阻，输卵管狭小、闭塞、部分缺损、囊泡化，到性成熟时，其长度和重量尚不及正常成熟的1/3～1/2，进而影响以后的产蛋，严重的鸡不能产蛋。

（3）**腺胃型**　发病初期不易被发现，表现为：食欲下降、精神不振、闭眼、耷翅或羽毛蓬乱、生长迟缓；苍白消瘦、采食和饮水急剧下降，拉黄色或绿色稀粪，粪便中有未消化或消化不良的饲料；流泪、肿眼、严重者导致失明。发病中后期极度消瘦，衰竭死亡，有的病鸡有呼吸道症状。发病后期，鸡群发育极不整齐，大小不均，病鸡为同批正常鸡的 1/3~1/2，病鸡出现腹泻、不食，最后由于衰弱而死亡。

病鸡或死鸡，外观极为消瘦，剖解后可见皮下和肠膜几乎没有脂肪；腺胃极度肿胀，肿大如球状，腺胃壁可增厚 2~3 倍，胃黏膜出血、溃疡，腺胃乳头平整融合、轮廓不清，可挤出脓性分泌物，个别鸡腺胃乳头有出血，肌胃角质膜个别有溃疡，胰腺肿大、出血，盲肠扁桃体肿大、出血，十二指肠黏膜有出血，空肠和直肠及泄殖腔的黏膜有不同程度的出血。有的鸡肾脏肿大，肾脏和输尿管积有白色尿酸盐。

【防治措施】 本病迄今尚无特效药物治疗，必须认真做好预防工作。

(1) 预防措施

1) 加强饲养管理，搞好鸡舍内、外的卫生和定期消毒工作。鸡舍、饲养管理用具、运动场地等要经常保持清洁卫生，实施定期消毒，严格执行隔离病鸡等防治措施。注意调整鸡舍的温度，避免过挤，注意通风换气。对病鸡要喂给营养丰富且易消化的饲料。

2) 杜绝通过种蛋传染此病。孵化用的种蛋，必须来自健康鸡群，并经过检疫证明无病源污染的，方可入孵。

3) 定期接种。种鸡在开产前要接种传染性支气管炎油乳苗。肉仔鸡 7~10 日龄使用传染性支气管炎弱毒苗（$H_{120}$）点眼滴鼻，间隔 2 周再用传染性支气管炎弱毒苗（$H_{52}$）饮水；若有其他类型传染性支气管炎在本地区流行，可在 7~10 日龄使用传染性支气管炎弱毒苗（$H_{120}$）点眼滴鼻，同时注射复合传染性支气管炎油乳苗。

(2) 发病后的措施

1) 注射高免卵黄。鸡群中一旦发生本病，应立即采用高免蛋黄液对全群进行紧急接种或饮水免疫，对发病鸡的治疗和未发病鸡的预防都有很好的作用。为了巩固防治效果，24 小时后可重复用药 1 次，免疫期可达 2 周；10 天后普遍接种 1 次疫苗，间隔 50 天再接种 1 次，免疫期可持续 1 年。

2) 药物治疗。饲料中加入 0.15% 的病毒灵 + 支喉康（或咳喘灵）拌料连用 5 天，或用百毒唑（内含病毒唑、金刚乙胺、增效因子等）饮水（10 克/100 千克），或用麻黄冲剂（100 克/100 千克）拌料；饮水中加入肾肿灵或肾消丹等利尿保肾药物 5~7 天；饮水中加入速溶多维或维

康等缓解应激，提高机体的抵抗力。同时，要加强环境和鸡舍消毒，雏鸡阶段和寒冷季节要提高舍内温度。

### 5. 禽脑脊髓炎

鸡传染性脑脊髓炎（AE）俗称"流行性震颤"，是一种主要侵害雏鸡的病毒性传染病，以共济失调和头颈震颤为主要特征。各种年龄的鸡均可发病，但以 1～3 周龄的雏鸡最易感。雏鸡的发病率一般是 10%～20%，最高可达 60%。死亡率平均为 10% 左右。

【临床症状及病理变化】　发病时全身震颤，眼神呆滞，接着出现进行性共济失调，驱赶时易发现。走路不稳，常蹲伏，驱赶时不能控制速度和步态，摇摆移动，用跗关节或小腿走动，最后倒于一侧。有时可暂时恢复常态，但刺激后再度发生震颤，病鸡最后因不能采食和饮水衰竭死亡。

剖检病雏时，可见有肝脏脂肪变性，脾脏肿大及轻度肠炎；组织学检查，可见有一种非化脓性的脑脊髓炎病变，尤其在小脑、延脑和脊髓的灰质中比较明显，主要是神经细胞的变性，血管周围的淋巴细胞浸润形成。在脑干、延脑和脊髓的灰质中可见有神经胶质细胞增生，从小脑的颗粒层进入分子层，胶质细胞增生为典型病变。

【防治措施】

（1）预防措施　对种鸡进行免疫，通过种蛋传给雏鸡的母源抗体可以保护雏鸡在 8 周左右不患此病。活毒疫苗：一种是用 1143 毒株制成的活苗，通过饮水法接种，鸡接种疫苗 1～2 周后排出的粪便中能分离出脊髓炎病毒，这种疫苗可通过自然扩散感染，且具有一定的毒力，对免疫日龄要求严格，应在 10 周龄至开产前 4～5 周接种疫苗，因为接种后 4 周内所产的蛋不能用于孵化，否则容易垂直传播引起子代发病；还有一种活毒疫苗常与鸡痘弱毒疫苗制成二联苗，一般于 10 周龄以上至开产前 4 周之间进行翼膜（翅膀内侧皮下）制种。灭活疫苗：用野毒或鸡胚适应毒接种 SPF 鸡胚，取其病料灭活制成油乳剂疫苗。这种疫苗安全性好，接种后不排毒、不带毒，特别适用于无脑脊髓炎病史的鸡群，可于种鸡开产前 18～20 周接种。

（2）发病后的措施　本病尚无特效药物。雏鸡发病，将发病鸡群扑杀并做无害化处理。

### 6. 禽痘

禽痘（FP）是由禽痘病毒引起的一种急性传染病，主要感染鸡。本病主要通过接触传播，脱落和碎散的痘痂是病毒散布的主要形式，一般经损伤的皮肤和黏膜而感染。蚊子和体表寄生虫也可传播本病。一年四季均可发病，但在春秋两季和蚊虫活跃的季节最易流行。

【临床症状及病理变化】　本病分为皮肤型、白喉型（黏膜型）、眼鼻型及混合型四种。夏秋多为皮肤型，冬季多为白喉型。

（1）皮肤型　皮肤型是最常见的病型，病鸡冠、髯、眼皮、耳球、喙角等部位起初出现麸皮样覆盖物，继而形成灰白色小结节，很快增大，略发黄，相互融合，最后变为棕黑色痘痂，剥去痂块可露出出血病灶。病鸡精神沉郁，食欲不振，产蛋减少，如无并发症，病鸡很少死亡。

皮肤型鸡痘的特征性病变是局灶性表皮及其下层的毛囊上皮增生，形成结节。结节起初表面湿润，后变为干燥，外观呈圆形或不规则形，皮肤变得粗糙，呈灰色或暗棕色。结节干燥前切开切面出血、湿润，结节结痂后易脱落，出现瘢痕。

（2）白喉型（黏膜型）　病鸡起初流鼻液，有的流泪，经 2~3 天，在口腔和咽喉黏膜上出现黄白色小斑点，很快扩展，相互融合在一起，气管局部见有干酪样渗出物。由于呼吸道被阻塞，病鸡常常因窒息而死。此型鸡痘可致大量鸡只死亡，死亡率可达 20%~40%，或更高。

黏膜型鸡痘病变出现在口腔、鼻、咽、喉、眼或气管黏膜上。黏膜的表面稍微隆起白色结节，以后迅速增大，并常融合成黄色、奶酪样坏死的伪白喉或白喉样膜，将其剥去可见出血糜烂，炎症蔓延可引起眶下窦肿胀和食管发炎。

（3）眼鼻型　病鸡眼鼻起初流稀薄液体，逐渐浓稠，眼内蓄积豆渣样物质，使眼皮胀起，严重的失明。此型很少单独发生，往往会伴随白喉型发生。

（4）混合型　鸡群发病兼有皮肤型和黏膜型表现。若有继发感染，损失较大。尤其是鸡只在 40~80 日龄时发病，常见诱发产白壳蛋、白羽型鸡种和肉鸡的葡萄球菌病。

【防治措施】

（1）预防措施　鸡痘的预防，除了加强鸡群的卫生、管理等一般性预防措施之外，可靠的办法是使用鸡痘鹌鹑化弱毒疫苗接种，多采用翼翅刺种法。第一次免疫在 10~20 天，第二次免疫在 90~110 天，刺种后 7~10 天观察刺种部位有无痘痂出现，以确定免疫效果。生产中可以使

用连续注射器在翼部内侧无血管处皮下注射 0.1 毫升疫苗，方法简单确切。有研究表明肌内注射鸡痘疫苗，保护率只有 60% 左右。

**(2) 发病后的措施**

1）对症疗法。目前尚无特效治疗药物，主要采用对症疗法，以减轻病鸡的症状和防止并发症。皮肤上的痘痂，一般不进行治疗，必要时可用清洁镊子小心剥离，伤口涂碘酒、红汞或紫药水。对于白喉型鸡痘，应用镊子剥掉口腔黏膜的假膜，用 1% 高锰酸钾清洗后，再用碘甘油或氯霉素、鱼肝油涂擦。病鸡的眼部如果发生肿胀，眼球尚未发生损坏，可将眼部蓄积的干酪样物排出，然后用 2% 硼酸溶液或 1% 高锰酸钾冲洗干净，再滴入 5% 蛋白银溶液。剥下的假膜、痘痂或干酪样物都应烧掉，严禁乱丢，以防散毒。

2）紧急接种。发生鸡痘后也可视鸡日龄的大小，紧急接种新城疫Ⅰ系或Ⅳ系疫苗，以干扰鸡痘病毒的复制，达到控制鸡痘的目的。

3）防止继发感染。发生鸡痘后，由于痘斑的形成造成皮肤外伤，这时易继发葡萄球菌感染，进而出现大批死亡。所以，大群鸡应使用广谱抗生素（如 0.005% 环丙沙星、培福沙星或蒽诺沙星，0.1% 氟苯尼考）拌料或饮水，连用 5~7 天。

**7. 病毒性关节炎**

病毒性关节炎（VA）是一种由呼肠孤病毒引起的鸡的重要传染病。病毒主要伤害关节滑膜、腱鞘和心肌，引起足部关节肿胀、腱鞘发炎，继而使腓肠健断裂。病鸡因关节肿胀、发炎，行动不便，不愿走动或跛行，采食困难，生长停滞。鸡群的饲料利用率下降，淘汰率增高，严重影响经济效益。本病常发生于 2~16 周龄的肉鸡，6~7 周龄的肉用仔鸡发生最多，14~18 周龄的种鸡也可发生，但产蛋母鸡不发生。病毒在鸡中的传播有水平传播和垂直传播两种方式。一般认为，雏鸡的易感性可能与雏鸡的免疫系统尚未发育完全有关。

【临床症状及病理变化】 在急性感染的情况下，鸡表现跛行，部分鸡生长受阻；慢性感染期的跛行更加明显，少数病鸡跗关节不能运动。病鸡的食欲和活力减退，不愿走动，喜坐在关节上，驱赶时或勉强移动，但步态不稳，继而出现跛行或单脚跳跃。病鸡因采食和饮水困难而日渐消瘦、贫血，发育迟滞，少数逐渐衰竭而死。检查病鸡可见单侧或双侧跖部、跗关节肿胀。在日龄较大的肉鸡中可见腓肠腱断裂导致顽固性跛行。种鸡群或蛋鸡群受感染后，产蛋量可下降 10%~15%。也有报道，种鸡群感染后种蛋受精率下降，这是病鸡因运动功能障碍而影响正常的交配所致。

病鸡跗关节上下周围肿胀，切开皮肤可见关节上部腓肠腱水肿，滑膜内经常有充血或点状出血，关节腔内含有淡黄色或血样渗出物，少数病例的渗出物为脓性，与传染性滑膜炎病变相似，这与某些细菌的继发感染有关。其他关节腔淡红色，关节液增加。根据病程的长短，有时可见周围组织与骨膜脱离。慢性病例的关节腔内的渗出物较少，腱鞘硬化和粘连，在跗关节的远端关节软骨上出现凹陷的点状溃烂，然后变大、融合，并延伸到上方的骨质，关节表面纤维软骨膜过度增生。有的在切面可见到肌和腱交接部发生的不全断裂和周围组织粘连，关节腔有脓样、干酪样渗出物。发生败血症时见到血管充血、出血，腹膜炎，肝脏、脾脏和肾脏肿大，卡他性肠炎，盲肠扁桃体出血等。

【防治措施】

（1）预防措施　加强卫生防疫措施和改善鸡群的饲养管理条件，特别是要喂给全价饲料，并采用全进全出制，定期检疫，淘汰阳性鸡。

预防本病国内尚无有效疫苗，国外生产出了弱毒苗和灭活苗。由于呼肠孤病毒的血清型很多，每种毒株的抗原性有限，所以必须制备多价疫苗，才能产生更广泛的保护力。目前，美国已用1733和2408毒株研制出抗原性较强的疫苗，并用于种鸡的预防接种。

（2）发病后的措施　对已发病的鸡群，应及时淘汰病鸡，定期用0.3%过氧乙酸等消毒液带鸡消毒。空舍后彻底清洗、消毒和用福尔马林熏蒸处理后，闲置3周再进新鸡。

## 8. 传染性喉气管炎

传染性喉气管炎（ILT）是由传染性喉气管炎病毒引起的一种急性呼吸道传染病。本病的特征是呼吸困难、咳嗽和咳出含有血液的渗出物。剖检时可见喉头、气管黏膜肿胀、出血和糜烂，病早期患部细胞可形成核内包涵体。各种年龄的鸡都可感染，以成年鸡多发且症状明显。病鸡和康复鸡是主要传染源，主要通过呼吸道和消化道侵入鸡体，接触污染的饲料、饮水和用具等均可感染发病。以寒冷季节多发，当鸡群拥挤、通风不良、维生素缺乏、有寄生虫或慢性病感染的情况下，都可诱发或加重本病的发生。

【临床症状及病理变化】　主要发生于青年鸡和种鸡。病初鼻腔流半透明液体，有时可见流泪，随后出现其他呼吸症状，伸颈、张口呼吸、低头缩颈，呼气发出"呼噜呼噜"的声音，咳嗽、甩头、甩出带血的黏液，鸡冠青紫色，排绿色稀粪，眼内蓄有豆渣样物质；产蛋量下降出现软壳蛋、沙皮蛋、褪色蛋。

喉部与气管肿胀、充血、出血，覆有多量浓稠黏液和黄白色假膜，并带有血凝块，鼻腔和眼内蓄有浓稠渗出物及其凝块，眼结膜有针尖大的点状出血点，喉和气管黏膜上皮的急剧剥脱。

【防治措施】

（1）预防措施

1）加强饲养管理。平时加强饲养管理，改善鸡舍通风，注意环境卫生，不引进病鸡，并严格执行消毒卫生措施。

2）免疫接种。在本地区没有本病流行的情况下，一般不主张免疫接种。如果免疫，首免在28日龄左右，二免在首免后6周（即70日龄）左右进行，使用弱毒疫苗，免疫方法常用点眼法。鸡群接种后可产生一定的疫苗反应，轻者出现结膜炎和鼻炎，严重者可引起呼吸困难，甚至死亡，因此所使用的疫苗必须严格按使用说明进行。免疫后易诱发其他病的发生，在使用疫苗的前后两天内可以使用一些抗菌物。此外，使用传染性喉气管炎与鸡痘二联苗的效果也不错。

（2）发病后的措施　　发生本病后，用消毒剂进行消毒，每日1～2次，以杀死鸡舍中的病毒，并辅之以泰乐加、链霉素、氟苯尼考、诺氟沙星等药物治疗，以防细菌继发感染。发病鸡群确诊后，立即采用弱毒苗紧急接种，可控制病情；个别病鸡可使用呼喘力霸镇咳、去痰，使用三林合剂抗病毒，缓解症状。

**9. 鸡传染性矮小综合征**（传染性发育迟缓综合征、鸡苍白综合征）

鸡传染性矮小综合征的主要特征是肉用仔鸡发育迟缓或停滞、腿软、鸡冠和胫部苍白，羽毛生长不良，鸡只增重低和饲料效益差。目前关于本病的病原因子尚未定论。本病主要危害肉鸡，对蛋鸡不产生明显的影响。1周龄时，肉鸡的生长发育已有影响，到1～3周龄时特别明显。本病的发病率通常为5%～20%，病鸡最早出现在4日龄，8～12日龄病死率增加，最高达12%～15%。病鸡和带毒鸡是本病的传染来源，被病鸡排泄物污染的饲料、水、用具等是传染媒介。传播途径有水平传播和垂直传播。

【临床症状及病理变化】　　临床以鸡体矮小、精神不振、羽毛生长不良和腿瘸为特征。表现为病鸡腹部膨胀、腹泻，排出黄褐色黏液性粪便，步态不稳，羽毛生长不良、蓬乱、无光泽，病鸡不活泼，外观呈球形，腿软弱无力和跛行，采食困难，消化不良，粪中有较多未消化的饲料碎片，体重比正常鸡轻30%～40%。

剖检病死鸡，可见到腺胃增大，胀满。肌胃缩小并有糜烂和溃疡。肠道肿胀，肠壁变薄而脆，有出血性卡他性肠炎，肠道内有未消化的饲料。局灶性心肌炎和心包液增加，法氏囊、胸腺和胰萎缩。大腿部皮肤色素消失，大腿骨骨质疏松或坏死和断裂。

【防治措施】　至今尚未取得较满意的防治措施。在发病后可试行以下措施：每吨饲料中添加硫酸铜0.35千克，提高饲料中的能量水平、含硫氨基酸水平、脂肪和玉米量。改善管理水平和卫生条件，每批鸡之间实施彻底的清洁方案，严格执行全进全出制，对该病的控制有一定效果。

### 10. 鸡慢性呼吸道病（CRD，鸡败血性支原体病）

鸡慢性呼吸道病是由鸡败血支原体（MG）所引起的鸡和火鸡的一种慢性呼吸道传染病，其特征为气喘、呼吸啰音、咳嗽、流鼻液及窦部肿胀。各种日龄的鸡均能感染本病，尤以1～2月龄的雏禽最敏感，冬季发病最严重，发病率10%～50%不等，死亡率一般很低，但在其他诱因及并发症存在的情况下（如并发大肠杆菌病、鸡嗜血杆菌病、呼吸道病毒感染以及环境卫生条件不良、鸡群过分拥挤、维生素A缺乏、长途运输、气雾免疫等因素），死亡率可达30%～40%，甚至更高。成鸡则多呈散发性。病愈鸡可产生一定程度的免疫力，但可长期带菌，尤其是种蛋带菌，因此往往成为散播本病的主要传染源。

【临床症状及病理变化】　病初流清鼻液、打喷嚏、甩头或做吞咽动作，有时鼻孔冒气泡、张口呼吸；一侧或两侧眼结膜发炎、流泪，有时泪液在眼角形成小气泡，眼内分泌物变成脓性时形成黄白色豆渣样渗出物，挤压眼球造成失明；颜面部肿胀；咳嗽、打喷嚏，气管啰音，呼吸时发出"呼噜呼噜"的声音；食欲下降，产蛋量降低，精神不佳，黄绿色下痢。

气囊膜混浊、增厚，有芝麻大到黄豆大黄白色豆渣样渗出物，气囊腔内常有白色黏液，鼻腔中有淡黄色恶臭的黏液，气管黏膜增厚、出血、充血，附有豆渣样渗出物。长时间易与大肠杆菌混合感染（气囊炎）；肝脏肿胀，外被浅黄色或白色的纤维素性渗出物覆盖（肝周炎）；腹网膜内充满干酪样渗出物，有的有卵黄性腹膜炎（腹膜炎）；心包膜混浊、增厚、不透明，内有纤维性渗出物（心包炎）。

【防治措施】

**(1) 预防措施**

1）建立无支原体感染的种鸡群，引进种鸡或种蛋必须从确实无支原体的鸡场购买，并定期对鸡群进行检疫。种鸡在8周龄时，每栏随机抽取5%做平板凝集试验，以后每隔4周重检一次，每次检出的阳性鸡彻底淘汰，不能留做种用，坚持净化鸡群的工作。

2）对来自支原体污染种鸡群的种蛋，应进行严格消毒。每天从鸡舍内收集的种蛋，在2小时内用甲醛熏蒸消毒，之后贮存在蛋库内；入孵前，除了进行常规的种蛋消毒外，还需先将种蛋预热（37℃），然后将温热的种蛋浸入冷的含0.05%~0.1%红霉素的溶液中浸泡15~20分钟，由于温度的差异，抗生素被吸收入蛋内，以此减少种蛋的感染。

3）对带菌种鸡，如果确实由于某些特殊原因不能淘汰，那么在开产前和产蛋期间应肌内注射普杀平或链霉素，1次/月，同时，在饮水中加入红霉素、北里霉素等药物或在饲料中拌入土霉素，可减少种蛋带菌。

4）对雏鸡要搞好药物预防。由于本病可以垂直传播，因此刚出壳的雏鸡即有可能感染，所以需要在早期就应用药物进行预防。雏鸡出壳后，可用普杀平、福乐星、红霉素及其他药物进行饮水，连用5~7天，可有效地控制本病及其他细菌性疾病，提高雏鸡的成活率。

5）预防本病的疫苗。进口苗有禽脓毒支原体弱毒菌苗和禽脓毒支原体灭活苗两种。前者供2周龄雏鸡饮水免疫，后者适用于各种年龄，1~10周龄颈部皮下注射，10周龄以上可肌内注射，0.5毫升/次，连用2次，其间间隔4周。也有些单位试制出了皮下或肌内注射的鸡败血支原体灭活油乳苗，幼鸡和成鸡均可应用，0.5毫升/（只·次）。

**(2) 药物防治** 链霉素、土霉素、泰乐菌素、壮观霉素、林可霉素、四环素、红霉素治疗本病都有一定的疗效。罗红霉素、链霉素的剂量成年鸡为每只肌内注射20万单位；5~6周龄幼鸡为5万~8万单位。早期治疗效果很好，2~3天即可痊愈。土霉素和四环素的用量，一般为肌内注射10万单位/千克体重；大群治疗时，可在饲料中添加土霉素0.4%（每千克饲料添加2~4克），充分混合，连喂1周；或强力霉素0.02%~0.05%饮水，连用4~5天；或支原净饮水，120~150毫克/升，诺氟沙星对本病也有疗效。注意有些鸡支原体菌株对链霉素和红霉素具有抗药性。

### 11. 鸡白痢

鸡白痢是由鸡白痢沙门氏菌引起的一种常见和多发的传染病。本病特征为幼雏感染后常呈急性败血症，发病率和死亡率都很高，成年鸡感染后，多呈慢性或隐性带菌，可随粪便排出，因卵巢带菌，严重影响孵化率和雏鸡成活率。各种品种的鸡对本病均有易感性，以2~3周龄以内雏鸡的病死率为最高，呈流行性。随着日龄的增加，抵抗力也增强。成年鸡感染常呈慢性或隐性经过。现在也常有中雏和成年鸡感染发病引起较大危害的情况发生。本病可经蛋垂直传播，也可水平传播。本病的发生和死亡受多种诱因影响，如环境污染，卫生条件差，温度过低、潮湿、拥挤、通风不良，饲喂不良以及其他疾病等。霉形体、曲霉菌病、大肠杆菌等混合感染，可加重本病的发生和死亡。老场，雏鸡的发病率在20%~40%；新场，其发病率显著增高，甚至有时高达100%，病死率也高。

【临床症状及病理变化】 潜伏期4~5天，故出壳后感染的雏鸡，多在孵出后几天才出现明显症状。7~10天后雏鸡群内病雏逐渐增多，在第二、三周达高峰。发病雏鸡呈最急性者，无症状迅速死亡。稍缓者表现精神委顿，绒毛松乱，两翼下垂，缩颈闭眼昏睡，不愿走动，拥挤在一起。病初食欲减少，而后停食，多数出现软嗉症状。同时腹泻，排稀薄如糨糊状粪便，肛门周围绒毛被粪便污染，有的因粪便干结封住肛门周围影响排粪（彩图21）。由于肛门周围炎症引起疼痛，故常发出尖锐的叫声，最后因呼吸困难及心力衰竭而死。有的病雏出现眼盲（彩图22），或肢关节呈跛行症状。病程短的1天，一般为4~7天，20天以上的雏鸡病程较长，且极少死亡。耐过鸡生长发育不良，成为慢性患者或带菌者。因鸡白痢而死亡的雏鸡，如日龄短，发病后很快死亡，则病变不明显。病期延长者，在心肌、肺脏、肝、盲肠、大肠及肌胃肌肉中有坏死灶或结节（彩图23），胆囊肿大。输尿管充满尿酸盐而扩张。盲肠中有干酪样物堵塞肠腔，有时还混有血液，常有腹膜炎。几日龄内死亡的病雏，有出血性肺炎，稍大的病雏，肺有灰黄色结节和灰色肝变。

【防治措施】

（1）预防措施 到洁净的种鸡场引种；加强对环境的消毒；提高育雏温度2~3℃；保持饲料和饮水卫生；密切注意鸡群动态，发现糊肛应及时挑出淘汰。雏鸡开食之日起，在饲料或饮水中添加抗菌药物预防。

（2）发病后的措施

1）抗生素治疗。磺胺嘧啶、磺胺甲基嘧啶和磺胺二甲基嘧啶为首选药，在饲料中添加不超过0.5%，饮水中可用0.1～0.2%，连续使用5天后，停药3天，再继续使用2～3天；庆大霉素2000～3000国际单位/只，或阿米卡星10～15毫克/千克体重，或新霉素15～20毫克/千克体重，饮水，连用4～5天，有较好预防和治疗效果。

2）微生物制剂。近年来微生物制剂在防治鸡下痢方面有较好效果。这些制剂安全、无毒、不产生副作用，细菌不产生抗药性，价格低廉，常用的有促菌生、调痢生、乳酸菌等。在使用这些药物的同时及其前后4～5天禁用抗菌药物。如促菌生，每只鸡每次服0.5亿个菌，每日1次，连服3天，效果甚好。剂型有片剂，每片0.5克，含2亿个菌；胶囊，每粒0.25克，含1亿个菌。这些微生物制剂的效果多数情况下相当于或优于药物预防的水平。

3）使用中草药方剂。方剂1：白头翁、白术、茯苓各等份共研细末，每只幼雏每日0.2～0.3克，中雏每日0.3～0.5克，拌入饲料，连喂10天，治疗雏鸡白痢，疗效很好，病鸡在3～5天内病情可得到控制而痊愈。方剂2：黄连、黄芩、苦参、金银花、白头翁、陈皮各等份共研细末，拌匀，按每只雏鸡每日0.3克拌料，防治雏鸡白痢的效果优于抗生素。

## 12. 大肠杆菌病

大肠杆菌病是由致病性大肠杆菌感染引起的一种疾病。败血型大肠杆菌可引起鸡的败血症、气囊炎、脑膜炎、肠炎、肉芽肿。各种年龄的鸡都能感染，幼鸡易感性较高，20～45日龄的肉鸡最易发生。发病早的有4日龄，也有大雏发病。本病一年四季均可发生，但以冬末春初较为常见。本病的传播途径广泛，常与多种疾病并发或继发。

【临床症状及病理变化】

（1）脐炎 主要发生于2周内的雏鸡，病雏脐部红肿并常破溃，后腹部胀大、皮薄、发红或青紫色，粪便黏稠呈黄白色、腥臭，采食减少或不食。残余卵黄囊胀大，充满黄绿色稀薄液体，胆囊肿大，胆汁外渗。肝脏呈土黄色（低日龄）或暗红色（高日龄）、肿胀、质脆、有斑状或点状出血，小肠臌气、黏膜充血或片状出血。

（2）急性败血症 主要发生于雏鸡和4月龄以下的青年鸡，体温升高达43℃以上，饮水增多、采食锐减、腹泻、排绿白色粪便，有的临死前出现扭头、仰头等神经症状。表现为纤维素性心包炎（心包蓄积大量淡黄色黏液，壁增厚、粗糙、心脏扩张，表面有灰白色霉斑样覆盖物）、纤维素性肝周炎（肝脏瘀血肿大，呈暗紫色，表面覆盖一层灰白色、灰黄色的纤维素膜）、纤维素性腹膜炎（腹腔中有大量淡黄色清亮腹水或胶冻样物，有时腹膜及内脏表面附有多量黄白色渗出物，致使器官粘连）（彩图24）。

（3）**气囊炎** 5～12周龄的肉仔鸡发病较多，6～9周龄为发病高峰期，表现为呼吸困难、咳嗽、有啰音。剖检可见气囊增厚，附有多量豆渣样渗出物，有的病鸡肺水肿。

（4）**大肠杆菌性肠炎** 病鸡羽毛松乱、腹泻，剖检可见肠道上1/3～1/2肠黏膜充血、增厚，严重者出血，形成出血性肠炎。

（5）**卵黄性腹膜炎** 主要见于产蛋母鸡，病鸡食欲差，采食减少，腹部外观膨胀或下坠，腹腔内有大量卵黄凝固，有恶臭味；广泛性腹膜炎，卵泡膜充血，卵泡变性萎缩，局部或整个卵泡红褐色或黑褐色，输卵管有大量分泌物，有的有黄色絮状物或块状干酪样物。

（6）**大肠杆菌性关节炎** 病鸡行走困难，关节及足垫肿胀，触之有波动感，局部温度增高，关节腔内积液或有干酪样物。

（7）**肿头综合征** 即鸡头部的皮下组织及眼眶发生急性或亚急性蜂窝织炎。

【防治措施】

（1）**预防措施** 从无病原性大肠杆菌感染的种鸡场购买雏鸡，加强运输过程中的卫生管理；选好场址，并隔离饲养。场址应建立在地势高燥、水源充足、水质良好、排水方便、远离居民区（最少500米），特别要远离其他鸡场、屠宰或畜产加工厂。生产区与生产区及经营管理区分开，饲料加工、种鸡、育雏、育成鸡场及孵化厅分开（相隔500米）；鸡舍保持适宜的温度、湿度、密度、光照等，减少各种应激反应。通过及时地清粪，并堆积密封发酵，加强通风换气和环境绿化等降低鸡舍内氨气等有害气体的产生和积聚；使用药物预防。

（2）**发病后的措施** 应选择敏感药物在发病日龄前1～2天进行预防性投药，或发病后做紧急治疗。氟苯尼考5～8克/100千克或阿米卡星8～10克/100千克，饮水3～5天；或硫酸庆大霉素肌内注射，1万～2万单位/千克体重，每天2次，连用3天；或诺氟沙星（环丙沙星）0.5～1克/千克拌料（或0.2～0.5克/千克饮水），连用3～5天。或强

力霉素拌料，1~2克/千克，连用3~5天；或硫酸新霉素，0.05%饮水（或0.02%拌料），连用3~5天；或泰妙菌素，125~250克/吨拌料，连用3~5天。

### 13. 鸡葡萄球菌病

鸡葡萄球菌病的致病菌主要是金黄色葡萄球菌，主要发生于肉用仔鸡、笼养鸡和条件较差的大鸡群。鸡对葡萄球菌较易感，病菌主要经皮肤创伤或毛孔入侵。各种年龄和品种的鸡均可感染，而以1.5~3月龄的幼鸡多见，常呈急性败血症。成年鸡常为慢性、局灶性感染。本病一年四季均可发生，以雨季、潮湿季节发生居多。通常本病多为散发，但有时也迅速扩散至全群中，特别当鸡舍卫生太差，饲养密度太大时，发病率更高。

【临床症状及病理变化】

（1）急性败血型　多见于1~2月的肉用仔鸡，体温升高达43℃，精神较差，羽毛松乱，缩头闭目，无食欲，有的下痢，排灰色稀粪。主要病变是皮下、浆膜和黏膜水肿、充血、出血或溶血，有棕黄色或黄红色胶样浸润，特别是胸骨柄处肌肉呈弥漫性出血斑或条纹状出血。实质脏器充血肿大，肝脏呈淡紫红色，有花纹斑。肝脏、脾脏有白色坏死点，输尿管有尿酸盐沉积，心冠状脂肪、腹腔脂肪、肌胃黏膜等出血水肿，心包有黄红色积液。

（2）关节炎型　多见于较大的青年鸡和成年鸡，病鸡腿、翅膀的一部分关节（跗关节和趾关节）肿胀热痛、化脓，足趾间及足底常形成较大的脓肿，有的破溃，病鸡跛行。主要表现为关节肿大，滑膜增厚，关节充血、出血，关节腔内有渗出液，有时含有纤维蛋白，病程长者则发生干酪样坏死。

（3）脐炎　多发于雏鸡，脐孔发炎肿大，流暗红色或黄色液体，最后变成干涸坏死。脐部肿胀膨大，呈紫红色或紫黑色，有暗红色水肿液，时间稍久则为脓性干涸坏死。肝脏有出血点，卵黄吸收不全，呈黄红色或黑灰色。

【防治措施】

（1）预防措施

1）加强饲养管理。建立严格的卫生制度，减少鸡体外损伤的发生；饲喂全价饲料，保证适当的维生素和矿物质；鸡舍应通风，干燥，饲养密度要合理，防止拥挤；要搞好鸡舍及鸡群周围环境的清洁卫生和消毒工作，可定期对鸡舍用0.2%次氯酸钠或0.3%过氧乙酸进行带鸡喷雾消毒。

2）免疫接种。在疫区预防本病可试用葡萄球菌多价菌苗，21～24日龄雏鸡皮下注射1毫升/只（含菌60亿个/毫升），半个月产生免疫力，免疫期约6个月。

**（2）发病后的措施** 病鸡应隔离饲养。从病死鸡分离出病原菌后做药敏试验，选用敏感的药物对病鸡群进行治疗，无此条件时，可选择新霉素、卡那霉素或庆大霉素进行治疗。

**14. 禽曲霉素病**（禽曲霉性肺炎）

禽曲霉素病是由禽曲霉素属的烟曲霉、黄曲霉及黑曲霉等引起的一类疾病，以幼龄鸡多发，常呈急性群发性，发病率和死亡率都较高，成年鸡多为散发。该病的特征是呼吸困难，肺和气囊上出现霉菌结节。胚胎期及6周龄以下的雏鸡比成年鸡易感，4～12日龄最为易感，幼雏常呈急性暴发，发病率很高，死亡率一般为10%～50%，本病可通过多种途径感染，曲霉菌可穿透蛋壳进入蛋内，引起胚胎死亡或雏鸡感染，此外，也可通过呼吸道吸入、肌内注射、静脉注射、眼睛接种、气雾接种、阉割伤口等感染本病。

【临床症状及病理变化】 幼鸡发病多呈急性经过，病鸡表现为呼吸困难，张口呼吸，喘气，有浆液性鼻漏；食欲减退，饮欲增加，精神委顿，嗜睡；羽毛松乱，缩颈垂翅。后期病鸡迅速消瘦，发生下痢。若病原侵害眼睛，可能出现一侧或两侧的眼睛发生灰白混浊，也可能引起一侧眼睛肿胀，结膜囊有干酪样物。若食道黏膜受损，则吞咽困难。少数鸡由于病原侵害脑组织，引起共济失调、角弓反张、麻痹等神经症状。一般发病后2～7天死亡，慢性者可达2周以上，死亡率一般为5%～50%。若曲霉菌污染种蛋及孵化后期的蛋，常造成孵化率下降，胚胎大批死亡。成年鸡多呈慢性经过，引起产蛋下降，病程拖延数周，死亡率不定。

病理变化为肺脏可见散在的粟粒，大至绿豆大小的黄白色或灰白色的结节，质地较硬，有时气囊壁上可见大小不等的干酪样结节或斑块。随着病程的发展，气囊壁明显增厚，干酪样斑块增多、增大，有的融合在一起。后期病例可见在干酪样斑块上以及气囊壁上形成灰绿色霉菌斑。严重的，腹腔、浆膜、肝脏或其他部位表面有结节或圆形灰绿色斑块。

【防治措施】

（1）预防措施　防止饲料和垫料发霉，使用清洁、干燥的垫料和无霉菌污染的饲料，以免鸡类接触发霉堆放物；改善鸡舍通风和控制湿度，减少空气中霉菌孢子的含量。为了防止种蛋被污染，应及时收蛋，保持蛋库与蛋箱卫生。

（2）发病后的措施

1）隔离消毒。及时隔离病雏，清除污染霉菌的饲料与垫料，清扫鸡舍，喷洒1∶2000的硫酸铜溶液，换上不发霉的垫料。严重者应扑杀淘汰，轻症者可用1∶2000或1∶3000的硫酸铜溶液饮水，连用3~4天，可以减少新病例的发生，有效地控制本病的继续蔓延。

2）药物治疗。制霉菌素，成年鸡15~20毫克，雏鸡3~5毫克，混于饲料中喂服3~5天，有一定疗效。病鸡用碘化钾口服治疗，每升水加碘化钾5~10克，具有一定的疗效。

3）中草药治疗。

方剂1：金银花、连翘、莱菔子（炒）各30克，丹皮、黄芩各15克，柴胡18克，桑白皮、枇杷叶、甘草各12克，水煎取汁1000毫升，为500只鸡的一日量，每日分4次拌料喂服。每天1剂，连用4剂，治疗鸡曲霉菌病效果显著。

方剂2：桔梗250克，蒲公英、鱼腥草、苏叶各500克，水煎取汁，为1000只鸡的用量，用药液拌料喂服，每天2次，连用1周。另在饮水中加0.1%高锰酸钾。用药3天后，病鸡群停止死亡，用药1周后痊愈。

### 15. 坏死性肠炎

本病是由厌氧性梭状芽孢杆菌引起的鸡类疾病。

【病原和流行特点】　坏死性肠炎是小肠中的C型产气荚膜梭菌（魏氏梭菌）激增所致。本菌革兰氏染色阳性，是厌氧性两端钝圆的粗大杆菌，可产生芽孢，并且芽孢对外界环境和许多常用的酚和甲酚类消毒剂有较强的抵强力。坏死性肠炎在4~8周龄雏鸡中仅呈散发，但多发于肉用仔鸡，死亡率一般为6%。变更饲喂计划、环境应激、饲养密度过大以及其他应激时可能引起本病发生。

【临床症状及病理变化】　病鸡表现为精神沉郁，眼闭合，羽毛逆立，食欲消失，粪便呈黑色，有时混有血液。慢性者体重减轻，排泄灰白色流动状软便，逐渐衰弱而死亡。剖检病死鸡见小肠后1/3段为主要病变部位，以弥漫性黏膜坏死为特征。小肠因产生气体而膨胀，肠壁表现为充血、菲薄，容易破裂；肠腔内含有出血性物质。邻近的肠系膜充血、水肿。肝脏充血并含有不同数目的界限清晰的 2～3 毫米大的坏死区。

【防治措施】

（1）预防措施

1）保持饲料卫生。动物蛋白、肉骨粉及鱼粉易受芽孢菌污染，贮藏不好就会造成大量细菌增生、繁殖，引起发病，应经常监测。

2）药物预防。在饲料或饮水中加入青霉素、四环素类、杆菌肽、林可霉素（洁霉素）等抗生素进行预防和治疗。

（2）发病后的措施　水溶性杆菌肽锌、林可霉素、青霉素饮水连用3～4 天，可以减少发病率和死亡率。但停药后仍可发生。

## 16. 鸡球虫病

鸡球虫病是一种或多种球虫寄生于鸡肠道黏膜的上皮细胞内引起的一种急性流行性原虫病，是鸡常见且危害十分严重的寄生虫病，它造成的经济损失是惊人的。雏鸡的发病率和致死率均较高。病愈的雏鸡生长受阻，增重缓慢；成年鸡多为带虫者，但增重和产蛋能力降低。

【病原和流行特点】　病原为艾美耳属的 7 种球虫，其中危害最大的有两种：柔嫩艾美耳球虫和毒害艾美耳球虫，前者寄生于盲肠中，后者寄生于小肠黏膜中。在临床上往往多种球虫混合感染。病鸡是主要传染源，苍蝇、甲虫、蟑螂、鼠类和野鸟都可以成为机械传播媒介。凡被带虫鸡污染过的饲料、饮水、土壤和用具等，都有球虫卵囊存在。鸡吃了感染性卵囊就会暴发球虫病。各个品种的鸡均有易感性，15～50 日龄的鸡发病率和致死率都较高，成年鸡对球虫有一定的抵抗力。11～13 日龄内的雏鸡因有母源抗体保护，极少发病。饲养管理条件不良，鸡舍潮湿、拥挤、卫生条件恶劣时，最易发病。在潮湿多雨、气温较高的梅雨季节易发病。

【临床症状及病理变化】　病鸡精神沉郁，羽毛蓬松，头卷缩，食欲减退，嗉囊内充满液体，鸡冠和可视黏膜贫血、苍白，逐渐消瘦，病鸡常排红色胡萝卜样粪便，若感染柔嫩艾美耳球虫，开始时粪便为咖啡色，以后变为完全的血粪，如不及时采取措施，致死率可达50% 以上。若多种球虫混合感染，粪便中带血液，并含有大量脱落的肠黏膜。

病鸡消瘦，鸡冠与黏膜苍白，内脏变化主要发生在肠管，其病变部位和程度与球虫的种别有关。柔嫩艾美耳球虫主要侵害盲肠，盲肠显著肿大，可为正常的 3～5 倍，肠腔中充满凝固的或新鲜的暗红色血液，盲肠上皮变厚，有严重的糜烂（彩图 25）。毒害艾美耳球虫损害小肠中段，使肠壁扩张、增厚，有严重的坏死。在裂殖体繁殖的部位，有明显的淡白色斑点，黏膜上有许多小出血点。肠管中有凝固的血液或有胡萝卜色胶冻样内容物。巨型艾美耳球虫损害小肠中段，可使肠管扩张，肠壁增厚；内容物黏稠，呈淡灰色、淡褐色或淡红色。堆型艾美耳球虫多在上皮表层发育，并且同一发育阶段的虫体常聚集在一起，在被损害的肠段出现大量淡白色斑点。哈氏艾美耳球虫损害小肠前段，肠壁上出现针头大小的出血点，黏膜有严重的出血。若多种球虫混合感染，则肠管粗大，肠黏膜上有大量的出血点，肠管中有大量的带有脱落的肠上皮细胞的紫黑色血液。

【防治措施】

（1）科学管理，提高抵抗力　保持鸡舍干燥、通风和鸡场卫生，定期清除粪便，堆放发酵以杀灭卵囊。保持饲料、饮水清洁，笼具、料槽、水槽定期消毒，一般每周一次，可用沸水、热蒸气或 3%～5% 热碱水等处理。据报道：用球杀灵和 1∶200 的农乐溶液消毒鸡场及运动场，均对球虫卵囊有强大的杀灭作用。每千克日粮中添加 0.25～0.5 毫克硒可增强鸡对球虫的抵抗力。补充足够的维生素 K 和给予 3～7 倍推荐量的维生素 A 可加速鸡患球虫病后的康复。成年鸡与雏鸡分开喂养，以免带虫的成年鸡散播病原导致雏鸡暴发球虫病。

（2）药物防治　每千克饲料中加入 0.2 克球痢灵，或配成 0.02% 的水溶液，饮水 3～4 天；或磺胺-6-甲氧嘧啶（SMM）和抗菌增效剂（三甲氧苄胺嘧啶"TMP"或二甲氧苄胺嘧啶"DVD"）按 5∶1 的比例混合后，以 0.02% 的浓度混于饲料中，连用不得超过 7 天；或百球清（甲基三嗪酮）口服液（2.5% 口服液 1000 倍稀释），饮水 1～2 天。

因球虫的类型多，易产生抗药性，应间隔用药或轮换用药。球虫病的预防用药程序是：雏鸡从 13～15 日龄开始，在饲料或饮水中加入预防用量的抗球虫药物，一直用到上笼后 2～3 周停止，选择 3～5 种药物交替使用。

### 17. 鸡蛔虫病

鸡蛔虫病是由禽蛔属的鸡蛔虫寄生于鸡的小肠引进的一种寄生虫病，该病广泛分布于世界各地，在我国鸡蛔虫病也是遍及各地的最常见的一种寄生虫病。在大群饲养的情况下，尤其是地面饲养的鸡群，感染十分严重，影响肉鸡的生长发育，甚至引起大批死亡。

【病原和流行特点】　病原为禽蛔虫属的鸡蛔虫。鸡蛔虫卵对外界环境因素和常用消毒剂的抵抗力很强，在阴凉、潮湿的地方可存活很长时间；在土壤内一般可保持6个月的生活力；在9~10℃较低温度的条件下，虫卵发育停止，但不死亡。但其对干燥和高温的抵抗力较差，尤其是在直射阳光下、水中煮沸和粪便堆沤的情况下，可迅速被杀死。健康鸡主要是吞食了被感染性虫卵污染的饲料和饮水而感染，在地面饲养的鸡也可因啄食了体内带有感染性虫卵的蚯蚓而感染。不同品种和不同年龄的鸡均有易感性，但不同品种和不同年龄的鸡的易感性不同。肉用品种较蛋用品种易感性低，本地品种较外来品种抵抗力强；饲养管理条件与鸡群的易感性紧密相关，饲喂全价日粮的鸡群抗感染的能力强，其发病率较低，病情也较缓和；饲料单一或饲料配制不合理，营养不完全，缺乏蛋白质、维生素或微量元素等，可使鸡的抵抗力下降，易感性增强，发病率较高，病情也较严重，甚至引起大批死亡。

本病的发生以秋季和初冬为多，春季或夏季则较少。感染率和感染强度与饲养方式和饲养管理水平紧密相关。地面饲养，尤其是将饲料撒于地上让鸡采食，饮水不卫生，其感染率和感染强度较高；反之，将鸡饲养于网栅上，饲料放置于料槽中，以饮水器供给清洁的饮水的鸡群，其发病率和感染强度则明显较低。

【临床症状及病理变化】　雏鸡表现为生长发育缓慢，精神不佳，行动迟缓，双翅下垂，羽毛松乱，呆立不动，鸡冠、肉髯、眼结膜苍白、贫血。消化机能障碍，食欲减退，下痢和便秘交替，有时粪中带有血液，有时还可见随粪便排出的虫体，逐渐衰竭而死亡。成年鸡感染不表现症状。感染强度较大时，表现为下痢，产蛋量下降和贫血等。

【防治措施】

（1）严格饲养管理　不同周龄的鸡要分舍饲养，并使用各自的运动场，以防止蛔虫病的传播；鸡舍和运动场应每天清扫、更换垫料，料槽和饮水器每隔1~2周应用开水进行消毒1次；在蛔虫病流行的鸡场，每年应进行2~3次预防性驱虫。雏鸡到两个月龄时进行第一次驱虫，以后每4个月驱虫1次。

（2）发病后的措施　治疗鸡蛔虫病的药物很多。伊维菌素预混剂（按伊维菌素计）200~300微克/千克体重，全群拌料混饲，1次/天，连用5~7天；或阿苯达唑预混剂（按阿苯达唑计）10~20毫克/（千克

体重·次），全群拌料混饲，必要时隔 1 天再内服 1 次；或盐酸左旋咪唑可溶性粉（按盐酸左旋咪唑计）25 毫克/（千克体重·次），全群加水混饮，一般 1 次即可。

**18. 住白细胞原虫病**（鸡白冠病或鸡出血性病）

鸡住白细胞原虫病是由住白细胞原虫引起的急性或慢性血孢子虫病。

【病原和流行特点】　住白细胞原虫是属于住血孢子类（亚目）的原虫，与病原疟原虫属具有极近缘关系。其生活史由 3 个阶段组成：孢子生殖在昆虫体内；裂殖生殖在宿主的组织细胞中；配子生殖在宿主的红细胞或白细胞内。该虫的种类很多，但在亚洲南部和东部的鸡感染中，主要是考氏住白细胞原虫。

本病多发生在炎热地区或炎热季节，常呈地方性流行，对雏鸡危害严重，常引起大批死亡。本病的发生有明显的季节性，北京地区一般在 7～9 月发生流行。3～6 周龄的雏鸡发病率高，死亡率可达到 10%～30%。成年鸡的死亡率是 5%～10%。感染过的鸡有一定的免疫力，一般无症状，也不会死亡。未感染过的鸡会发病，出现贫血，产蛋率明显下降，甚至停产。

【临床症状及病理变化】　病雏伏地不动，食欲消失，鸡冠苍白；拉稀，粪便青绿色；脚软或轻瘫；产蛋鸡产蛋减少或停产，病程可长达 1 个月。病死鸡的病理变化是冠白，全身性出血（皮下、胸肌、腿肌有出血点或出血斑，各内脏器官广泛出血，消化道也可见到出血斑点），肌肉及某些内脏器官有白色小结节，骨髓变黄。

【防治措施】

（1）预防措施

1）杀灭媒介昆虫。在 6～10 月该病流行季节对鸡舍内外喷药消毒，如用 0.03% 的蝇毒磷进行喷雾杀虫。也可先喷洒 0.05% 除虫菊酯，再喷洒 0.05% 百毒杀，既能抑杀病原微生物，又能杀灭库蠓等有害昆虫。消毒时间一般选在傍晚 6：00～8：00，因为库蠓在这一段时间最为活跃。如鸡舍靠近池塘、屋前、屋后杂草矮树较多，且通风不良时，库蠓繁殖较快，因此建议在 6 月之前在鸡舍周围喷洒草甘膦除草，或铲除鸡舍周围杂草。同时要加强鸡舍通风。

2）药物预防。鸡住白细胞原虫的发育史为 22～27 天，因此可在发病季节前 1 个月左右，开始用有效药物进行预防，一般每隔 5 天投药 5 天，坚持 3～5 个疗程，这样比发病后再治疗能起到事半功倍的效果。常用的有效药物有：复方泰灭净 30 ~ 50 毫克/千克混饲、痢特灵粉 100 毫克/千克拌料、乙胺嘧啶 1 毫克/千克混饲、磺胺喹恶啉 50 毫克/千克混饲或混水、可爱丹（主要成分是氯羟吡啶）125 毫克/千克混饲。

（2）常用的治疗药物　复方泰灭净，100 毫克/千克混水或 500 毫克/千克混料，连用 5 ~ 7 天；或血虫净，100 毫克/千克混水，连用 5 天；或氯本胍，66 毫克/千克混料，连用 3 ~ 5 天。选用上述药物治疗，病情稳定后可按预防量继续添加一段时间，以彻底杀灭鸡体的白细胞虫体。

## 19. 肉鸡腹水综合征

肉鸡腹水综合征是危害快速生长幼龄肉鸡的以浆液性液体过多地聚积在腹腔，右心扩张肥大，肺部瘀血水肿和肝脏病变为特征的非传染性疾病。

【病因】　任何使机体缺氧，引起需氧量增加的因素均可引起肺动脉高压，进而引发腹水症。另外，引起心脏、肝脏、肺等实质性器官损害的一些因子也可诱发肉鸡腹水症。

（1）遗传因素　由于快速生长的肉鸡对能量和氧的需求量较大，且可自发地发生肺动脉高血压，较大的红细胞在肺毛细血管内不能畅流，影响肺部灌注，导致肺动脉高血压及右心衰竭。

（2）环境因素　环境因素包括海拔、温度、通风、舍内空气新鲜程度等。高海拔地区，空气稀薄，容易导致慢性缺氧；冬天气候寒冷，为了保温而关闭门窗，舍内通风量少，有毒气体增多和尘埃积聚，使氧浓度降低或使用加温装置使舍内一氧化碳的含量过高，造成机体相对缺氧。

（3）饲料因素　肉鸡生产中饲喂高能量、高蛋白的日粮，由于消耗过多的能量，需氧量增多而导致相对缺氧。喂颗粒饲料的肉鸡采食量大，但需氧量也增多以及喂高蛋白或高油脂等饲料等都可引起腹水症。

（4）管理因素　饲养密度过大，代谢产热过多，垫料粪污未能及时清除，陌生人入舍参观及异常声响对肉鸡的应激等，均可导致因小环境条件发生变化而引起腹水症。

（5）疾病因素　肉鸡肺脏小，但却连接着很多气囊，并充斥于身体各部分，甚至进入骨腔，通过呼吸道进入肺和气囊的病原体可进入体腔、肌肉、骨骼；肉鸡没有横膈膜，排泄、生殖共用一腔，因此，抗病力弱，许多引起心脏、肺、肝脏、肾脏的原发性病变，均可继发腹水症。

（6）其他因素　某些药物的连续或过量使用，霉菌中毒，饲料中盐分过高，缺乏磷、硒和维生素 E，饮水中含钠较多以及消毒剂中毒都可

诱发腹水症。

【临床症状及病理变化】 发病鸡喜躺卧、精神沉郁，行动缓慢、步态似企鹅状；羽毛粗乱，无光泽，两翅下垂；食欲下降，体重减轻；呼吸困难，伸颈张口呼吸，皮肤黏膜发绀，头冠青紫；腹部膨大下垂，皮肤发亮变薄，手触之有波动感（彩图26）；腹腔穿刺有淡黄色液体流出，有时混有少量血液；穿刺后部分鸡的症状减轻，但少部分可因为虚脱而加快死亡。全身明显瘀血。

最典型的剖检变化是腹腔积有大量的清亮、稻草色样或淡红色液体，液体中有时混有纤维素块或絮状物，腹水量为 200 ~ 500 毫升不等，量的多少可能与病的程度和日龄有关。积液中除了纤维素外，有少量细胞成分，主要是淋巴细胞、红细胞和巨噬细胞。

肺呈弥漫性充血、水肿，副支气管充血，平滑肌肥大和毛细支气管萎缩。心脏肿大，右心扩张、柔软，心壁变薄，心肌弛缓，心包积液，病鸡的心脏比正常鸡大，但重量可能与正常鸡相近，心脏与体重的比例与正常鸡比较可增加40%。肝脏充血、肿大，紫红或微紫红，表面附有灰白或淡黄色胶冻样物。有的病例可见肝脏萎缩变硬，表面凹凸不平。胆囊充满胆汁。肾脏充血、肿大，有尿酸盐沉着。肠充血。胸肌和骨骼肌充血。脾脏通常较小。

【防治措施】

（1）预防措施

1）改善环境。合理设计鸡舍，改善饲养环境。建造鸡舍时要设计天窗、排气孔等，要妥善解决保温与通风换气的矛盾，维持最适的鸡舍温度，定时加强通风，减少有害气体和尘埃的蓄积，保持鸡舍内空气新鲜。加温时避免一氧化碳的含量超标；控制饲养密度，合理光照；谢绝参观，减少不必要的应激；同时，应保持鸡舍内的清洁卫生，每天及时清除粪便，做好消毒工作；防止饮水器漏水使垫料潮湿而产生氨气。

2）科学饲养。适当地降低能量和蛋白质的水平，保证营养素和电解质平衡；添加的脂肪小于2%，饲料中盐含量小于0.5%；防止磷、硒和维生素 E 的缺乏，每吨饲料中添加 500 克维生素 C 抗应激；适当添加 $NaHCO_3$ 代替 NaCl 作为钠源；根据肉鸡的生长特点，在 1 ~ 20 日龄用粉料代替颗粒料，20 日龄以后用颗粒料，既不太影响增重，又能减少腹水症的发生率。

3）间歇光照。夜间采用间歇光照，利于鸡只充分利用和消化饲料，提高饲料利用率，缓解心肺负担，减少腹水症的发病率。

4）药物预防。15～35日龄在鸡的饲料中加入0.25%去腹散或11～38日龄在饮水中加入0.15%运饮灵有良好的预防作用。另外，在饲料中添加如山梨醇、脲酶抑制剂、阿司匹林、氯化胆碱和除臭灵等可以减少腹水症的发生及死亡。同时，为了防止支原体病、大肠杆菌病、葡萄球菌病、传染性支气管炎等诱发腹水症，可在饲料中添加适当的药物进行预防。

（2）发病后的措施　一旦发病，可适当进行治疗。治疗时，挑出病鸡，采用无菌操作，用针管抽出腹腔积液，然后向腹腔中注入1%速尿注射液0.3毫升，隔离饲养；针对有葡萄球菌和大肠杆菌引发的腹水症，可采用诺氟沙星、硫酸新霉素、卡那霉素等抗菌性药物治疗其原发病症。同时，全群鸡在饮水中加0.05%维生素C或在饲料中加利尿剂；中兽医学认为腹水症为虚症，按辨证施治理论，主要以"健脾利水、理气补虚"为主进行治疗，常用中药有茯苓、泽泻等。

### 20. 肉鸡猝死综合征

肉鸡猝死综合征以肌肉丰满、外观健康的肉鸡突然死亡为特征，死亡率在0.5%～5%，最高可达15%，已成为肉鸡生产中的一种常见疾病。本病一年四季均可发生，公鸡的发生率高于母鸡（约为母鸡的3倍），有两个发病高峰，以3周龄前后和8周龄前后多发。有的鸡群死亡在3周龄时达到高峰，有的死亡率在整个生长期内不断发生。体重过大的鸡多发。

【病因】　影响因素涉及营养、环境、遗传、酸碱平衡、个体发育等诸多方面。离子载体抗球虫剂及球虫抑制剂等也可成为该病的诱因。

【临床症状及病理变化】　发病前，鸡群无任何明显征兆，患鸡突然死亡，特征是失去平衡，翅膀剧烈扇动，肌肉痉挛，发出狂叫或尖叫，继而死亡。从丧失平衡到死亡，时间很短。死鸡多表现背部朝地躺着，两脚朝天，颈部伸直，少数鸡死时呈腹卧姿势，大多数死于喂饲时间。

死鸡剖检，见鸡冠、肉髯和泄殖腔内充血，肌肉组织苍白，嗉囊、肌胃和肠道充盈。肺弥漫性充血，呈暗红色并肿大，右肺比左肺明显，也有部分鸡的肺呈略带黑色的轻度变化。死于早期的鸡有明显的右心房扩张，以后死的鸡心脏均为正常鸡的几倍。心包液增多，偶尔见纤维素凝固；肝脏轻度肿大、质脆、色苍白；胸腹肌湿润苍白，肾脏呈浅灰色或苍白色。十二指肠显著膨胀、内容物白似奶油状，为卡他性肠炎。

【防治措施】

（1）预防措施

1）前期适当限制饲料中的营养水平。喂高营养配合饲料增重快，但容易发生猝死症，可以喂粉状料或限制饲喂等减少营养摄取量。

2）饲料中添加生物素。资料表明，在饲料中添加生物素是降低死亡率的有效方法。每千克饲料中添加 300 微克以上的生物素，可以减少肉仔鸡的死亡率。

（2）发病后的措施　用碳酸氢钾治疗，每只鸡 0.62 克碳酸氢钾饮水，或碳酸氢钾 0.36% 拌料，其死亡率显著降低。

## 21. 钙、磷缺乏症

家禽饲料中钙、磷缺乏以及钙、磷比例失调是家禽骨营养不良的主要病因。它不但影响生长家禽骨骼的形成、成年母禽蛋壳的形成，而且影响家禽的血液凝固、酸碱平衡、神经与肌肉的正常生理机能，使肉鸡的生产性能大幅度下降。

【病因】　日粮中钙、磷缺乏，或者由于维生素 D 不足影响钙、磷的吸收和利用，而导致骨骼异常，饲料利用率降低、异嗜、生长速度下降，并出现特有的临床症状和病理变化。

饲料中钙、磷不足，可导致骨营养不良和生长发育迟缓，产蛋母鸡的产蛋量减少，产薄壳蛋。鸡体为了维持血液的钙、磷浓度，甲状旁腺激素就会动员骨中的钙、磷进入血液。骨质中的钙、磷不断被溶出，使骨逐渐变薄而易发生骨折，母鸡所产种蛋的质量下降。

【临床症状及病理变化】　钙、磷缺乏共有的症状是精神不佳，不愿行走而呆立或卧地，食欲不振、异嗜等。生长鸡表现为佝偻病、喙与爪变形弯曲，肋骨末端呈结节状并弯曲。关节常肿大，跛行，间或有拉稀；成年鸡表现为蛋壳变薄，软皮蛋增多，种蛋的破损率升高，种用价值显著降低。后期发病鸡的胸骨变形，胸骨脊常呈"S"状弯曲。肋骨的两端膨大，翅骨和腿骨轻折可断。

尸体剖检主要病理变化在骨骼和关节。全身骨骼都有不同程度的肿胀、疏松，骨密质变薄，骨髓腔变大。关节软骨肿胀，有的有较大的软骨缺损或纤维状物附着。

【防治措施】　本病的病程较长，病理变化是逐渐发生的，骨骼变形后极难复原，故应以预防为主。本病的预防应坚持满足鸡的各个生长时期对钙、磷的需要，并调整好两者的比例关系。

应该注意的是，日粮中仅以石粉补钙，即使钙的量已达到要求，但仍不能满足鸡对钙的需要。对产蛋种鸡补钙以 2/3 的贝壳粒和 1/3 的石粉为好。这样，不但可有效地满足鸡对钙的需要，而且可以提高蛋壳的质量和种蛋的合格率。

### 22. 食盐中毒

【病因】 饲料配合时，食盐用量过大或使用的鱼粉中盐量较高，配料时又添加食盐；限制饮水不当；或饲料中其他营养物质，如维生素 E、钙、镁及含硫氨基酸缺乏，而引起增加食盐中毒的敏感性等。

【临床症状及病理变化】 病鸡表现为燥渴而大量饮水和惊慌不安的尖叫。口鼻内有大量的黏液流出，嗉囊软肿，拉水样稀粪。运动失调，时而转圈，时而倒地，步态不稳，呼吸困难，虚脱，抽搐，痉挛，昏睡而死亡。剖检可见皮下组织水肿，食道、嗉囊、胃肠黏膜充血或出血，腺胃表面形成假膜；血黏稠、凝固不良，肝脏肿大，肾脏变硬，色淡。病程较长者，还可见肺水肿，腹腔和心包囊中有积水，心脏有针尖状出血点。根据燥渴而大量饮水和有过量摄取食盐史可以初步诊断。

【防治措施】

（1）预防措施 严格控制饲料中食盐的含量，尤其对幼禽。一方面严格检测饲料原料中鱼粉或其他副产品的盐分含量；另一方面配料时添加的食盐要粉碎，混合要均匀；平时要保证充足的新鲜洁净饮用水。

（2）发病后的措施 发现中毒后立即停喂原有饲料，换无盐或低盐分易消化饲料至康复。供给病鸡 5% 的葡萄糖或红糖水以利尿解毒，病情严重者另加 0.3%～0.5% 醋酸钾溶液饮水，可逐只灌服。中毒早期，服用植物油缓泻可减轻症状。

### 23. 磺胺类药物中毒

【病因】 磺胺类药物是治疗鸡的细菌性疾病和球虫病的常用广谱抗菌药物。但是如果用药不当，尤其是使用肠道易吸收的磺胺类药物不当会引起急性或慢性中毒。用药剂量过大，或疗程超过 1 周以上，均会引起各种禽类的中毒。1 周龄以下的雏鸡敏感，采食含 0.25%～1.5% 磺胺嘧啶的饲料 1 周或口服 0.5 克磺胺类药物后，即可中毒。

【临床症状及病理变化】 急性中毒表现为兴奋不安、厌食、腹泻、痉挛、共济失调、肌肉颤抖、惊厥、呼吸加快，短时间内死亡。慢性中毒（多见于用药时间太长）表现为食欲减退，鸡冠苍白，羽毛松乱，渴欲增加；有的病禽头面部呈局部性肿胀，皮肤呈蓝紫色；时而便秘，时而下痢，粪呈酱色，产蛋禽的产蛋量下降，有的产薄壳蛋、软壳蛋、蛋壳粗糙、色泽变淡。主要器官均有不同程度的出血特征，皮下、冠、眼睑有大小不等的斑状出血。胸肌有弥漫性斑点状或涂刷状出血，肌肉苍白或呈透明样淡黄色，大腿肌肉散在有鲜红色出血斑；血液稀薄，凝固不良；肝脏肿大、瘀血，呈紫红色或黄褐色，表面可见少量的出血斑点或针头大的坏死灶，坏死灶中央凹陷呈深红色，周围灰色；肾脏肿大，呈土黄色，表面有紫红色出血斑。输尿管变粗，充满白色尿酸盐；腺胃和肌胃的交界处黏膜有陈旧的紫红色或条状出血，腺胃黏膜和肌胃角质膜下有出血点等。

【防治措施】

**(1) 预防措施** 严格掌握用药剂量及时间，一般用药不超过1周。拌料要均匀，可适当配以等量的碳酸氢钠，同时注意供给充足饮水；1周龄以内的雏鸡应慎用；临床上应选用含有增效剂的磺胺类药物（如复方敌菌净、复方新诺明等），其用量小，毒性也较低。

**(2) 发病后的措施** 发现中毒后，应立即停药并供给充足饮水；口服或饮用1%~5%碳酸氢钠溶液；可配合维生素C制剂和维生素$K_3$进行治疗。中毒严重的家禽可肌内注射维生素$B_{12}$ 1~2微克或叶酸50~100微克。

### 24. 黄曲霉毒素中毒

黄曲霉毒素中毒是鸡的一种常见的中毒病，该病由发霉饲料中霉菌产生的毒素引起。该病的主要特征是危害肝脏，影响肝功能，肝脏变性、出血和坏死，腹水，脾脏肿大及消化障碍等。黄曲霉毒素还有致癌作用。

【病因】 鸡食入发霉变质饲料可引起中毒，其中以幼龄的鸡，特别是2~6周龄的雏鸡最为敏感，饲料中只要含有微量毒素，即可引起中毒，且发病后较为严重。

【临床症状及病理变化】 雏鸡临床表现为沉郁，嗜睡，食欲不振，消瘦，贫血，鸡冠苍白，虚弱，尖叫，拉淡绿色稀粪，有时带血，腿软不能站立，翅下垂。成年鸡多为慢性中毒，其症状与雏鸡相似，但病程较长，病情和缓，产蛋减少或开产推迟，个别的可发生肝癌，极度消瘦而死亡。剖检可见肝脏充血、肿大、出血及坏死，色淡呈黄白色，胆囊充盈；肾脏苍白肿大。胸部皮下、肌肉有时出血。或肝脏硬变，体积缩小，颜色发黄，并有白色点状或结节状病灶。根据本病的症状和病变特点，结合病鸡有食入霉败变质饲料的发病史，即可做出初步诊断。

【防治措施】

**(1) 预防措施** 平时搞好饲料保管，注意通风，防止发霉。不用霉变饲料喂鸡。为了防止发霉，可用福尔马林对饲料进行熏蒸消毒。

**（2）发病后的措施** 目前对本病还无特效解毒药，发病后应立即停喂霉变饲料，更换新料。中毒死鸡要销毁或深埋，不能食用。鸡粪便中也含有毒素，应集中处理，以防止污染饲料、饮水和环境。用2%次氯酸钠对鸡舍内外进行彻底消毒。病鸡饮服5%葡萄糖水。

## 三、合理地使用药物

药物（兽药）是用于预防、诊断和治疗畜禽疾病并提高畜禽生产的物质。

### 1. 鸡的用药方法

用于鸡病防治的药物种类很多，各种药物由于性质的不同，有不同的使用方法。要根据药物的特点和疾病的特性选用适当的用药方法，以发挥最好的效果。

**（1）混料给药** 混料给药即将药物均匀地拌入饲料中，让鸡采食时吃进药物。这种方法方便、简单，应激小，不浪费药物。它适于长期用药、不溶于水及加入饮水内适口性差的药物。但对于病重鸡或采食量过少时，不宜应用此方法给药；颗粒料也不宜采用此方法给药。混料给药应注意以下几点。

1）准确地掌握拌料浓度。混料给药时应按照混料给药剂量，准确、认真地计算出所用药物的量，然后混入饲料内；若按体重给药时，应严格按照鸡群鸡只总体重，计算出药物用量拌入全天饲料内。

2）药物混合均匀。拌料时，为了使鸡能吃到大致相等的药物数量，药物和饲料要混合均匀，尤其是一些安全范围较小和用量较少的药物，如喹乙醇、呋喃唑酮等，以防采食不均引起中毒。混合时，切忌把全部药量一次加入所需饲料中进行搅拌，这样不易搅拌均匀，易造成部分鸡只药物中毒而大部分鸡只吃不到药物，达不到防治疾病的目的或贻误病情。可采用逐级稀释法，即把全部用量的药物加到少量饲料中，充分混合后再加到一定量的饲料中，再充分混匀，经过多次逐级稀释扩充，可以保证充分混匀。

3）注意不良反应。有些药物混入饲料，可与饲料中的某些成分发生拮抗作用。如饲料中长期混入磺胺类药物，就容易引起B族维生素和维生素K缺乏。这时应适当补充这些维生素。

**（2）混水给药** 混水给药就是将药物溶解于水中让鸡只自由饮用。此法适合于短期用药、紧急治疗、鸡不能采食但尚能饮水时的投药。易溶于水的药物混水给药的效果较好。饮水投药时，应根据药物的用量先配成一定浓度的药液，然后加入饮水器中，让鸡自由饮用。

1）注意药物的溶解度和稳定性。对油剂（如鱼肝油）及难溶于水的药物（如制霉菌素）不能采用饮水给药。对于一些微溶于水的药物（如呋喃唑酮）和水溶液稳定性较差的药物（如土霉素、金霉素）可以采用适当的加热、加逐溶剂或现用现配、及时搅拌等方法，促进药物溶解，以达到饮水给药的目的。饮水的酸碱度及硬度（金属离子的含量）对药物有较大的影响，多数抗生素在偏酸或偏碱的水溶液中稳定性较差，金属离子也可因络合而影响药物的疗效。

2）根据鸡可能的饮水量正确地计算药液量。为了保证鸡群内绝大部分鸡只在一定时间内都饮到一定量的药物水，而不会由于剩水过多而造成摄入鸡体内的药物剂量不够，或加水不足而造成饮水不匀，使某些鸡只饮入的药液量少而影响药物效果，应该掌握鸡群的饮水量，根据鸡群的饮水量按照药物浓度准确地计算药物用量。先用少量水溶解计算好的药物，待药物完全溶解后混入计算好的水中。为了准确了解鸡群的饮水量，每栋鸡舍可安装一个小的水表。

3）注意饮水时间和配伍禁忌。药物在水中的时间与药效关系极大。有些药物放在水中不受时间限制，可以全天饮用，如人工合成的抗生素、磺胺类和喹诺酮类药物。有些药物放在水中必须在短时间内饮完，如天然发酵抗生素、强力霉素、氨苄青霉素及活疫苗等，一般需要断水3小时后给药，让鸡只在一定时间内充分饮到药物水。当多种药物混合时，一定要注意药物之间的配伍。有些药物有协同作用，可使药效增强，如氨苄青霉素和喹诺酮类药的配伍；有些药物混合使用后会增强药的毒性；有些药物混合后会发生中和、分解、沉淀，使药物失效。

（3）经口投服 适合于个别病鸡的治疗，如鸡群中出现软颈病的鸡或维生素 $B_2$ 缺乏的鸡，需个别投药治疗。这种方法虽费时费力，但剂量准确，疗效较好。

（4）气雾给药 气雾给药是指使用能使药物气雾化的器械，将药物分散成一定直径的微粒弥散到空间中，让鸡只通过呼吸道吸入体内或作用于鸡只羽毛及皮肤黏膜的一种给药方法，可用于鸡舍、孵化器以及种蛋等的消毒。使用这种方法时，药物吸收快，出现作用迅速，节省人力，尤其适用于大型现代化养鸡场。但该方法需要一定的气雾设备，且鸡舍门窗应能密闭。

1）恰当地选择气雾用药、充分发挥药物效能。气雾途径给药的药物应该无刺激性、容易溶解于水。对于有刺激性的药物，不应通过气雾给药。同时，还应根据不同的用药目的选用不同吸湿性的药物。若使药物作用于肺部，应选用吸湿性较差的药物，而使药物主要作用于上呼吸道，则应选用吸湿性较强的药物。

2）准确地掌握气雾剂量，确保气雾用药的效果。在应用气雾给药时，不能随意套用拌料或饮水给药浓度。使用气雾前，应按照鸡舍的空间情况，根据气雾设备要求准确地计算用药剂量，以免用药剂量过大或过小，造成不应有的损失。

3）严格控制雾粒的大小，防止不良反应发生。在气雾给药时，雾粒的粒径大小与用药效果有直接关系。气雾微粒越细，越容易进入肺泡，但其与肺泡表面的黏着力小，容易随呼气排出，影响药效。但若微粒过大，则不易进入鸡的肺部，容易落在空间或停留在鸡的上呼吸道黏膜上，也不能产生良好的用药效果。同时微粒过大，还容易引起鸡的上呼吸道炎症。此外，还应根据用药目的适当地调节气雾微粒直径。如要使所用药物达到肺部，雾粒的直径要小；反之，要使药物主要作用于上呼吸道，雾粒的直径要大。试验表明，进入肺部的微粒直径以 0.5 ~ 5 微米为宜。雾粒的直径大小可根据雾化设备的设计功效和用药距离进行调整。

（5）**体内注射** 对于难被肠道吸收的药物，为了获得最佳的疗效，常选用注射法。注射法分皮下注射和肌内注射两种。这种方法的特点是药物吸收快而完全，剂量准确，药物不经胃肠道而是直接进入血液中，可避免消化液的损伤，适用于不宜口服的药物和紧急治疗。

（6）**体表用药** 如鸡患有虱、螨等体外寄生虫，啄肛和脚垫肿等外伤，可在体表涂抹或喷洒药物。

（7）**环境用药** 在饲养环境中季节性地定期喷洒杀虫剂，可控制外寄生虫及蚊蝇等。为了防止传染病，必要时喷洒消毒剂，以杀灭环境中存在的病原微生物。

**2. 选购和使用药物**

（1）**药物的正确选购**

1）选购经过 GMP 认证的兽药。兽药经营企业必须经过 GMP 认证，没有经过认证的企业是不能生产兽药的，养殖户在购买兽药时要注意。兽药包装上必须具有农业部的批准文号，进口兽药要有农业部的进口兽药许可证。另外，标签或者说明书上必须注明商标、兽药名称、规格、企业名称和地址、产品批号；写明兽药的主要成分、含量、作用、用途、用法、用量、有效期和注意事项等。如果上述内容标注不全，则多是假冒伪劣兽药。

2）选购非国家禁止的兽药。在购买兽药时应确保所购药品为非国家禁止的药品。有些兽药经过长期验证药效不确切，有的毒副作用大，有的使用后在畜、禽产品中的残留量可直接危害人体健康，因此国家宣布予以淘汰。凡国家宣布淘汰的兽药，均应禁止生产、销售及使用。

3）选购外观、性状良好的兽药。粉针剂主要观察有无粘瓶、变色、结块、变质等，出现上述现象不能使用。散剂（预混剂）药品应该是干燥的、疏松的、颗粒均匀、色泽一致，无吸潮结块、霉变、发黏等现象。水针剂外观药液必须澄清，无混浊、变色、结晶、霉菌等现象，否则不能使用。

4）选购药品上有"兽用"标志的兽药。不能使用人用药物。

**（2）药物的正确使用**

1）预防用药的正确使用。

① 抗应激用药。接种疫苗、转群扩群、天气突变等应激因素易诱发肉鸡疾病，如不及时采取有效的预防措施，就会加重病情。抗应激药物应在疾病的诱因产生之前使用，以提高畜禽机体的抗病能力。

② 抗球虫用药。不少饲养户只是在肉鸡出现血便后才使用抗球虫药。但值得注意的是，隐性球虫病虽不导致临床变化，而实际危害已经产生，所以建议饲养户要重视球虫病的预防用药，根据具体的饲养条件，交替使用不同种类的抗球虫药。

③ 抗菌用药。预防细菌性疾病可以使用抗菌药物，但必须注意药物的使用范围，并严格遵守休药期。药物添加剂的使用必须严格遵守《药物饲料添加剂使用准则》。

④ 消毒用药。重视消毒能减少抗菌药的用量，从而减少药物残留，降低生产成本。很多饲养户往往对进苗之前的消毒比较重视，而忽视进苗后的消毒。进苗后的消毒包括出入人员、活动场地、器械工具、饮用水源的消毒以及带禽消毒等。消毒药应交替使用，以防止长期使用单一品种的消毒药，使病原体产生耐受性而影响消毒效果。

2）治疗用药的正确使用。

① 注意药物的选择。当疾病发生时，要根据饲养条件（环境、饲料、管理）、生产性能、流行病学、临床症状、解剖变化、实验室检验结果等综合分析，做出准确的诊断，然后有针对性地选择药物，所选药物要安全、可靠、方便、价廉，达到"药半功倍"的效果，切勿不明病

情而滥用药物，特别是抗菌药物。

② 抓住最佳用药时机。一般来说，用药越早效果越好，特别是微生物感染性疾病，及早用药能迅速地控制病情。但细菌性痢疾却不宜早止泻，因为这样会使病菌无法及时排除，使其在体内大量繁殖，反而会引起更为严重的腹泻。对症治疗的药物不宜早用，因为这些药物虽然可以缓解症状，但在客观上会损害机体的保护性反应，还会掩盖疾病真相。

③ 充分考虑药物的协同作用、拮抗作用和配伍禁忌。在临床实践中往往两种及两种以上的药物联合使用，其目的在于提高疗效、降低或避免毒性反应，以防止和延缓耐药菌株的产生。例如，磺胺类药物与磺胺增效剂联合使用，其抗菌作用可增强几倍甚至十几倍；但青霉素与四环素合用则使疗效降低。因此在使用兽药时，应充分发挥不同药物之间的协同作用，避免拮抗作用，注意配伍禁忌。

④ 使用合适的剂量。药物被机体吸收后，在机体内必须达到有效浓度时才能发挥作用。若剂量过小，达不到有效浓度，病情得不到有效控制，且易产生耐药性；若剂量过大，超过一定浓度后会对机体产生毒副反应，所以一定要注意使用合适的剂量。有些药物的剂量不同，药理作用也不同，如大黄片、硫酸钠、人工盐，小剂量使用时有健胃作用，大剂量使用时则起缓泻的作用。

⑤ 充分考虑药物的疗程。使用任何药物都要有足够的疗程，疗程的长短取决于疾病的急缓，因为病原体在体内的生长、繁殖有一定的过程，如果疗程过短，有些病原体只能被暂时抑制，而未能消灭，一旦停止用药，受抑制的病菌就会重新生长、繁殖，出现更严重的复发症状。一般情况下，在症状消失后即可停止用药，但在应用抗菌药治疗细菌性疾病时，为了巩固疗效和避免产生抗药性，在症状消失后尚需继续用药一段时间。

⑥ 兼顾对因治疗与对症治疗。对因治疗与对症治疗是药物治疗作用的两个方面。凡是能消除原因的治疗就叫对因治疗（治本）；凡是能消除或改善疾病症状的治疗就叫对症治疗（治标），两者都十分重要。对因治疗可解除病因使症状消除，而对症治疗也可防止疾病的进一步发展。此外，对不清楚病因的疾病，对症治疗是重要的治疗措施。

⑦ 加强休药期的管理，防止药物残留。有些抗菌药物因为代谢较慢，用药后会造成药物残留，因此，这些药物都有休药期的规定。使用这些药物时，必须充分考虑动物及其产品的上市日期，防止药物残留超标造成食品的安全隐患。

# 附 录

## 附录 A　养殖典型实例

新乡市某牧业有限公司位于辉县市上八里，占地 10 亩。该养殖场有肉鸡舍 3 栋，采用网上平养，自动饮水，自动喂料，自动清粪，每栋舍 620 米² （舍宽 10 米、舍长 62 米），饲养肉鸡 5800 只。每年饲养 6 批 （每批肉鸡饲养时间 6 周左右，空舍 2 周左右），全进全出制。3 栋鸡舍每批饲养肉鸡 17400 只，年饲养肉鸡 104400 只，年出栏肉鸡 10 万只。

### 一、总投资和收入

**1. 投资**

（1）**固定资产投资**　145.0 万元。

1）鸡场建筑投资。肉鸡舍的建筑面积为 620 米²/栋×3 栋 = 1860 米²，每平方米 500 元，需要资金 93.0 万元。另外，附属建筑为 200 米²，需要资金 12.0 万元，其他建设资金 10.0 万元；合计 115.0 万元。

2）设备购置费。每栋鸡舍设备（网面、风机、采暖、光照、饲料加工、清粪、饮水、饲喂等设备）需要资金 10.0 万元，3 栋鸡舍共需资金 30.0 万元。

（2）**土地租赁费**　10 亩×1500 元/（亩·年）= 1.5 万元。

（3）**购买肉用仔鸡费用**　每批购进肉用仔鸡 1.74 万只，每只 2.5 元，合计 4.35 万元。

（4）**饲料费用**　每只鸡的饲料费用 15 元，1.74 万只需要饲料费 26.1 万元。

（5）**人工费用**　6 人×3.0 万元/人÷6（6 批鸡）= 3.0 万元。

总投资 = 145.0 万元 + 1.5 万元 + 4.35 万元 + 26.1 万元 + 3.0 万元 = 179.95 万元。

## 2. 收入

（1）肉鸡收入　肉鸡收入 = 2.7 千克/只 × 100000 只 × 8.5 元/千克 = 229.5 万元。

（2）鸡粪收入　鸡粪收入与电费等其他费用抵消。

（3）合计　229.5 万元。

## 二、效益分析

### 1. 总成本

1）鸡舍和设备折旧费。鸡舍利用 10 年，年折旧费 11.5 万元；设备利用 5 年，年折旧费 6.0 万元，合计 17.5 万元。

2）年土地租赁费 1.5 万元。

3）饲料费用　15.0 元/（只·年）× 104400 只（入舍雏鸡数量）= 156.6 万元。

4）人工费　6 人 × 3.0 万元/人 = 18.0 万元。

5）电费等与副产品抵消。

合计：193.6 万元。

### 2. 净收入

净收入 = 总收入 − 总成本 = 229.5 万元 − 193.6 万元 = 35.9 万元。

## 三、养殖关键技术

### 1. 饲养制度及饲养方式

（1）全进全出制　本场采用同一日龄进雏鸡，同一日龄出售，这样既有助于对整个鸡场进行全面、彻底的消毒，又便于管理，以达到消灭病原体（细菌、病毒、霉形体等），杜绝新老鸡互相传染疾病的目的。

（2）棚架网上平养　棚架网上平养，即在鸡舍内水泥地面上 50 ~ 60 厘米架设鸡架（棚架），铺设专用网片，肉鸡在整个生长期内都在其上采食、饮水。

### 2. 雏鸡品质

雏鸡来源于健康的种鸡群。种鸡群没有鸡白痢、鸡伤寒及霉形体感染，同时种鸡群进行过科学的免疫接种；雏鸡的大小和颜色均匀，体重在 32 克/只以上，鸡只健康活泼。

### 3. 进雏鸡前的准备工作

（1）鸡舍及设备的严格清洗和消毒　对鸡舍进行清理、清扫，高压水冲洗，喷洒杀虫剂和消毒药物，最后用高锰酸钾及福尔马林对鸡舍及设备进行熏蒸消毒，空置 1 ~ 2 周再进雏鸡，使病原菌的生命周期不能持续。

（2）设备用具的检查　进雏鸡前，小心检查所有器具设备是否正常，包括饲料及饮水器具、保温伞及其他供热系统、电力系统、通风系统等。在进鸡前 24 小时，开启供热系统，使育雏器内的温度达 32 ~ 35℃。

（3）加水　饮水器里的水在雏鸡到达前几小时备妥，使饮水温度与室内温度一致。

### 4. 肉鸡管理

（1）雏鸡的接运　夏季宜选择早晚凉爽时段，冬季宜在中午接运雏鸡；运输车辆要消毒，使用有篷布的车辆，运输途中不得停留，每隔 1 小时检查和翻箱一次，查看雏鸡状况；入舍后立即将雏鸡放出，若需接种疫苗后再放出，则注意在育雏室内雏鸡箱不能重叠或靠近烟道堆放，同时放置时间不能过长，以免引起雏鸡缺氧和脱水。

（2）开食饮水　雏鸡转入育雏舍后，先让其喝水，以产生饮水记忆，可有效地防止雏鸡脱水；同时可将开食料撒在开食盘内让雏鸡自由采食。最初几个小时，水中可加 2.5% ~ 5% 葡萄糖，如果远距离运输，应激严重，前 3 日龄可在水中添加复合维生素，同时可添加适当的抗生素，以防初期的病菌感染。

（3）饮水管理　每 1000 只 1 日龄雏鸡应该有 20 ~ 25 个约 4 升的饮水器，饮水器内装新鲜清洁饮水。若饮水器数量不够，易造成雏鸡不同程度的缺水，出现"干脚鸡"，这样的雏鸡以后生长缓慢，影响鸡群的均匀度。饮水器应放置在热源附近，与饲喂器交替放置；不能停水，要求饮用水清洁卫生，不含致病性微生物，饮水器在装水前要清洗和消毒。在使用自动饮水器时，5 ~ 7 日龄，应逐渐地把饮水器移向自动饮水器旁；8 ~ 10 日龄，应逐渐地每天撤除几个饮水器，使雏鸡能发现新的水源。如果有必要，可把饮水器留到雏鸡 14 日龄，这样雏鸡能有充足的时间完全适应自动饮水器。饮水器的高度要随着鸡只的成长进行适当的调整，饮水器的边缘与鸡只背部的高度相同，这样可以减少水分外溢，保持垫料干燥，并有利于鸡只喝水；饮水器的摆放应使鸡在 2 米的范围内可以喝到水；水温维持在 10 ~ 14℃；进行饮水免疫时水量可参考不同品种提供的指导手册。

（4）给饲管理　雏鸡在 7 日龄以前使用方形平底饲料盘，每 100 只鸡使用1个，使用圆形饲料盘每50只鸡1个（若给料器的数量或采食空间不够，会严重影响鸡群的均匀度，加饲料时应遵循勤添少加的原则）。鸡只5~7日龄时，应开始加入料桶或料槽给饲，可将部分饲料盘拿掉，随着鸡只的成长逐渐把料槽或料桶升高，保持饲料槽（桶）边缘的高度与鸡只背部的高度一致，这样可以有效地减少污染；饲料槽内的饲料不要超过容量的1/3。要让鸡只有足够的采食空间（槽式喂料器，1~14日龄每只鸡料槽长度2.5厘米；15~42日龄每只鸡5厘米；43日龄至上市每只鸡7.6l厘米；饲料桶，每1000只鸡提供容量为13~14千克饲料桶25个），每次加料不应超过容量的2/3，以避免饲料在鸡舍内时间过长而发潮和霉变；前期饲喂粉状饲料，中期和后期饲喂颗粒饲料；每日给饲3~4次，可以刺激鸡只的食欲和减少饲料的浪费。

(5) **环境管理** 保持适宜的温度、湿度、通风和光照，按照消毒程序进行严格消毒。

(6) **疫苗接种** 按照免疫程序进行细致、确切的免疫接种。

(7) **病、死鸡的处理** 死鸡和淘汰的病鸡都是疾病传染的来源，每天都应清除和处理妥善。病死鸡常用的处理方法有焚烧法和深埋法两种。对于要送检的病死鸡，也应妥善包装后才能送往疾病诊断中心。

(8) **记录管理** 正确的记录有利于成本核算，提高效益。记录包括进雏记录（日期、进雏数、雏鸡来源、雏鸡运送工具、当时天气状况、鸡舍编号），每日记录（死亡数、淘汰数、饲料耗量、鸡群状况、气候、投药、疫苗接种），每周记录（饲料耗量、死亡淘汰数量、生产情况、气候情况），防疫投药记录（日期、疫苗名称种类、药名、厂名、有效期限、使用量及方法、反应效果），出售记录（日期、只数、重量、单价、总价）。计算育成率（出售数÷进雏数×100%）、饲料效率（饲料耗量÷出售鸡总重）和平均出售体重（出售重量÷出售只数）。

(9) **成本及利润核算** 包括肉鸡、鸡粪、饲料袋、雏鸡箱等收入和饲料、雏鸡、工资、热源、水电、资金利息、设备折旧、杂费等支出，最后算出利润。

## 附录 B 肉鸡营养需要（饲养标准）

根据鸡维持生命活动和从事各种生产，如产蛋、产肉等对能量和各种营养物质需要量的测定，并结合各国饲料条件及当地环境因素，制定

出鸡对能量、蛋白质、必需氨基酸、维生素和微量元素等的供给量或需要量，称为鸡的饲养标准，并以表格形式以每日每只具体需要量或占日粮含量的百分数来表示。

## 1. 肉用仔鸡的饲养标准（附表 B-1）

附表 B-1　肉用仔鸡的饲养标准

| 项　目 | 0～4 周龄 | | 5 周龄以上 | |
|---|---|---|---|---|
| 代谢能/（兆焦/千克） | 12.13 | | 12.55 | |
| 粗蛋白（%） | 21.0 | | 19.0 | |
| 钙（%） | 1.00 | | 0.90 | |
| 总磷（%） | 0.65 | | 0.65 | |
| 有效磷（%） | 0.45 | | 0.40 | |
| 食盐（%） | 0.37 | | 0.35 | |
| 氨基酸 | % | 克/兆焦 | % | 克/兆焦 |
| 蛋氨酸 | 0.45 | 0.37 | 0.36 | 0.28 |
| 蛋氨酸 + 胱氨酸 | 0.84 | 0.79 | 0.68 | 0.54 |
| 赖氨酸 | 1.09 | 0.90 | 0.94 | 0.75 |
| 色氨酸 | 0.21 | 0.17 | 0.17 | 0.13 |
| 精氨酸 | 1.31 | 1.08 | 1.13 | 0.90 |
| 苏氨酸 | 0.73 | 0.60 | 0.69 | 0.55 |
| 维生素 A/（国际单位/千克） | 2700.00 | | 2700.00 | |
| 维生素 $D_3$/（国际单位/千克） | 400.00 | | 400.00 | |
| 维生素 E/（毫克/千克） | 10.00 | | 10.00 | |
| 维生素 $K_3$/（毫克/千克） | 0.50 | | 0.50 | |
| 维生素 $B_1$（硫胺素）/（毫克/千克） | 1.80 | | 1.80 | |
| 维生素 $B_2$（核黄素）/（毫克/千克） | 7.20 | | 3.60 | |
| 泛酸（维生素 $B_3$）/（毫克/千克） | 10.00 | | 10.00 | |
| 烟酸（维生素 $B_5$）/（毫克/千克） | 27.00 | | 27.00 | |
| 吡哆醇（维生素 $B_6$）/（毫克/千克） | 3.00 | | 3.00 | |
| 生物素（维生素 H）/（毫克/千克） | 0.15 | | 0.15 | |
| 氯化胆碱/（毫克/千克） | 1300.00 | | 850.00 | |

（续）

| 项　目 | 0～4周龄 | 5周龄以上 |
|---|---|---|
| 叶酸/(毫克/千克) | 0.55 | 0.55 |
| 维生素 $B_{12}$/(毫克/千克) | 0.009 | 0.009 |
| 亚油酸/(克/千克) | 10.00 | 10.00 |
| 铜/(毫克/千克) | 8.00 | 8.00 |
| 碘/(毫克/千克) | 0.35 | 0.35 |
| 铁/(毫克/千克) | 80.00 | 80.00 |
| 锰/(毫克/千克) | 60.00 | 60.00 |
| 锌/(毫克/千克) | 40.00 | 40.00 |
| 硒/(毫克/千克) | 0.15 | 0.15 |

## 2. 育种厂家培育品种的饲养标准

（1）爱拔益加肉鸡的饲养标准　见附表 B-2、附表 B-3。

### 附表 B-2　爱拔益加父母代肉用种鸡的饲养标准

| 营养成分 | 雏　鸡 | 育　成　鸡 | 预　产　鸡 | 产　蛋　鸡 |
|---|---|---|---|---|
| 代谢能/(兆焦/千克) | 11.50～12.50 | 11.00～12.00 | 11.70～12.50 | 11.50～12.50 |
| 粗蛋白（%） | 17.0～18.0 | 15.0～15.5 | 17.75～18.25 | 15.0～16.0 |
| 亚油酸（%） | 1.00 | 1.00 | 1.50～1.75 | 1.50～1.75 |
| 钙（%） | 0.90～1.00 | 0.85～0.90 | 1.50～1.75 | 3.15～3.30 |
| 有效磷（%） | 0.45～0.50 | 0.38～0.45 | 0.42～0.45 | 0.40～0.42 |
| 盐（%） | 0.45～0.50 | 0.45～0.50 | 0.40～0.45 | 0.40～0.45 |
| 精氨酸（%） | 0.90～1.00 | 0.75～0.90 | 0.92～1.00 | 0.85～0.95 |
| 异亮氨酸（%） | 0.66～0.68 | 0.58～0.60 | 0.66～0.68 | 0.60～0.65 |
| 赖氨酸（%） | 0.85～0.95 | 0.60～0.70 | 0.84～0.87 | 0.65～0.75 |
| 蛋氨酸（%） | 0.34～0.36 | 0.30～0.35 | 0.36～0.38 | 0.30～0.35 |
| 胱氨酸（%） | 0.68～0.71 | 0.56～0.60 | 0.67～0.70 | 0.60～0.64 |
| 苏氨酸（%） | 0.52～0.54 | 0.48～0.52 | 0.52～0.54 | 0.50～0.52 |
| 色氨酸（%） | 0.17～0.19 | 0.17～0.19 | 0.17～0.19 | 0.17～0.19 |
| 锰/(毫克/千克) | 66.00 | 66.00 | 100.00 | 100.00 |

（续）

| 营养成分 | 雏 鸡 | 育 成 鸡 | 预 产 鸡 | 产 蛋 鸡 |
|---|---|---|---|---|
| 锌/（毫克/千克） | 44.00 | 44.00 | 75.00 | 75.00 |
| 铜/（毫克/千克） | 5.00 | 5.00 | 8.00 | 8.00 |
| 铁/（毫克/千克） | 44.00 | 44.00 | 100.00 | 100.00 |
| 碘/（毫克/千克） | 0.45 | 0.45 | 0.45 | 0.45 |
| 硒/（毫克/千克） | 0.30 | 0.30 | 0.30 | 0.30 |
| 维生素 A/（国际单位/千克） | 11000 | 11000 | 15400 | 15400 |
| 维生素 $D_3$/（国际单位/千克） | 3300 | 3300 | 3300 | 3300 |
| 维生素 E/（毫克/千克） | 16.50 | 16.50 | 27.50 | 27.50 |
| 维生素 $K_3$/（毫克/千克） | 8.80 | 8.80 | 2.20 | 2.20 |
| 维生素 $B_1$/（毫克/千克） | 2.20 | 2.20 | 2.20 | 2.20 |
| 维生素 $B_2$/（毫克/千克） | 5.50 | 5.50 | 9.90 | 9.90 |
| 泛酸/（毫克/千克） | 11.00 | 11.00 | 13.20 | 13.20 |
| 烟酸/（毫克/千克） | 33.00 | 33.00 | 44.00 | 44.00 |
| 氯化胆碱/（毫克/千克） | 440 | 440 | 330 | 330 |
| 叶酸/（毫克/千克） | 0.66 | 0.66 | 1.10 | 1.10 |
| 维生素 $B_6$/（毫克/千克） | 1.10 | 1.10 | 5.50 | 5.50 |
| 维生素 $B_{12}$/（毫克/千克） | 0.013 | 0.013 | 0.013 | 0.013 |
| 生物素/（毫克/千克） | 0.11 | 0.11 | 0.22 | 0.22 |
| 抗氧化剂/（毫克/千克） | 120 | 120 | 120 | 120 |

**附表 B-3　爱拔益加肉用仔鸡的饲养标准**

| 营养成分 | 育雏期（0~21天） | 中期（22~37天） | 后期（38天~出栏） |
|---|---|---|---|
| 代谢能/（兆焦/千克） | 12.97 | 13.4 | 13.4 |
| 粗蛋白质（%） | 23.0 | 20.5 | 18.5 |
| 钙（%）（最低~最高） | 0.95~1.10 | 0.85~1.00 | 0.80~0.95 |

（续）

| 营养成分 | 育雏期<br>（0~21天） | 中期<br>（22~37天） | 后期<br>（38天~出栏） |
|---|---|---|---|
| 有效磷（%）（最低~最高） | 0.47~0.50 | 0.41~0.50 | 0.38~048 |
| 盐（%）（最低~最高） | 0.30~0.50 | 0.30~0.50 | 0.30~0.50 |
| 钠（%）（最低~最高） | 0.18~0.25 | 0.18~0.25 | 0.18~0.25 |
| 钾（%）（最低~最高） | 0.70~0.90 | 0.70~0.90 | 0.70~0.90 |
| 镁（%） | 0.60 | 0.60 | 0.60 |
| 氯（%）（最低~最高） | 0.15~0.25 | 0.15~0.25 | 0.15~0.25 |
| 蛋氨酸（%）（最低） | 0.47 | 0.45 | 0.38 |
| 蛋氨酸+胱氨酸（%）（最低） | 0.90 | 0.83 | 0.68 |
| 赖氨酸（%）（最低） | 1.18 | 1.02 | 0.77 |
| 精氨酸（%）（最低） | 1.25 | 1.22 | 0.96 |
| 色氨酸（%）（最低） | 0.23 | 0.20 | 0.18 |
| 苏氨酸（%）（最低） | 0.78 | 0.75 | 0.65 |
| 维生素A/（国际单位/千克） | 8800 | 8800 | 6600 |
| 维生素D/（国际单位/千克） | 3000 | 3000 | 2200 |
| 维生素E/（国际单位/千克） | 30.00 | 30.0 | 30.00 |
| 维生素$K_3$/（毫克/千克） | 1.65 | 1.65 | 1.65 |
| 维生素$B_1$/（毫克/千克） | 1.10 | 1.10 | 1.10 |
| 维生素$B_2$/（毫克/千克） | 6.60 | 6.60 | 5.50 |
| 泛酸/（毫克/千克） | 11.00 | 11.00 | 11.00 |
| 烟酸/（毫克/千克） | 66.00 | 66.00 | 66.00 |
| 维生素$B_6$/（毫克/千克） | 4.40 | 4.40 | 3.00 |
| 叶酸/（毫克/千克） | 1.00 | 1.00 | 1.00 |
| 胆碱/（毫克/千克） | 550 | 550 | 440 |
| 维生素$B_{12}$/（毫克/千克） | 0.022 | 0.022 | 0.011 |
| 生物素/（毫克/千克） | 0.20 | 0.20 | 0.20 |
| 锰/（毫克/千克） | 100 | 100 | 100 |
| 锌/（毫克/千克） | 75 | 75 | 75 |

（续）

| 营 养 成 分 | 育雏期<br>（0~21 天） | 中期<br>（22~37 天） | 后期<br>（38 天~出栏） |
|---|---|---|---|
| 铁/（毫克/千克） | 100 | 100 | 100 |
| 铜/（毫克/千克） | 8.00 | 8.00 | 8.00 |
| 碘/（毫克/千克） | 0.45 | 0.45 | 0.45 |
| 硒/（毫克/千克） | 0.30 | 0.30 | 0.30 |

（2）艾维茵肉鸡的饲养标准　见附表 B-4、附表 B-5。

附表 B-4　艾维茵父母代肉用种鸡的饲养标准

| 营 养 成 分 | 雏　鸡 | 育　成　鸡 | 种　鸡 |
|---|---|---|---|
| 代谢能/（兆焦/千克） | 11.50~12.20 | 11.20~12.20 | 11.50~12.20 |
| 粗蛋白（%） | 17.0~18.0 | 14.5~15.5 | 15.5~16.5 |
| 亚油酸（%） | 1.5 | 1.5 | 1.5 |
| 钙（%） | 0.90~1.00 | 0.85~1.00 | 2.75~3.0 |
| 有效磷（%） | 0.45~0.50 | 0.40~0.45 | 0.40~0.45 |
| 盐（%） | 0.18~0.22 | 0.18~0.25 | 0.16~0.25 |
| 精氨酸（%） | 0.85 | 0.62 | 0.72 |
| 赖氨酸（%） | 0.90 | 0.70 | 0.70 |
| 蛋氨酸（%） | 0.28 | 0.22 | 0.25 |
| 蛋氨酸+胱氨酸（%） | 0.50 | 0.38 | 0.45 |
| 色氨酸（%） | 0.18 | 0.18 | 0.18 |
| 锰/（毫克/千克） | 80.00 | 80.00 | 80.00 |
| 锌/（毫克/千克） | 55.00 | 55.00 | 55.00 |
| 铜/（毫克/千克） | 1.00 | 1.00 | 1.00 |
| 铁/（毫克/千克） | 30.00 | 30.00 | 30.00 |
| 碘/（毫克/千克） | 1.00 | 1.00 | 1.00 |
| 硒/（毫克/千克） | 0.272 | 0.272 | 0.272 |
| 维生素 A/（国际单位/千克） | 6000 | 6000 | 10000 |
| 维生素 $D_3$/（国际单位/千克） | 2250 | 2250 | 2250 |

（续）

| 营养成分 | 雏　鸡 | 育成鸡 | 种　鸡 |
|---|---|---|---|
| 维生素 E/（毫克/千克） | 30.00 | 12.50 | 30.00 |
| 维生素 $K_3$/（毫克/千克） | 4.00 | 4.00 | 4.00 |
| 维生素 $B_1$/（毫克/千克） | 1.00 | 1.00 | 1.00 |
| 维生素 $B_2$/（毫克/千克） | 7.00 | 7.00 | 7.00 |
| 泛酸/（毫克/千克） | 12.00 | 12.00 | 12.00 |
| 烟酸/（毫克/千克） | 60.00 | 35.00 | 60.00 |
| 氯化胆碱/（毫克/千克） | 400 | 300 | 400 |
| 叶酸/（毫克/千克） | 1.50 | 1.00 | 1.50 |
| 维生素 $B_6$/（毫克/千克） | 3.60 | 2.40 | 3.00 |
| 维生素 $B_{12}$/（毫克/千克） | 0.014 | 0.014 | 0.014 |
| 生物素/（毫克/千克） | 0.20 | 0.20 | 0.20 |
| 抗氧化剂/（毫克/千克） | + | + | + |

注：抗氧化剂按产品说明添加；预产期种鸡料的饲料成分与种鸡料相同，但含钙量只有 2.0%。

附表 B-5　艾维茵肉用仔鸡的饲养标准

| 营养成分 | 育雏期<br>（0~21 天） | 中期<br>（22~42 天） | 后期<br>（43~56 天） |
|---|---|---|---|
| 代谢能/（兆焦/千克） | 12.89~13.81 | 13.14~14.02 | 13.35~14.27 |
| 粗蛋白（%） | 22.00~24.00 | 20.00~22.00 | 18.00~20.00 |
| 钙（%） | 0.90~1.10 | 0.85~1.00 | 0.80~1.00 |
| 有效磷（%） | 0.48~0.55 | 0.43~0.50 | 0.38~0.50 |
| 蛋氨酸（%）（最低） | 0.33 | 0.32 | 0.25 |
| 蛋氨酸＋胱氨酸（%）（最低） | 0.60 | 0.56 | 0.46 |
| 赖氨酸（%）（最低） | 0.81 | 0.70 | 0.53 |
| 精氨酸（%）（最低） | 0.88 | 0.81 | 0.66 |
| 色氨酸（%）（最低） | 0.16 | 0.12 | 0.11 |
| 维生素 A/（国际单位/千克） | 8800 | 6600 | 6600 |
| 维生素 D/（国际单位/千克） | 2750 | 2200 | 2200 |

（续）

| 营 养 成 分 | 育雏期<br>（0～21 天） | 中期<br>（22～42 天） | 后期<br>（43～56 天） |
|---|---|---|---|
| 维生素 E/（国际单位千克） | 11.00 | 8.80 | 8.80 |
| 维生素 $K_3$/（毫克/千克） | 2.20 | 2.20 | 2.20 |
| 维生素 $B_1$/（毫克/千克） | 1.10 | 1.10 | 1.10 |
| 维生素 $B_2$/（毫克/千克） | 5.50 | 4.40 | 4.40 |
| 泛酸/（毫克/千克） | 11.00 | 11.0 | 11.00 |
| 烟酸/（毫克/千克） | 38.50 | 33.0 | 33.00 |
| 维生素 $B_6$/（毫克/千克） | 2.20 | 1.10 | 1.10 |
| 叶酸/（毫克/千克） | 0.66 | 0.66 | 0.66 |
| 胆碱/（毫克/千克） | 550 | 500 | 440 |
| 维生素 $B_{12}$/（毫克/千克） | 0.011 | 0.011 | 0.011 |
| 锰/（毫克/千克） | 55.00 | 55.00 | 55.00 |
| 锌/（毫克/千克） | 55.00 | 55.00 | 55.00 |
| 铁/（毫克/千克） | 44.00 | 44.00 | 44.00 |
| 铜/（毫克/千克） | 5.50 | 5.50 | 5.50 |
| 碘/（毫克/千克） | 0.44 | 0.44 | 0.44 |
| 硒/（毫克/千克） | 0.099 | 0.099 | 0.099 |

（3）罗斯 308 肉鸡的饲养标准　见附表 B-6、附表 B-7。

**附表 B-6　罗斯 308 父母代肉用种鸡的饲养标准（育雏二段制）**

| 营 养 成 分 | 雏鸡<br>（0～28 日龄） | 育成鸡（28 日龄～<br>产蛋率 5%） | 种鸡<br>（产蛋率 5% 以后） |
|---|---|---|---|
| 代谢能/（兆焦/千克） | 11.7 | 11.7 | 11.7 |
| 粗蛋白（%） | 18 | 15 | 14.5～15.5 |
| 亚油酸（%） | 1.0 | 1.0 | 1.2～1.5 |
| 钙（%） | 1.0 | 0.9 | 3.0 |
| 有效磷（%） | 0.45 | 0.42 | 0.35 |
| 钠（%） | 0.16～0.23 | 0.16～0.23 | 0.16～0.23 |
| 氯（%） | 0.16～0.23 | 0.16～0.23 | 0.16～0.23 |
| 钾（%） | 0.4～0.9 | 0.4～0.9 | 0.6～0.9 |

（续）

| 营养成分 | 雏鸡<br>（0~28日龄） | | 育成鸡（28日龄~<br>产蛋率5%） | | 种鸡<br>（产蛋率5%以后） | |
|---|---|---|---|---|---|---|
| 氨基酸 | 总量 | 可利用量 | 总量 | 可利用量 | 总量 | 可利用量 |
| 精氨酸（%） | 1.08 | 0.97 | 0.84 | 0.76 | 0.69 | 0.62 |
| 赖氨酸（%） | 1.01 | 0.90 | 0.74 | 0.66 | 0.65 | 0.58 |
| 蛋氨酸（%） | 0.39 | 0.35 | 0.30 | 0.27 | 0.30 | 0.28 |
| 蛋氨酸+胱氨酸（%） | 0.79 | 0.70 | 0.62 | 0.55 | 0.64 | 0.52 |
| 色氨酸（%） | 0.17 | 0.14 | 0.17 | 0.15 | 0.15 | 0.13 |
| 缬氨酸（%） | 0.81 | 0.70 | 0.64 | 0.55 | 0.56 | 0.49 |
| 苏氨酸（%） | 0.71 | 0.62 | 0.56 | 0.49 | 0.48 | 0.42 |
| 异亮氨酸（%） | 0.70 | 0.61 | 0.56 | 0.50 | 0.53 | 0.46 |
| 锰/（毫克/千克） | 120.00 | | 120.00 | | 120.00 | |
| 锌/（毫克/千克） | 100.00 | | 100.00 | | 100.00 | |
| 铜/（毫克/千克） | 16 | | 16 | | 100 | |
| 铁/（毫克/千克） | 40.00 | | 40.00 | | 50.00 | |
| 碘/（毫克/千克） | 1.25 | | 1.25 | | 2.00 | |
| 硒/（毫克/千克） | 0.3 | | 0.3 | | 0.3 | |
| 维生素A/（国际单位/<br>千克） | 10000 | | 10000 | | 11000 | |
| 维生素 $D_3$/（国际单位/<br>千克） | 3500 | | 3500 | | 3500 | |
| 维生素E/（毫克/千克） | 60.00 | | 45.00 | | 100.00 | |
| 维生素 $K_3$/（毫克/千克） | 3.00 | | 2.00 | | 5.00 | |
| 维生素 $B_1$/（毫克/千克） | 3.00 | | 2.00 | | 3.00 | |
| 维生素 $B_2$/（毫克/千克） | 6.00 | | 5.00 | | 12.00 | |
| 烟酸/（毫克/千克） | 35.00 | | 30.00 | | 55.00 | |
| 泛酸/（毫克/千克） | 15.00 | | 15.00 | | 15.00 | |
| 氯化胆碱/（毫克/千克） | 1400 | | 1400 | | 1000 | |

（续）

| 营养成分 | 雏鸡<br>（0~28日龄） | 育成鸡（28日龄~<br>产蛋率5%） | 种鸡<br>（产蛋率5%以后） |
|---|---|---|---|
| 叶酸/（毫克/千克） | 1.50 | 1.00 | 2.0 |
| 维生素 $B_6$/（毫克/千克） | 3.00 | 2.00 | 4.00 |
| 维生素 $B_{12}$/（毫克/千克） | 0.02 | 0.02 | 0.03 |
| 生物素/（毫克/千克） | 0.15 | 0.15 | 0.25 |
| 抗氧化剂/（毫克/千克） | + | + | + |

注：抗氧化剂按产品说明添加；预产期种鸡料的饲料成分与种鸡料相同，但含钙量只有2.0%。

附表 **B-7** 罗斯 **308** 肉鸡商品代公母混养的饲养标准（2.0~2.5千克）

| 营养成分 | 雏鸡料<br>（0~10日龄） | | 育成鸡料<br>（11~24日龄） | | 成鸡料<br>（25日龄~出栏） | |
|---|---|---|---|---|---|---|
| 代谢能/（兆焦/千克） | 12.65 | | 13.2 | | 13.4 | |
| 粗蛋白（%） | 22~25 | | 21~23 | | 18~23 | |
| 亚油酸（%） | 1.25 | | 1.20 | | 1.00 | |
| 钙（%） | 1.05 | | 0.9 | | 0.85 | |
| 有效磷（%） | 0.50 | | 0.45 | | 0.42 | |
| 镁（%） | 0.05~0.5 | | 0.05~0.5 | | 0.05~0.5 | |
| 钠（%） | 0.16~0.23 | | 0.16~0.23 | | 0.16~0.23 | |
| 氯（%） | 0.16~0.23 | | 0.16~0.23 | | 0.16~0.23 | |
| 钾（%） | 0.4~1.0 | | 0.4~0.9 | | 0.4~0.9 | |
| 氨基酸 | 总量 | 可利用量 | 总量 | 可利用量 | 总量 | 可利用量 |
| 精氨酸（%） | 1.45 | 1.31 | 1.27 | 1.14 | 1.13 | 1.02 |
| 赖氨酸（%） | 1.43 | 1.27 | 1.24 | 1.10 | 1.09 | 0.97 |
| 蛋氨酸（%） | 0.51 | 0.47 | 0.45 | 0.42 | 0.41 | 0.38 |
| 蛋氨酸+胱氨酸（%） | 1.07 | 0.94 | 0.95 | 0.84 | 0.86 | 0.76 |
| 色氨酸（%） | 0.24 | 0.20 | 0.20 | 0.18 | 0.18 | 0.16 |
| 缬氨酸（%） | 1.09 | 0.95 | 0.96 | 0.84 | 0.86 | 0.75 |

（续）

| 营 养 成 分 | 雏鸡料<br>（0～10 日龄） | | 育成鸡料<br>（11～24 日龄） | | 成鸡料<br>（25 日龄～出栏） | |
|---|---|---|---|---|---|---|
| 苏氨酸（%） | 0.94 | 0.83 | 0.83 | 0.73 | 0.74 | 0.66 |
| 异亮氨酸（%） | 0.97 | 0.85 | 0.96 | 0.84 | 0.86 | 0.76 |
| 锰/（毫克/千克） | 120.00 | | 120.00 | | 120.00 | |
| 锌/（毫克/千克） | 100.00 | | 100.00 | | 100.00 | |
| 铜/（毫克/千克） | 16 | | 16 | | 10.0 | |
| 铁/（毫克/千克） | 40.00 | | 40.00 | | 50.00 | |
| 碘/（毫克/千克） | 1.25 | | 1.25 | | 2.00 | |
| 硒/（毫克/千克） | 0.3 | | 0.3 | | 0.3 | |
| 维生素 A/（国际单位/千克） | 11000 | | 9000 | | 9000 | |
| 维生素 $D_3$/（国际单位/千克） | 5000 | | 5000 | | 4000 | |
| 维生素 E/（毫克/千克） | 75.00 | | 50.00 | | 50.00 | |
| 维生素 $K_3$/（毫克/千克） | 3.00 | | 3.00 | | 2.00 | |
| 维生素 $B_1$/（毫克/千克） | 3.00 | | 2.00 | | 2.00 | |
| 维生素 $B_2$/（毫克/千克） | 8.00 | | 6.00 | | 5.00 | |
| 烟酸/（毫克/千克） | 60.00 | | 60.00 | | 40.00 | |
| 泛酸/（毫克/千克） | 13.00 | | 15.00 | | 15.00 | |
| 氯化胆碱/（毫克/千克） | 1600 | | 1500 | | 1000 | |
| 叶酸/（毫克/千克） | 2.0 | | 1.75 | | 1.50 | |
| 维生素 $B_6$/（毫克/千克） | 4.00 | | 3.00 | | 2.00 | |
| 维生素 $B_{12}$/（毫克/千克） | 0.016 | | 0.016 | | 0.01 | |
| 生物素/（毫克/千克） | 0.15 | | 0.10 | | 0.10 | |

（4）黄羽肉鸡的营养标准　见附表 B-8～附表 B-11。

附表 B-8　黄羽肉用种鸡的营养标准（优质地方品种）

| 项　目 | 后备鸡阶段 | | | 产 蛋 期 |
|---|---|---|---|---|
| | 0～5 周龄 | 6～14 周龄 | 15～19 周龄 | 20 周龄以上 |
| 代谢能/(兆焦/千克) | 11.72 | 11.3 | 10.88 | 11.30 |
| 粗蛋白质（%） | 20.00 | 15.00 | 14.00 | 15.50 |
| 蛋能比/(克/兆焦) | 17.00 | 13.00 | 13.00 | 14.00 |
| 钙（%） | 0.90 | 0.60 | 0.60 | 3.25 |
| 总磷（%） | 0.65 | 0.50 | 0.50 | 0.60 |
| 有效磷（%） | 0.50 | 0.40 | 0.40 | 0.40 |
| 食盐（%） | 0.35 | 0.35 | 0.35 | 0.35 |

附表 B-9　黄羽肉用种鸡的营养标准（中速、快速型鸡种）

| 项　目 | 后备鸡阶段 | | | 产 蛋 期 |
|---|---|---|---|---|
| | 0～5 周龄 | 6～14 周龄 | 15～22 周龄 | 23 周龄以上 |
| 代谢能/(兆焦/千克) | 12.13 | 11.72 | 11.30 | 11.30 |
| 粗蛋白质（%） | 20.00 | 16.00 | 15.00 | 17.00 |
| 蛋能比/(克/兆焦) | 16.50 | 14.00 | 13.00 | 15.00 |
| 钙（%） | 0.90 | 0.75 | 0.60 | 3.25 |
| 总磷（%） | 0.75 | 0.60 | 0.50 | 0.70 |
| 有效磷（%） | 0.50 | 0.50 | 0.40 | 0.45 |
| 食盐（%） | 0.37 | 0.37 | 0.37 | 0.37 |

附表 B-10　黄羽肉用仔鸡的饲养标准（优质地方品种）

| 项　目 | 0～5 周龄 | 6～10 周龄 | 11 周龄 | 11 周龄以后 |
|---|---|---|---|---|
| 代谢能/(兆焦/千克) | 11.72 | 11.72 | 12.55 | 13.39～13.81 |
| 粗蛋白质（%） | 20.00 | 18～17.00 | 16.00 | 16.00 |
| 蛋能比/(克/兆焦) | 17.00 | 16.00 | 13.00 | 13.00 |
| 钙（%） | 0.90 | 0.80 | 0.80 | 0.70 |
| 总磷（%） | 0.65 | 0.60 | 0.60 | 0.55 |
| 有效磷（%） | 0.50 | 0.40 | 0.40 | 0.40 |
| 食盐（%） | 0.35 | 0.35 | 0.35 | 0.35 |

附表 B-11　黄羽肉用仔鸡的饲养标准（中速、快速型鸡种）

| 项　　目 | 0~1 周龄 | 2~5 周龄 | 6~9 周龄 | 10~13 周龄 |
|---|---|---|---|---|
| 代谢能/(兆焦/千克) | 12.55 | 11.72~12.13 | 13.81 | 13.39 |
| 粗蛋白质（%） | 20.00 | 18.00 | 16.00 | 23.00 |
| 蛋能比/(克/兆焦) | 16.00 | 15.00 | 11.50 | 17.00 |
| 钙（%） | 0.9~1.1 | 0.90~1.1 | 0.75~0.9 | 0.90 |
| 总磷（%） | 0.75 | 0.65~0.7 | 0.60 | 0.70 |
| 有效磷（%） | 0.50~0.6 | 0.50 | 0.45 | 0.55 |
| 食盐（%） | 0.37 | 0.37 | 0.37 | 0.37 |

# 参 考 文 献

[1] 李玉冰，曹授俊. 肉鸡生产技术 [M]. 北京：中国农业大学出版社，2007.

[2] 秦长川，李业福. 肉鸡饲养技术指南 [M]. 北京：中国农业大学出版社，2003.

[3] 魏刚才. 肉鸡日程管理及应急技巧 [M]. 北京：中国农业出版社，2015.

[4] 李如治. 家畜环境卫生学 [M]. 3 版. 北京：中国农业出版社，2011.

[5] 姚四新，魏刚才. 鸡场卫生、消毒和防疫手册 [M]. 北京：化学工业出版社，2015.